台区线损
精益管理与应用

《台区线损精益管理与应用》编委会　编

中国电力出版社
CHINA ELECTRIC POWER PRESS

U0748572

图书在版编目（CIP）数据

台区线损精益管理与应用 /《台区线损精益管理与应用》
编委会编 . -- 北京：中国电力出版社，2025.6.
ISBN 978-7-5198-9750-5

Ⅰ. TM744

中国国家版本馆 CIP 数据核字第 20245QQ673 号

出版发行：中国电力出版社
地　　址：北京市东城区北京站西街 19 号（邮政编码 100005）
网　　址：http://www.cepp.sgcc.com.cn
责任编辑：孙世通　马　丹　朱安琪　董洋辰
责任校对：黄　蓓　王小鹏
装帧设计：张俊霞
责任印制：钱兴根

印　　刷：三河市万龙印装有限公司
版　　次：2025 年 6 月第一版
印　　次：2025 年 6 月北京第一次印刷
开　　本：710 毫米 × 1000 毫米　16 开本
印　　张：22
字　　数：343 千字
定　　价：108.00 元

编 委 会

前　言

近年来，国家电网有限公司坚决贯彻落实国家节能方针、政策，持续提高电力系统的运行效率和经济性，降低能源消耗和碳排放，为我国能源结构优化和绿色发展作出积极贡献。随着电网新技术、新设备的不断应用，公司深化新一代用电信息采集系统建设成果应用，数据采集和监测分析能力得到快速提升，为台区线损管理提供了坚实基础。

台区线损管理是公司线损"四分"管理的重要组成部分，涉及业扩管理、营配管理、计量管理、采集管理、窃电防治等方面，体现了公司对台区的综合管理水平。公司总结多年台区线损管理实践经验，并通过持续优化管理架构、夯实基础档案、完善分析机制等管理方式，以高频数据采集为基础，以"一台区一指标"理论线损为支撑，推广"因地制宜、因台施策"的差异化管理，坚持"统一标准、分级落实、分工负责、协同合作"的原则，充分利用数字化、智能化等技术手段，构建"精细分析、精确诊断、精准治理"的台区线损"三精"管理模式，持续提升台区线损精益化管理水平。

为进一步总结提炼台区线损精益管理经验，提升基层线损管理分析诊断能力，公司组织国网计量中心、国网安徽电力、国网山东电力、国网浙江电力、北京合众伟奇科技股份有限公司等多家单位专家，查阅相关专业大量著作文献，结合当下线损专业精益化发展趋势，融合业内专业人员多年现场隐患分析排查宝贵经验，共同编制教学与科普相结合的《台区线损精益管理与应用》一书。本书涵盖了概述篇、基础篇、管理篇、治理篇、案例篇五部分内容，主要面向台区线损管理人员、新入职电网员工及需要了解线损管理基础知识的相关人员。本书力求内容全面、结构清晰、通俗易懂，为读者提供一本兼具基础性和实用性的台区线损精益管理教材。

编者

2025年2月

目　录

第三部分　管理篇

第五部分　案例篇

第一部分
概 述 篇

　　从电力系统全局视角切入，阐释电能传输过程中线损产生的原理，将其细分为技术线损与管理线损两类，进一步解析供电量与售电量的定义及其差值形成的线损电量，为准确计量提供数据支撑。聚焦台区这一低压配电核心单元，明确台区线损率作为管理效能的核心指标，并拓展定义高损、负损等异常台区类型，为问题诊断建立分类框架。在管理实践层面，强调依托采集系统与数据贯通，通过组织架构完善、基础数据治理、异常快速响应及技术降损协同，最终形成管理闭环机制。

第一章 线损

线损是电能从发电厂传输到用户过程中，在输电、变电、配电和售电各环节所产生的电能损耗，线损率可以综合反映电网运行状况以及经营管理水平。本章首先对电力系统的组成、电量、线损率等进行介绍，从技术因素和管理因素两个方面阐述线损产生的原因及过程，描述了现阶段国家电网有限公司线损"四分"管理模式，介绍了分区、分压、分元件、分台区管理的概念，从社会效益和经济效益两个方面阐述线损治理工作开展的价值和意义。

第一节 基本概念

一、电力系统的组成

电力系统主要由发电厂、电力网以及负荷（用户）三个部分组成。电力系统示意图如图1-1所示。

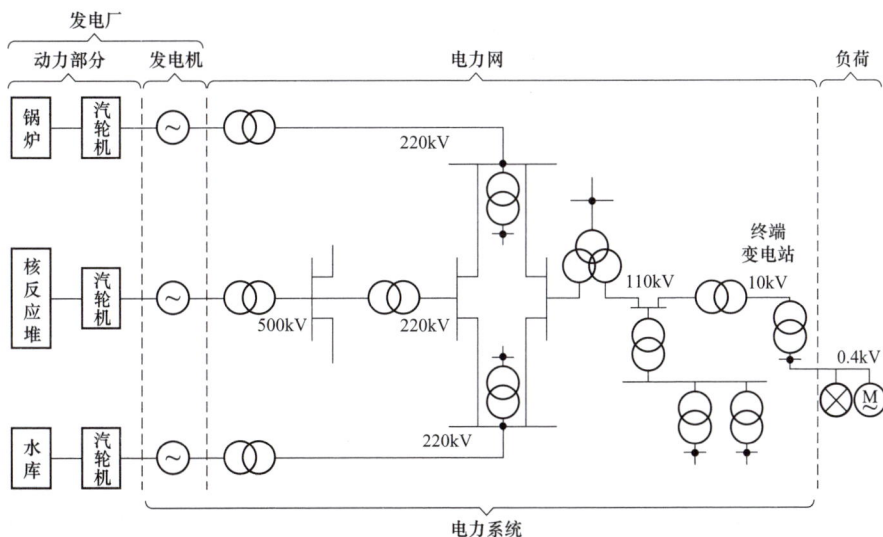

图1-1 电力系统示意图

1.发电厂

发电厂的作用是将一次能源转变成电能。发电厂使用的一次能源有热能、水能、核能、风能、太阳能、潮汐能等，根据利用的能量形态的不同，可以将发电厂分为火力发电厂、水力发电厂、核能发电厂和利用其他能源发电的电厂（场、站），如风力发电场、太阳能发电站、沼气电站、地热电站、潮汐电站以及利用生物质能发电的电站等。

2.电力网

电力网通常是指交流电力网（我国为50Hz交流），由变压器、电力线路和母线、开关等变换、输送和分配电能的设备所组成，可分为输电网和配电网。输电网用较高的电压将各个发电厂与负荷中心进行连接并形成多级较高电压的网络。配电网对电能进行分配，用较低电压的线路连接用户，组成多级较低电压的网络。

配电网按电压高低可分为低压电网（1kV以下）、中压电网（1～10kV）、高压电网（35～110kV）；输电网可分为高压电网（220kV）、超高压电网（330～750kV）、特高压电网（1000kV及以上）。

为了满足电力系统的稳定性和远距离传输功率等需要，也采用直流输电（±160kV、±320kV、±500kV、±800kV、±1100kV）。

随着电力电子技术的发展，在一些典型工程中也采用直流配电网来提高系统的可靠性和电能质量。直流配电网（±110V、±380V、±750V、±1500V、±10kV、±35kV）是指从电源侧（输电网、发电设施、分布式电源等）馈入电能，并通过配电设施采用直流就地或逐级向各类用户分配电能的网络。

3.负荷

负荷是指电力用户的负荷设备在某一时刻向电力系统取用或向电力系统发出的电功率的总和。

在交流电力系统中，电力负荷按照物理性能分为有功负荷和无功负荷。有功负荷是电力系统中产生机械能、热能或其他形式能量的负荷，并在电力设备中真实消耗掉的能量，是电力计费的基础；无功负荷是在电能输送和转换过程中，需建立磁场（变压器、电动机等）而消耗的功率，仅用于电磁能量的互相转换，并不做功，对电力系统的稳定性和电压调节具有重要作用。

二、电量

1.供电量

供电量是指向电网供应的电能总和，即本网上网（含分布式电源等）电量加上自其他电网（上、下级电网及邻网）净输入电量。

2.售电量

售电量是指电力企业销售给用户或其他电网的电量总和。

3.线损电量

线损电量是指电能从发电厂传输到用户过程中，在输电、变电、配电和售电各环节所产生的电能损耗。

三、线损率

线损率＝线损电量/供电量×100%＝（供电量－售电量）/供电量×100%

由于线损率不同于线损电量，它是一个用百分比表示的相对值，因此线损率是衡量电网结构与布局是否合理、运行是否经济的一个重要参数，是评价供电企业经营和技术管理水平及工作成效的一项重要指标。

四、线损的成因

按照线损管理性质划分，线损可分为技术线损和管理线损两大类。

1.技术线损

技术线损，又称为电网的理论线损，是由电网元件的技术性能优劣状况、电网结构与布局合理程度、电网运行状况与方式是否经济合理等因素决定的。技术线损是电能以热能、电晕、电弧等形式散失于电网元件的周围空间或介质中，即是电网固有的、自然的物理现象。因此，电网的技术线损是线损电量中可以降低或减小，但却是不可避免的组成部分。

2.管理线损

管理线损，又称为营业损耗或不明损耗，是由电网的管理企业或部门的管理水平（如生产运行管理水平、企业经营管理水平、电网及设备管理水平、电能计量管理水平等）的差异所决定的。管理线损的产生并非电网固有的、自然的物理现象，而是电网线损电量中不合理且可以避免的部分，即可以减少为零或接近零值。

因此，各个电网总线损量大小是有区别的，管理部门只要采取适当和有效的措施，就可以把线损降低到合理值，即努力做到：技术线损最佳化，管理线损最小化。

五、线损"四分"管理

线损管理作为电网经营企业一项重要的经营管理内容，为解决早期线损管理模式中电网层级、跨电压等级等损耗归属不清、责任划分模糊、采集数据统计滞后等问题，公司通过实施线损"四分"（分区、分压、分元件、分台区）管理，明确了各线损职能单位的责任主体，实现了供售电量同期采集，切实规范管理流程，提高线损管理水平。

"四分"管理是指对所辖电网线损采取包括分区、分压、分元件和分台区等综合管理方式。

（1）分区管理：指对所管辖电网按供电范围划分为若干区域进行统计、分析及评价的管理方式。区域一般按以下两种原则划分，一是按照行政区划分为省、地市、县级等电网，二是按变电站围墙内各种电气设备组成的区域划分。

（2）分压管理：指对所管辖电网按不同电压等级进行统计、分析及评价的管理方式。

（3）分元件管理：指对所管辖电网中各电压等级线路、变压器、补偿元件等电能损耗进行分别统计、分析及评价的管理方式。

（4）分台区管理：指对所管辖电网中各个公用配电变压器的供电区域损耗进行统计、分析及评价的管理方式。

通过"四分"线损统计与计算分析，便于将线损管理的综合指标按管理范围分解为独立的指标，使其更具科学性、实用性，能更清楚地掌握线损的构成情况，明确降损的主攻方向，避免盲目性，为降损措施提供合理依据。其主要操作方法是分区域、电压等级、线路、台区等进行抄表、统计和计算。

各级营销部是管理线损的管理部门，负责营业抄核收管理、营业普查与反窃电管理、电能计量管理、用户无功管理、办公用电统计等工作，组织开展0.4kV与专线用户线损管理。台区线损管理应坚持"统一标准、分级落实、分工负责、协同合作"的原则，充分利用数字化、智能化等技术手段，构建"精细分析、精确诊断、精准治理"的台区线损"三精"管理模式。

本书所指的台区线损管理是指为达到低压台区配电网降损节能目标所开展的各项管理活动的总称，管理范围包括公司所有在运公变台区。

第二节　线损治理的目的和意义

一、规范供电企业管理的重要环节

随着国家推动提高能源利用效率和国有企业全面深化改革向纵深发展，强调提升资源要素利用效率和经营管理水平，线损管理作为企业管理的重要环节，在供电企业管理中的地位愈发重要。线损管理是一项系统工程，有助于电网企业建立完善的管理制度和流程，明确各级管理职责，提升整体管理水平。通过实时监测和分析线损数据，企业能够及时发现并解决电网运行中的问题，判断电网中的薄弱环节和潜在风险，优化电网结构，提高设备性能，从而确保供电的稳定性和可靠性，对于电网企业履行社会责任、满足人民群众用电需求具有重要意义。线损管理有助于电网企业推动技术创新与应用，提升核心竞争力，通过引入先进的信息化手段和技术措施，如大数据、人工智能等，提高管理效率和精准度。同时，在电网发展趋势上，随着发用电一体"产消者"逐步涌现，网荷互动能力和需求侧响应能力不断提升，将呈现多种电网形态相融并存的格局，为新时期线损精益化管理提出了更高要求。

二、推动能源清洁低碳转型的重要途径

2020年9月，我国政府宣布中国将"采取更加有力的政策和措施，二氧化碳排放力争于2030年前达到峰值，努力争取2060年前实现碳中和"。党的二十

大报告强调，"要积极稳妥推进碳达峰碳中和，深入推进能源革命，加快规划建设新型能源体系"，这为新时代我国能源电力高质量跃升式发展指明了前进方向，提出了更高要求。践行"双碳"战略，能源是主战场，电力是主力军。作为现阶段全球第一大电力消费国，同时也是第一大碳排放国，电力在我国能源消费与碳排放中占据重要地位。考虑日益增长的电气化水平，电力系统的低碳转型已成为我国碳达峰碳中和战略的重要组成部分。电网在输送电能时产生的电能损耗直接影响电力的使用效率和经济效益，在电网网架、设备、运行等方面仍存在较大节能降损潜力，通过实施线损精益化管理是推动能源清洁低碳转型、助力"碳达峰碳中和"的重要途径，也是顺应能源技术进步、促进系统转型升级的必然要求。

三、保障公司高质量发展的重要抓手

党的二十大报告指出，"高质量发展是全面建设社会主义现代化国家的首要任务"。国家电网有限公司作为关系国计民生的国有骨干能源企业，承担着为高质量发展提供电力保障、服务能源转型的重要使命。公司深入贯彻落实习近平总书记关于做强做优做大国有企业的重要讲话和重要指示批示精神，把握新定位、扛起新使命，切实用好提高企业核心竞争力和增强核心功能"两个途径"，为"一体四翼"高质量发展奠定坚实基础，为建设现代化产业体系、构建新发展格局作出积极贡献。2021年，公司印发《进一步开展提质增效专项行动工作方案》，聚焦高效率运营，抓好能源调配效率、生产运行效率、企业管理效率、投入产出效率"四个提升"。线损作为供电公司的核心经济技术指标，是增强能源资源优化配置能力、提升企业管理效益的关键。面对新时期供电公司提质增效的具体要求，只有通过不断深化线损精益化管理，持续引入新技术、新模式、新应用，完善适应新形势的线损精益管理体系，满足线损管理各方深层次需求，才能真正持续释放线损管理价值，进一步向管理要效益，促进供电公司发展质量、运营效率、治理效能的稳步提升。

第二章　台区线损

台区线损管理工作，以采集全覆盖和营配贯通为依托，以台区线损率在线分析为核心，通过健全管理架构、夯实基础档案、强化异常处置、协同技术降损，创新降损技术支撑，深化台区线损有效治理，规范台区基础业务管理，实现台区线损专业管理水平持续提升。

本章旨在介绍台区线损管理中涉及的基本概念，日常运行涉及的常用计量采集设备及运用的操作系统，直观介绍了无源、有源台区的线损计算原理及过程，以及高、负损台区的成因。

第一节　基本概念

一、台区线损相关定义

1.台区

台区是指一台或一组变压器的供电范围或区域。

台区作为面向电力用户供电的"核心单元"，也是低压电能管控的"中枢"，台区的运营状况直接决定电力用户能否"用上电、用好电"。配网台区示意图如图2-1所示。

2.台区线损

台区线损是指台区配电网在输送和分配电能的过程中，由于配电线路及配电设备存在着阻抗，在电流流过时就会产生一定数量的有功功率损耗。在给定的时间段（日、月、季、年）内，所消耗的全部电量称为线损电量。

3.台区线损率

台区线损率是指统计周期内台区线损电量占台区供电量的比例。

台区线损率=（台区供电量−台区用电量）/台区供电量×100%。按日、周、月、年维度进行统计。其中：

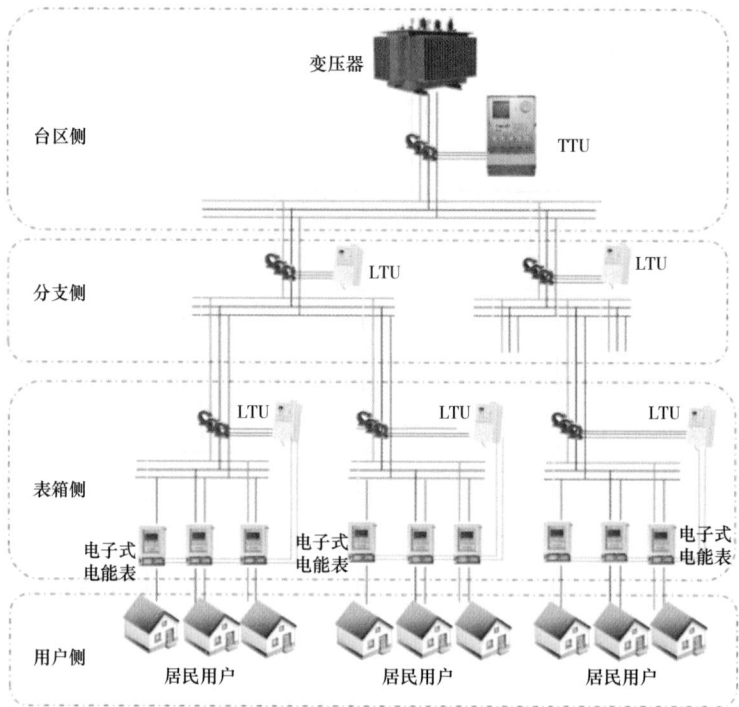

图2-1　配网台区示意图

（1）台区线损电量=台区供电量－台区用电量。

（2）台区供电量=台区供电考核（正向）电量+上网关口电量+售电侧结算（反向）电量+办公用电（反向）电量。

（3）台区用电量=售电侧结算（正向）电量+台区供电考核（反向）电量+办公用电（正向）电量+用户定量电量。

（4）高损台区是指在某一统计期内台区线损率和损失电量超过管理单位设定指标要求的异常台区。

（5）负损台区是指在某一统计期内台区线损率低于0%的异常台区。

（6）可监测台区是指台区供用电量可统计，且采集成功用户、补全电量占比均满足要求的台区。

（7）不可算台区是指统计周期内台区供/用电量缺失或台区线损计算模型生成异常的台区，剔除当月新上台区。

二、台区内计量采集设备

1.智能电能表

智能电能表是指由测量单元、数据处理单元、通信单元等组成，具有电能量计量、信息存储及处理、实时监测、自动控制、信息交互等功能的电能表。智能电能表如图2-2所示。

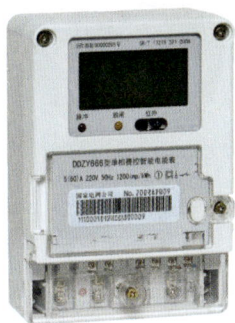

图2-2　智能电能表

2.用电信息采集终端

用电信息采集终端是指对各信息采集点用电信息采集的设备，可以实现电能表数据的采集、数据管理、数据双向传输以及转发或执行控制命令等功能。用电信息采集终端按应用场所分为专变采集终端、集中抄表终端（包括集中器、采集器）、分布式能源监控终端等。用电信息采集终端如图2-3所示。

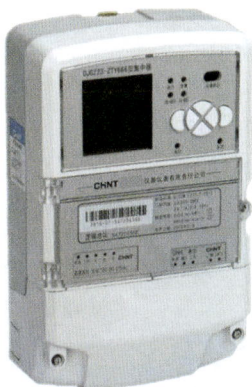

图2-3　用电信息采集终端

3.电流互感器

电流互感器是指在正常使用条件下，其二次电流与一次电流实际成正比且在连接方法正确时其相位差接近于零的互感器，是依据电磁感应原理将一次侧大电流转换成二次侧小电流的仪器。电流互感器如图2-4所示。

图2-4　电流互感器

4.智能量测开关

智能量测开关是指具备高精度电流传感器和量测单元的低压开关电器，包括塑料外壳式断路器和隔离开关，用来实现对配用电线路的正常接通、分断，以及过载、短路保护等功能，并能实现量测数据的本地或远程交互，适用于交流50Hz、工作电压不超过440V、额定电流不大于800A的配电线路，可安装于低压计量箱等。智能量测开关如图2-5所示。

图2-5　智能量测开关

第二节 数字化系统

台区线损基础数据来源于源端系统，源端系统包括新一代用电信息采集系统、能源互联网营销服务系统、新一代设备资产精益管理系统、同期电量与线损管理系统等。

一、新一代用电信息采集系统（简称"采集系统"）

采集系统是指对电力用户的用电信息进行采集、处理和实时监控的系统，可实现用电信息的自动采集、计量异常监测、电能质量监测、用电分析和管理、相关信息发布、分布式能源监控、智能用电设备的信息交互等功能。2012年，基于采集系统首次上线线损应用模块，历经2014版、2017版、2024版3次标准化设计及多次专项任务升级改造，已成为国家电网有限公司降低能源损耗、提升管理效益的关键功能应用。采集系统如图2-6所示。

图2-6 采集系统

在支撑线损管理方面，主要有以下功能：

（1）数据采集功能。根据不同业务对采集数据的要求，编制自动采集任务，并管理各种采集任务的执行，检查任务执行情况。实现计量点起、止度数据的采集、上传等功能，为线损管理提供关键的计量数据支撑。

（2）数据管理功能。实现历史数据的存储、查询，按任务要求上传对应数据，为其他系统开放有权限的数据共享服务。

（3）数据分析功能。根据各供电点和受电点的有功和无功的正/反向电能量数据以及供电网络拓扑数据，按电压等级、区域，分线、分台区、分元件进行线损的统计、计算、分析。可按日、月固定周期或指定时段统计分析线损。

二、能源互联网营销服务系统（简称"营销系统"）

营销系统是第一代营销信息化系统迭代升级而来的新一代营销业务工具，响应新形势下多元服务、新型业务发展和数字化转型需求，以客户为中心，以市场为导向，以数字化、网络化、智能化为引领，搭建了向下统领源网荷储协同、灵活支撑内外部用户交互的平台系统。营销系统内部应用覆盖总部、省、市、县、所、服务站六级营销人员，对外服务终端用户、生态伙伴、政府机构等主体。营销系统如图2-7所示。

在支撑线损管理方面，主要实现用户档案管理、用户计量参数管理、电费管理、系统各业务流程记录等功能，例如实现新装增容及变更用电、抄表管理、核算管理、电费收费及账务管理、线损管理、资产管理、计量点管理、计量体系管理、电能信息采集等功能。

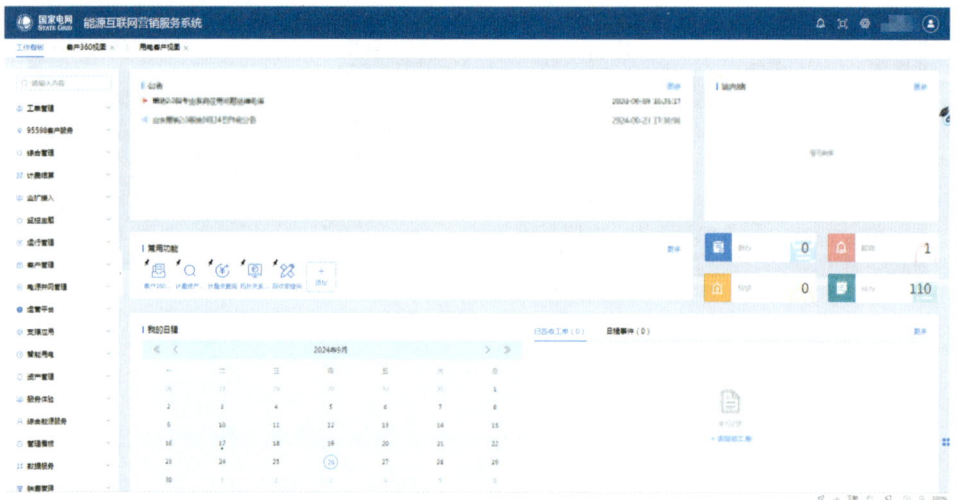

图2-7　营销系统

三、新一代设备资产精益管理系统（简称"PMS系统"）

PMS系统是以设备管理、资产管理和GIS为核心的企业级信息系统，是实现横向集成和纵向贯通的生产管理标准化系统。

PMS系统面向智能电网生产管理，实现对电力生产执行层、管理层、决策层业务能力的全覆盖，为运维一体化和检修专业化提供有力支撑，从而实现高效、集约的管理模式。PMS系统以资产全寿命周期为主线，以状态检修为核心，优化关键业务流程；依托电网GIS平台，实现图数一体化建模，构建企业级电网资源中心；与ERP系统深度融合，建立"账—卡—物"联动机制，支撑资产管理。PMS系统如图2-8所示。

在支撑线损管理方面，主要有以下功能：

（1）设备台账参数管理功能。通过电网资源管理模块，实现对线路、变压器、导线等公用设备设施的基础参数管理，包含设备长度及型号、运行状态、拓扑关系等属性核查，设备基础台账维护变更，设备新投异动等。

（2）电网拓扑关系维护功能。通过系统图形用户端，高度还原电网现场走向、支线及设备T接位置长度、单线图等拓扑信息，为拓扑关系及理论线损图模提供基础数据。

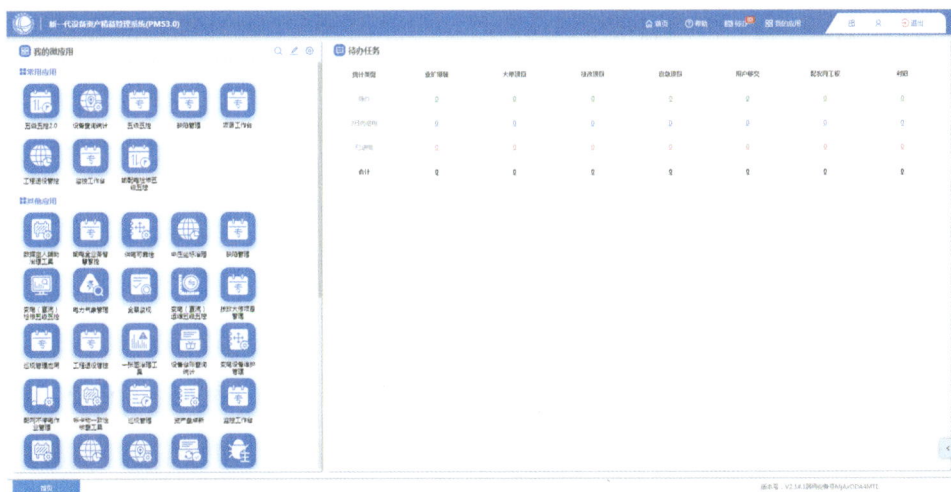

图2-8 PMS系统

四、同期电量与线损管理系统

同期电量与线损管理系统是发展部门开展"四分"线损管理的应用系统。该系统通过对设备档案、图形拓扑数据、用户档案系统接入、电量定时采集与相关模型的配置实现"四分"线损（率）自动生成、业务全方位贯通、指标全过程监控与辅助降损决策的功能。同期电量与线损管理系统如图2-9所示。

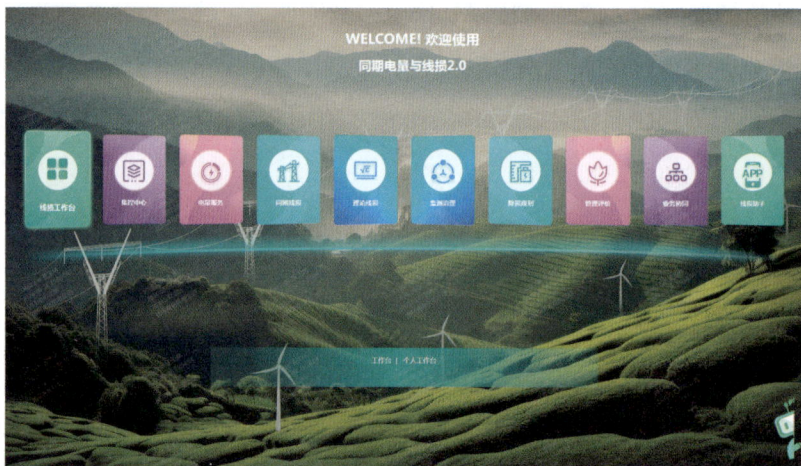

图2-9 同期电量与线损管理系统

第三节 台区线损计算

台区线损是指在配电台区范围内，从供电点到用户端之间的电能传输过程中所产生的电能损耗。台区线损计算可分为理论线损计算、统计线损计算、同期线损计算等。

一、理论线损计算

理论线损计算是根据电网设备参数、运行方式、潮流分布及负荷情况，应用现有的定律、定理及规律对电网及其耗能元件进行的线损理论计算。其中电网耗能元件包括线路、变压器、电容器、电抗器、调相机及其辅助设备、电流互感器、电压互感器、电能表、电能采集装置等。

理论线损计算方法如下：

（1）等值电阻法。将电网中的每条线路用等值电阻代替，通过计算等值电阻的损耗来估算电网的总损耗。该算法适用于电网结构较为复杂，但负荷分布相对均匀的情况。

（2）压降法。其基本原理是根据电压的降落率推导出功率的损耗率，进而求出台区理论线损率。该算法适用于电压、电流曲线采集成功率高的台区，其计算过程可解释性强、计算准确性较高。

（3）潮流法。基于前推回代法的潮流法，是根据已知的网络末端负荷功率和源节点电压，不断重复前推跟回代，逐步求得源节点功率及各节点电压，最终确定网络各节点电压以及线损。该算法适用于拓扑完整准确的台区，计算准确性高。

二、统计线损计算

统计线损计算是通过对电力系统中各电能计量点的电量数据统计、分析而进行的实际线损计算。它是实际统计得到的线损数值，反映了在一定统计周期内电力系统的实际电能损耗情况。

统计线损计算方法如下：

（1）抄表法。通过定期抄录各节点的电量数据，计算电网的线损电量。在电网中选择一些关键节点安装电表，定期抄录这些电表的读数，然后根据供电量和售电量的差值计算线损电量。

（2）损耗率法。通过历史数据计算电网的平均损耗率，再乘以当前供电量得到当前的线损电量。

（3）负荷率法。根据负荷率的变化，计算电网的线损电量。负荷率是指实际负荷与额定负荷的比值。先确定不同负荷率下的线损系数，然后根据当前的负荷率和供电量计算线损电量。

三、同期线损计算

同期线损计算是指在同一时间周期内，通过对电力系统中各电能计量点的实时电量数据采集、统计和分析，所进行的线损计算。它能够及时、准确地反映电力系统在当前运行状态下的电能损耗情况。

1.同期线损计算方法

同期线损的计算基于供电量和售电量的差值，公式为：同期线损电量＝供电量－售电量，同期线损率＝同期线损电量/供电量×100%。供电量是指从电源侧输送到电网中的电量，售电量是指电网销售给用户的电量，两者均通过相应的计量装置进行准确计量。

2.理论线损、统计线损、同期线损的关系

理论线损是根据电网的设备参数和运行方式，通过理论计算得出的最小线损值。统计线损是通过定期抄表等方式获取电量数据，计算得出的线损。同期线损是实际运行中的线损情况，它包含了理论线损以及由于管理、计量等因素导致的额外损耗，与统计线损相比，具有更高的实时性和准确性。

第四节　台区高损主要因素

引起台区线损异常升高的主要原因分为技术原因和管理原因两类。

一、技术原因

（1）台区供电半径过大。

（2）配变位置不合理。

（3）低压线路导线线径过细。

（4）三相负荷不平衡。

（5）功率因数低。

（6）台区供电设施老旧。

（7）台区末端光伏容量较大。

（8）供电设施漏电、绞线等故障。

二、管理原因

（1）用户电流互感器档案倍率与现场不一致。

（2）用户计量点档案与现场不一致。

（3）台区未安装总表或台区下无用户电能表档案，造成系统无法建模计算线损。

（4）无表用电电量未统计。

（5）户变关系不一致。

（6）流程归档不同步。

（7）光伏发电用户档案设置错误。

（8）终端离线导致采集失败。

（9）数据采集失败，但透抄电能表实时数据成功。

（10）数据采集失败，且透抄电能表实时数据失败。

（11）电能示值冻结异常。

（12）台区跨零点停电。

（13）用户电能表电压联片未按规范连接。

（14）电能表电流、电压相别不一致。

（15）用户电能表故障。

（16）电流互感器二次回路进出线接反。

（17）电流互感器损坏。

（18）电能表过流运行。

（19）电流互感器实际变比与标称铭牌不符。

（20）电流互感器变比不匹配。

（21）用户侧联合接线盒联片异常。

（22）分布式电源计量接线错误。

（23）电压回路中性线异常。

（24）用户窃电。

第五节 台区负损主要因素

引起台区线损为负的主要原因分为技术原因和管理原因两类。

一、技术原因

（1）三相负荷不平衡导致小负损。

（2）台区总表二次负载较大导致小负损。

（3）低载台区无功补偿过高导致小负损。

（4）电梯专用电能回馈器回送电量导致小负损。

二、管理原因

（1）台区总表电流互感器档案倍率与现场不一致。

（2）户变关系不一致。

（3）光伏发电用户档案设置错误。

（4）采集失败用人工数据补全不规范。

（5）电能表时钟超差。

（6）光伏用户采集失败。

（7）台区总表计量装置故障。

（8）台区总表错接线。

（9）台区总表与集中器电流回路并接。

（10）台区内用户电能表电量重复统计。

（11）光伏发电用户计量错接线。

（12）用户电能表故障。

（13）台区总表电流互感器配置不合理导致小负损。

第二部分
基 础 篇

　　作为系统性工程，台区线损管理需构建覆盖规划、建设、运维全链条的协同机制。业扩管理作为源头环节，通过科学规划公用变压器布点、规范用户接入方案，从电网架构层面奠定降损基础；营配管理依托营配数据贯通，确保拓扑关系与系统档案一致性，为线损分析提供准确数据支撑；计量管理聚焦装置规范配置与精准运行，防范计量误差引发的异常损耗；采集管理运用智能终端与通信技术，实现电量数据实时监测与异常溯源；窃电防治则通过技术升级与法制手段结合，遏制人为因素导致的非技术损失。五大环节环环相扣，共同构建了"源头防控—过程监测—末端治理"的全生命周期管理体系，为台区线损的持续优化提供系统化解决方案。

第三章　业扩管理

供电服务业扩管理环节是低压台区线损管理的源头，也是最重要的管理环节之一，其涵盖的具体工作点多面广，内容丰富。从公用变压器布点选址、容量配置到低压配电网的设计、施工和运行维护，从用户申请用电、现场勘查、确定供电方案到装表送电，从分布式电源接入方案制定到并网运行管理等各类新增业务，其过程管理的规范性和工作质量，均直接关系到台区线损管理成效，把好业扩管理源头关对台区线损管理提升具有十分重要的意义。

第一节　公用变压器新装和运行管理

一、公用变压器布设管理

1.公用变压器布点原则

公用变压器是低压配电网的枢纽和中心，在客观条件允许的情况下，布设公用变压器应遵循"小容量、密布点、短半径"的原则。变压器布点选址应尽可能靠近用电负荷中心，在满足用户安全可靠用电需求的前提下，合理缩小供电半径，避免低压线路迂回供电，为降低台区线损奠定技术基础。

2.公用变压器安装方式

公用变压器安装方式主要有柱上安装方式、箱式变电站安装方式、配电室内安装方式等。根据DL/T 5220—2021《10kV及以下架空配电线路设计规范》和Q/GDW 370—2009《城市配电网技术导则》规定，在确定变压器安装架设方式时，400kVA及以下的变压器，宜采用柱上式变压器的方式架设安装；400kVA以上的变压器，宜采用室内落地安装的方式。箱式变电站一般用于施工用电、临时用电场合、架空线路入地改造地区，以及现有配电室无法扩容改造的场所。由于大多数箱式变电站均不具备永久用地许可，在道路拓宽或其他市政建设时经常被迫改迁，增加了低压线路改接和用户切改的概率，对户变关系正确性和台区线损正确计算造成影响，直接关系台区线损日常管理，因此不提倡无正规用地许可的临时性箱式变电站为永久建筑物供电，如确需采用箱式变电站供电，单台容量一般不宜超过630kVA。配电室内安装变压器，单台容量不宜超过800kVA。

二、低压配电网规划建设管理

1.低压配电网建设原则

低压配电网实行分区供电的原则，低压线路应有明确的供电范围。低压配电网应结构简单、安全可靠，一般采用放射式结构，其设备选用应标准化、序列化。根据DL/T 5220—2021《10kV及以下架空配电线路设计规范》和DL/T 499—2001《农村低压电力技术规程》以及Q/GDW 370—2009《城市配电网技术导则》等有关规定，低压线路供电半径在不同供电区域、不同用电负荷、不同供电可靠性要求的情况下，应依据规程和导则要求，科学规范建设低压配电网，为有效降低技术线损提供基础保障。低压配电网应有较强的适应性，主干线宜一次建成，不能满足需要时，可插入新的电源点，有利于因台区用电负荷重载、过载时，缩短转移切改负荷的时间周期，有效降低对台区线损的影响程度。

2.城市低压配电网建设

根据DL/T 5729—2023《配电网规划设计技术导则》和Q/GDW 370—2009《城市配电网技术导则》，在城市中心区和市区，一般低压配电网供电半径不宜大于150m，当超过250m时，应进行电压质量校核，避免因压降过大增加低压配电网线路损耗。城市中心区是指市区内人口密集，行政、经济、商业、交通集中的地区。城市中心区用电负荷密度大，供电质量和供电可靠性要求高，对电网接线以及供电设施都有较高的要求，应尽量避免以临时性、低要求的配电网设施为该类区域供电，以免给台区线损治理埋下难以短时间解决的隐患。市区低压架空导线宜采用铝芯交联聚乙烯绝缘线，主干线截面积不宜小于150mm²，支线不宜小于70mm²；市区低压主干电缆截面积不宜小于120mm²。

3.农村低压配电网建设

在农村地区，低压配电网的布局应与农村发展规划相结合，积极创造条件，按照"小容量、密布点、短半径"的原则，建设和改造低压配电网。一般低压配电网采用放射形供电，供电半径一般不大于500m，因供电区域地形特殊，可适当增加，但应满足供电电压偏差的要求，以免引起台区技术线损增加。

三、公用变压器运行容量管理

公用变压器的日常运行容量管理与台区线损率的关系极为紧密，为提高公用变压器的利用率和经济运行水平，按照相关规程要求和日常台区线损管理经验，新装公用变压器的最大负荷率不宜低于50%，若运行中的公用变压器平均负荷率高于80%以上，应及时安排相应的负荷调整计划。无法实现就近转移调整负荷，原有公用变压器容量不能满足要求时，应优先采取分装公用变压器的方式，而不是单独更换大容量公用变压器，且柱上变压器容量不宜超过400kVA，配电室安装的公用变压器容量不宜超过800kVA，如采用单相变压器供电，容量最大不超过100kVA。

四、低压配电网无功补偿管理

1.低压无功补偿装置配置方式

在低压电网运行中，科学合理的无功补偿，不仅有利于稳定电压水平，更有利于提高功率因数，降低线路损耗。无功补偿装置应根据就地平衡和便于调整电压的原则进行配置，可采用分散和集中补偿相结合的方式进行。在低压用户侧的分散补偿装置主要用于提高功率因数，降低线路损耗；集中在公变侧或配电室内的无功补偿装置主要用于控制电压水平。

2.用户侧低压无功补偿

随着低压供电用户的总容量上限由原来的100kW增加到160kW，用户侧分散式无功补偿显得尤为重要，特别是距离供电电源中心较远的用户，无功补偿具有举足轻重的影响，补偿后的功率因数不应低于0.9。无功补偿的电容器装置配置和安装，应符合国家相关技术标准。为避免过度补偿，宜采用无功自动补偿装置。

3.集中式无功补偿

10（20）kV公用变压器，包括配电室、箱式变电站、柱上变压器，安装无功自动补偿装置时，应符合相关技术规定，在低压侧母线上装设，容量按公用变压器容量20%～40%考虑，以电压为约束条件，根据无功需量进行分组自动投切，宜采用交流接触器—晶闸管复合投切方式，合理选择公用变压器分接头，避免电压过高电容器无法投入运行；在供电距离远、功率因数低的架空线路上可适当安装具备自动投切功能的并联补偿电容器，其容量一般按线路上公用变压器总量的7%～10%配置。

五、低压配电网安装质量管理

1.安装质量对台区线损的影响

低压配电网建设施工过程中的安装质量，与低压台区线损关系极为紧密。施工中，各个电气连接点连接、铜铝过渡均应可靠，防止过热甚至烧损。如导线、设备接头安装紧固不到位甚至松动，将随着用电负荷的变化，出现不同程度的发热，造成台区线损持续增加。在台区投运初期，由于实际用电负荷相对较轻，对台区线损率的影响并不明显，极易被忽视。在台区线损治理过程中发现，大量的高损现象源于隐藏的安装质量问题，加强施工质量管理，严把施工中间检查、竣工验收关，能够为台区线损管理奠定良好的基础。

2.农村架空线路安装质量管控

农村低压电网采用架空绝缘导线较普遍，在低压线路T接中，大量使用穿刺线夹，安装质量不达标极易出现发热，甚至烧损绝缘层引起漏电，导致更严重的电能损耗。低压架空线路连接头的绑扎、绝缘包裹工艺质量问题，也是引起过度发热、漏电等异常现象的根源，应在验收检查中重点关注。

3.城市电缆线路安装质量管控

城市低压电网中的低压电缆连接头松动，也是发热故障的高发点，同时野蛮施工造成电缆机械性损伤，损坏绝缘导线、低压电缆的绝缘层，将埋下漏电的隐患。低压电缆敷设穿越道路时，应采用抗压力保护管，防止外力破坏导致漏电等问题发生，避免影响台区线损。低压电缆分支箱内带电部分应进行绝缘包封，公共场所落地安装时宜采用双重绝缘，既保障人员安全，又防范金属箱体漏电影响台区线损。

第二节　用户供电方式和日常运行管理

一、科学合理确定用户供电方式

《供电营业规则》明确规定，供电企业对申请用电的用户提供的供电方式，应当从供用电的安全、经济、合理和便于运维管理的角度出发，依据国家有关政策规定、电网规划、用电需求以及当地供电条件等因素，进行技术经济比较，与用户协商确定。用户单相用电设备总容量12kW以下的，可以采用低压220V供电，但有单台设备容量超过1kW单相电焊机、换流设备时，用户应当采取有效的技术措施以消除对电能质量的影响，否则应当改为其他方式供电。用户用电设备总容量160kW以下的，可以采用低压三相制供电，特殊情况下也可以采用高压供电。

二、现场勘查组织和供电方案编制

1.现场勘查组织

用户提出用电申请后，供电企业业务人员应认真开展现场勘查，合理制定供电方案。现场勘查应重点核实用户基本信息、用电负荷性质、用电设备容量，初步确定供电电源、计量方式。在现场勘查环节，必须认真核对确认台区信息，并在系统中准确录入和选择台区名称和编码信息，避免户变对应关系错误问题发生。在多台区供电区域，应现场确认接入电源的供电台区信息，不应简单依照系统内相邻用户的台区信息作为新装用户供电台区信息，避免因相邻用户户变关系错误，连锁引发用户新装流程中台区对应关系错误问题。在确定计量装置和采集设备位置时，应选择安装在防潮、防尘、防震的场所，并应该远离电磁干扰源，以免对计量装置准确计量造成影响。安装位置应保障在使用时方便观察、维护和更换，尽量避开过度的气流、光线等环境因素，提高计量装置和采集设备运行维护效率，避免对计量装置、采集设备健康状况的影响，以利于台区线损保持稳定。

2.供电方案编制

对申请新装、增容的低压用户，应在核定用电容量的基础上，科学合理确定供电电压、用电相别、计量装置、采集设备位置和接户线的路径、线径、长度，如容量较大，应采用三相制供电，避免引起三相负荷严重不平衡。在确定线路路径时，应遵循靠近电源中心的原则，避免线路迂回供电问题，引起不必要的线路损耗。在确定导线线径时，应结合线路长度，充分考虑潜在用电负荷，适度预留发展空间，防止因线径偏小增大线路压降，增加线路损耗。

三、规范配置和安装计量装置

1.低压电能计量装置配置

电能计量装置的规范配置和正确安装，是台区线损管理的核心工作，DL/T 448—2016《电能计量装置技术管理规程》和《国家电网公司计量现场施工质量工艺规范》对此作了明确要求。低压用户计量装置包括三种类型，即低压单相电能表、低压三相四线直接式电能表和经互感器接入式三相四线电能表。电能计量装置应严格按照用电容量规范配置，用电容量12kW以下单相供电，选用5（60）A单相智能电能表；用电容量12kW以上35kW以下三相供电，选用5（60）A三相四线智能电能表；用电容量35kW以上160kW以下，选用1.5（6）A三相四线智能电能表，并配置相应规格的低压电流互感器。低压电流互感器一次电流最大不超过300A，避免低压接入超过容量限制范围的用户，对台区线损产生不良影响。

2.低压电能计量装置安装

电能计量装置的安装，应严格执行《国家电网公司计量现场施工质量工艺规范》，确保电能计量、用电信息采集的准确性和可靠性，落实电能计量装置、采集系统建设质量管理要求，提升计量装置、采集终端及其附属设备的现场安装质量和工艺水平。重点做到电能表和互感器资产信息核对无误、检定合格且外观完整无破损，接线正确且紧固可靠，封印齐全。

四、防范超量程用电和三相负荷不平衡

1.防范超计量装置量程用电

电能计量装置依据用户新装或增容时报装容量配置,用户超过报装容量用电,对计量装置的准确计量用电量产生不同程度的影响,进而影响台区线损的稳定性。加强日常运行管理和日常监控,及时发现和防范超计量装置量程用电,是台区线损管理重要内容。充分利用采集系统的监控预警功能,发现超量程用电行为,及时采取低压增容、改用高压供电方式等措施,尤其要关注和及时处置末端大负荷用户超量程用电,避免对台区线损产生不良影响。

2.管控三相用电负荷不平衡

用电负荷三相严重不平衡,直接影响台区线损的稳定性,不仅在单相用户新装时,需要把好三相负荷平衡关,在日常运行管理中,也需常态化监控台区三相负荷动态平衡情况,若出现持续性三相负荷严重不平衡,引起台区线损升高,应及时安排用电负荷调整,优化改善低压电网供电方式。根据Q/GDW 1519—2014《国家电网公司配电网运维规程》,不同接线方式的配电变压器,三相不平衡控制要求不同,Yyn0接线方式的配电变压器不平衡度应低于15%,中性线电流不大于变压器额定电流的25%,Dyn11接线方式的配电变压器不平衡度应低于25%,中性线电流不大于变压器额定电流的40%。

第三节　分布式电源管理

一、分布式电源并网规划

1.分布式电源发展态势

分布式电源类型包括太阳能、天然气、生物质能、风能、地热能、海洋能、资源综合利用发电(含煤矿瓦斯发电)等,本节所指的分布式电源是以变流器形式接入电网的太阳能光伏发电。随着国家扶持政策效应的不断显现,分布式电源呈现出持续快速发展的态势,特别是分布式光伏发电,并网规模不断扩

大，并网容量与日俱增。据国家能源局发布的统计数据，2023年全国新增装机216.30GW，创历史新高，几乎相当于前四年的总和，其中分布式光伏新增装机96.286GW。截至2023年12月底，全国光伏累计装机608.918GW，其中分布式光伏装机254.438GW，占比达到41.79%，如今分布式电源并网对低压台区线损管理带来的影响举足轻重。

2.分布式电源对台区线损的影响

以380/220V低压方式接入配电网的分布式光伏电源，对低压配电网运行可靠性和线路损耗产生不可忽视的影响。能够就近消纳平衡的分布式光伏电源，并网接入低压配电台区，可以改善电压稳定性、改进负荷功率因数、降低线路损耗、增加配电网可靠性；但若超出台区实际用电负荷，甚至明显超过台区合理运行负载能力，接入分布式光伏电源，会造成大量电能倒送上级线路，不仅对安全可靠运行产生不良影响，也会引起台区线损的不同程度升高。

3.分布式电源应纳入配电网规划

相关技术导则明确，分布式电源规划应纳入地区配电网规划，分布式电源需要与地区配电网并网运行时，应进行电力平衡、安全稳定、运行控制及电能质量等设计论证。2024年5月，国家能源局下发的《关于做好新能源消纳工作保障新能源高质量发展的通知》，也明确要求省级能源主管部门，结合分布式新能源的开发方案、项目布局等，组织电网企业统筹编制配电网发展规划，科学加强配电网建设，提升分布式新能源承载力。

二、分布式电源并网管理

1.分布式电源并网总体技术要求

Q/GDW 11147—2017《国家电网公司分布式电源接入配电网设计规范》明确，分布式电源接入配电网，其电能质量、有功功率及其变化率、无功功率、电压在电网电压/频率发生异常时的响应，均应满足现行国家、行业标准的有关规定。对于单个并网点，接入的电压等级应按照安全性、灵活性、经济性原则，根据分布式电源容量、发电特性、导线载流量、上级变压器及线路可接纳能力、用户所在地区配电网情况，经过综合比选后确定。接有分布式电源的配电台区，不得与其他台区建立低压联络（配电室、箱式变低压母线间联络除外）。

2. 分布式电源送出线路技术要求

分布式光伏送出线路电缆截面应能确保安全、经济运行，避免影响台区线损。选择时应根据所需送出的光伏容量、并网电压等级，并考虑光伏发电效率等因素，一般按电缆允许载流量选择。220V电缆可选用YJV22-2×6、10mm²等截面或选用塑料绝缘铜芯截面为4、6、10mm²的导线。220V单相最大接入容量原则上不超过8kW，通常220V单相接入选用6mm²截面的导线，具体可按照现场实际情况确定上一档截面。380V电缆可选用YJV22-4×10、16、25、35、50、70mm²等截面铜芯电缆。通常8~20kW选用10mm²截面的导线，20~30kW选用16mm²截面的导线，30~40kW选用25mm²截面的导线，40~60kW选用35mm²截面的导线，60~100kW选用50mm²截面的导线，100~160kW选用70mm²截面的导线。

3. 分布式电源并网管理要求

《国家电网公司分布式电源并网相关意见和规范（修订版）》明确，分布式电源并网电压等级可根据装机容量进行初步选择，8kW及以下可接入220V，8~400kW可接入380V。分布式电源并网点的电能质量应符合国家标准，设置易操作、可闭锁且具有明显断开点并网开断设备。分布式电源功率因数应在0.95（超前）~0.95（滞后）范围内可调。分布式电源接入容量超过本台区公变容量25%时，应在低压母线处装设反孤岛装置，380V接入方式宜采用三相逆变器，220V接入配电网前，应校核同一台区单相接入分布式电源的总容量，防止三相功率不平衡情况。

4. 优化分布式电源接入方案

台区内所有分布式电源项目的接入总容量，原则上发电出力不超过台区的可接入容量，确需接入的，供电公司需及时在区域内安排增容布点项目予以分流；针对高渗透、小供电半径的台区，有条件的尽可能将分布式电源在台区负荷中心附近集中并网；有多个台区可供分布式光伏接入的，建议优先接入负载率高的台区。针对三相不平衡导致的线损增加问题，可通过合理规划控制每相的分布式电源接入容量，单相并网的接入点加入换相开关装置，改善三相电流不平衡度，降低线路和台区损耗。

5.分布式电源计量装置要求

分布式电源消纳有不同的模式，根据国家能源局有关规定，对于利用建筑屋顶及附属场地新建的分布式光伏发电项目，发电量可以采用"全部自用""自发自用余电上网"或"全额上网"模式，由用户自行选择决定。不同的消纳模式，分布式电源并入电网的接入点不同，电能计量装置安装位置和接线方式不同，接入点错误和计量装置接线错误均会对台区线损产生严重影响。

（1）"全额上网"模式计量点设置。用户用电计量点和发电计量点合并，设置在电网和用户的产权分界点，配置双向电能表，分别计量用户与电网间的上下网电量和光伏发电量（上网电量即为发电量）。"全额上网"模式计量装置设置如图3-1所示。

（2）"自发自用余电上网"模式计量点设置。用户用电计量点设置在电网和用户的产权分界点，配置双向电能表，分别计量用户与电网间上下网电量；发电计量点设置在并网点，配置单向电能表，计量光伏发电量。"自发自用余电上网"模式计量装置设置如图3-2所示。

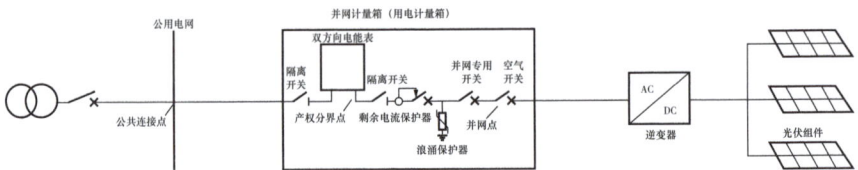

图3-1 "全额上网"模式计量装置设置

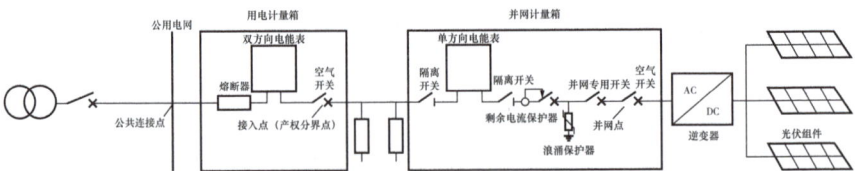

图3-2 "自发自用余电上网"模式计量装置设置

6.推动台区储能和用能政策创新

积极主动对接政府能源主管部门，针对较大规模的分布式电源，鼓励和引导自主配备适当比例的储能设施，摆脱分布式电源发电功率不稳定、间歇性等束缚。引导政府制定政策，推动台区光储一体发展，积极探索储能系统市场化交易和分时电价体系，通过商业化手段促使分布式电源配置储能系统。出台针对光伏台区的用户侧需求响应补贴政策，通过比较拟合台区光伏出力曲线和用电负荷曲线，制定台区内电动车、电热水器等可调节负荷设备的启动策略，并根据电量给予一定的经济补贴，实现光伏的就地平衡消纳。

第四节 住宅小区新增台区建设和管理

一、住宅小区批量新增台区建设

1.合理规划和控制台区范围

随着城乡融合发展的不断推进，以人为核心的新型城镇化建设稳步发展，不同规模的居民小区的开发建设依然保持良好的势头，小区批量新增台区的线损管理，需从源头实施管控。小区供配电设施建设应纳入小区整体规划，与小区内其他管线和设施进行统筹分配、协调安排，避免后期重复开挖、改建等施工，对台区线损管理带来不可控的影响。在小区建设前期，小区公变数量和容量的合理配置，将为台区线损管理奠定良好基础。综合电压降、线损、安全经济运行及远期负荷增长等因素，建设设计时，作为参考，每台公变供电范围可控制在建筑面积8000m²左右。

2.合理控制台区公变容量

遵循小容量、多布点、靠近负荷中心的原则，小区公变应尽可能深入负荷中心，低压供电半径不宜超过200m，变压器容量和台数的配置应按照低压供电半径划分区域，避免交叉供电，满足安全、可靠、经济运行的要求。根据国家及电力行业的有关规范要求，公变容量的选择，需根据现场实际情况选用不同类型和容量的变压器。选用油浸式变压器单台容量控制在630kVA及以下，选用干式变压器单台容量控制在800kVA及以下，特殊情况不超过1000kVA。

二、低压配电网施工质量管理

小区批量新装伴随着较大规模的低压配电网建设施工，在具体安装施工过程中，多个环节的安装施工质量与台区线损关系紧密，在中间检查和竣工验收时，需着重把好以下几个节点：

（1）公用变压器侧检查重点。低压出线电缆接头、各分路开关进出线接头均应安装紧固无松动，确保正常负荷运行时不出现异常发热；公变总供电量计量用互感器、台区总表、联合接线盒安装接线正确，接线桩头紧固，电压电流相位一致，导线截面符合规范要求；小区配电室内照明、通风等公共用电装表计量。

（2）低压电缆敷设检查重点。低压电缆敷设过程中，应设置保护套管保护电缆不受外力破坏，禁止违规直埋；电缆绝缘保护层在敷设过程中无破损，防止产生漏电隐患；检查电缆转角半径是否过小，防止长时间运行损害绝缘层产生漏电隐患；电缆进出分支箱孔洞应设置防护垫圈，避免割伤电缆绝缘层，引起漏电风险。

（3）低压分支箱和计量箱检查重点。壁挂式或落地式低压分支箱均应安装稳定牢固，进出电缆线接头连接紧固无松动，低压分支箱门安装牢固并加锁，防止小动物入内和私接电源窃电行为发生；计量箱应按照计量装置验收要求，检查进出线开关接线桩头安装是否紧固，检查预留装表位置空间、电源进出线方向正确性，箱门能否正常施封。

三、低压用户和户变关系管理

1.投运前户变关系核对全覆盖

小区批量新装流程中，低压用户信息与台区信息完全对应一致，是台区线损正确计算的基础，正式送电前，应采取技术和管理手段，对小区内所有台区和用户，逐户核对确认户变关系，做到投运前实施户变关系核对全覆盖，确保"变—线—箱—表—户"现场与系统信息完全对应一致。

2.低压双电源用户户变对应管理

低压双电源用户的户变关系对应错误问题较为常见，办理小区批量新装业务时，务必确保计量点、电能表与台区完全对应一致，必要时使用台区识别仪等仪器设备，进行送电后二次复核确认。

3.配电网信息及时准确录入系统

配电网新建、改造和低压用户接入投运前，均应在PMS系统和GIS系统中，及时准确录入台区内设备台账信息、一次接线图、地理接线图等资料信息，并确保系统信息与现场完全一致。

四、新增台区用户切改管理

1.新增台区切改前期准备工作

台区经理作为台区管理第一责任人，应全过程参与台区的切改建设管理，参与现场勘查、方案制定、设计审查、施工过程安全质量监督、工程验收等各环节管控工作；详细准确梳理增设新台区后需转接的用户信息清单，同时在PMS系统创建新台区并维护原台区的信息，完善用户拓扑图，保证户变关系一致，做好营配贯通全流程工作，确保原台区与新增台区信息准确、户变关系正确一致。

2.新增台区切改业务流程时限管控

台区切改一般会涉及两个或多个台区的用户电源改接，要严格规范业务流程时限管控，在台区改建时，营销系统内业务流程要与现场工作同步进行，同步将台区和用户变动信息完整录入、正确修改、及时归档，同时确保采集系统档案的同步、准确、完整，最大限度减少对台区线损计算的影响时间。

第四章 营配管理

营配贯通旨在通过高度整合营销（营）与配电（配）两个核心业务环节的数据与流程，实现企业内外部资源的高效协同。具体而言，它涉及营销系统以及PMS系统的深度融合，确保生产数据与营销数据的全面结合与实时共享，准确的公变基础数据、户变关系更是台区线损管理的重要基础。本章主要阐述营配协同管理、台区切改管理以及异动后线损管理等相关内容。

第一节 营配协同管理

低压的新增、改造以及销户业务与线损密切相关，涉及营配之间的相互协同。通过营配协同管理，对日常业务不规范流转产生的户变关系不一致问题进行源头管控。

一、营配数据维护分责管理

1.台区数据采录工作

由营销班组牵头，运检部门配合完成现场勘查，核对"线路（开闭所）名称及电压等级、接电杆（开关间隔）、电能表资产号、户号"等供电电源点信息。营销客户经理完成营销系统内用户信息的录入，并通知设备主人更新图形数据并维护营配对应数据。运检部门所采录的数据作为源端数据，要与营销部门所录入的数据对应，双方数据的一致性直接决定台区档案参数的准确性。

2.图数维护管理工作

在档案信息变更后，运检人员在PMS系统中通过图数维护流程进行数据的维护，营销人员在营销系统中完成档案关系的维护。图数维护流程是指电网设备图形、台账发生变化后需要进行图数变更的流程，包括图形维护环节、专题图调图环节、审核环节（运检、运方、自动化、调度）、台账维护环节和台账审核环节。图数维护流程应在档案信息发生变更后，与营销系统信息变更同一日完成，避免产生营配数据不一致问题。

3.营配数据管理边界

双方维护边界以计量箱接入点作为营配同源数据归属边界。计量箱接入点及以上的电网设备台账和拓扑关系以PMS系统内数据为准，由运检人员通过图数维护流程进行维护及管理；接入点以下计量箱（计量柜）信息和用户基础信息以营销系统为准，由营销人员负责维护及管理；确保异动任务有源可查，异动操作范围有据可依，审核合理高效，从管理上规范营配数据一致性，保证数据质量。营配数据管理边界示意图如图4-1所示。

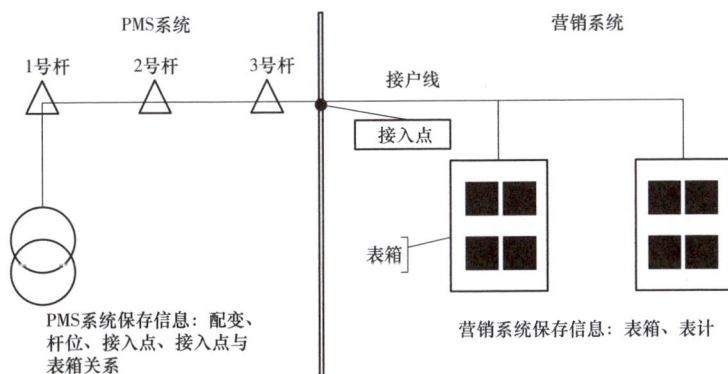

图4-1 营配数据管理边界示意图

二、新增业务的协同管理

1.公变投运管理

公变投运管理涉及变压器新增、营销计量箱挂接等工作。设备运检人员应在公变投运当日负责将异动流程归档，并通知营销人员。营销人员根据运检反馈的信息，在公变投运当日完成营销系统公变台区关口管理流程。若营销侧公变台区关口管理流程不及时，则会影响用户新装、计量箱新装等工作，导致户变、箱表关系无法建立，从而引起线损异常。

2.计量箱新装管理

计量箱新装环节由营销侧经业扩流程或计量设备更换流程配置计量箱，并发送方案变更消息至运检侧，同一日内运检侧在PMS系统中完成线路挂接点与计量箱关系的维护。采集系统的户变关系以PMS系统内的计量箱数据为准，若运检侧计量箱新增维护不及时，则会造成采集系统台区下用户缺失，导致线损异常。

3.用户新装管理

低压用户的新装对台区线损的影响主要体现在箱表关系的建立。新装过程中涉及计量箱新装的，参照计量箱新装管理流程，做好运检侧计量箱关系维护；新装过程中电能表挂接已有运行计量箱的，应做好与运行计量箱的箱表关系维护工作，确保营销系统与PMS系统中台区的档案一致，避免出现户变关系不一致情况。低压新装流程图如图4-2所示。

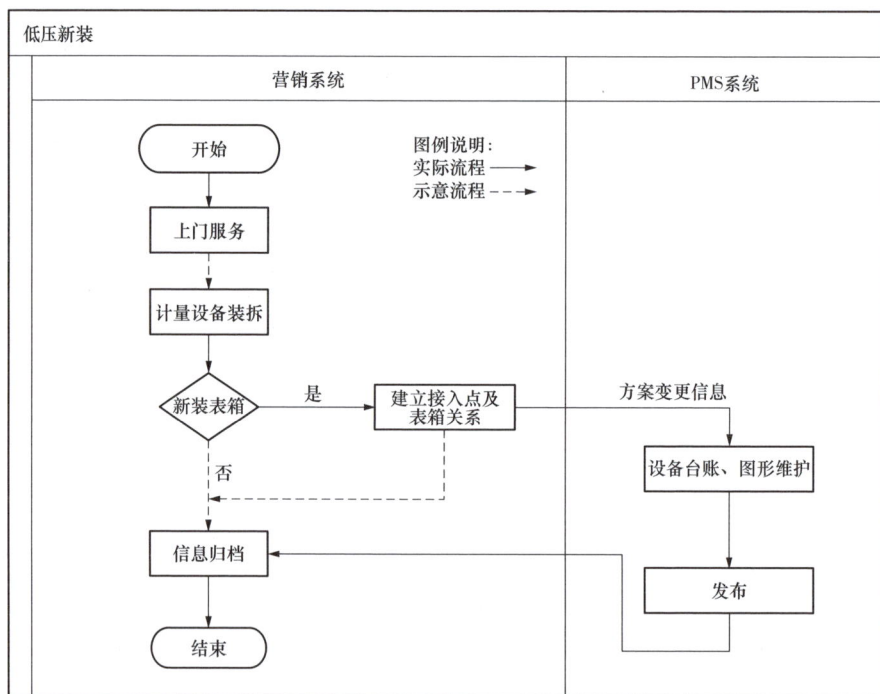

图4-2　低压新装流程图

三、变更业务的协同管理

1.计量箱更换管理

计量箱更换由营销侧发起计量设备更换流程，并发送方案变更消息至运检侧，同一日内运检侧在PMS系统中完成计量箱资产码的变更。若运检侧未及时更新资产码，则会导致台区下用户缺失，出现户变关系不一致情况。计量箱变更流程图如图4-3所示。

2.计量箱迁移管理

计量箱迁移由营销侧发起采集点台区调整流程，并发送方案变更消息至运检侧，同一日内运检侧在PMS系统中重新挂接计量箱位置；台区切改过程中涉及计量箱迁移工作，营销、运检双方应明确迁移目标台区，做好迁移台账，确保营销系统与PMS系统计量箱档案一致。

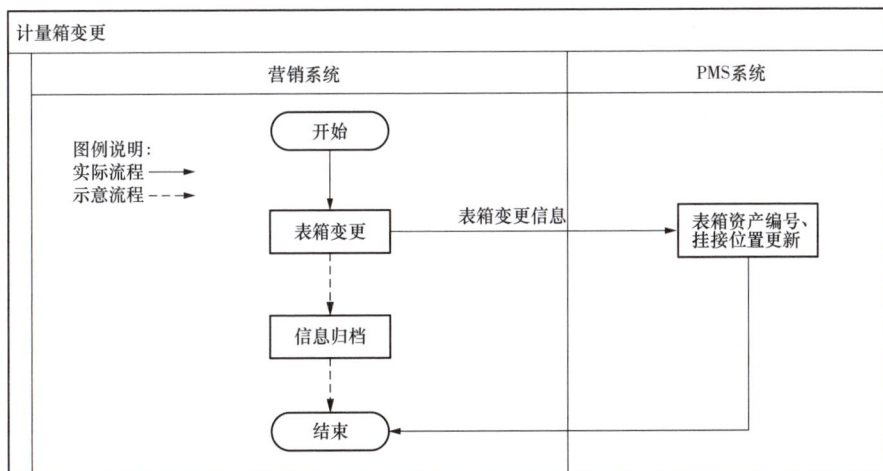

图4-3　计量箱变更流程图

四、销户业务的协同管理

1.公变退役管理

在公变计划退役前，应先通知营销侧相关台区经理，由其完成营销系统内低压用户的采集点台区迁移、公变关口撤销管理等工作。在营销侧完成公变关口撤销流程后，运检侧设备主人方可提交相关设备退役申请，经由运检、调度部门人员审核通过后，完成PMS系统中变压器信息的删除工作。若运检侧的变压器信息删除早于营销侧流程，则会导致营销侧台区下用户无法进行迁移，出现台区线损异常。

2.计量箱拆除管理

营销侧经销户流程或计量设备更换流程拆除计量箱，若计量箱内还存有运行电能表，则需做好电能表关系迁移工作；待箱表关系维护准确后，发送方案变更消息至运检侧，同一日内运检侧在PMS系统中完成计量箱资产的删除。若运检侧计量箱资产删除工作早于电能表关系迁移工作，则会造成台区下用户缺失，出现线损异常。

3.用户销户管理

低压用户销户不涉及计量箱拆除的，营销部门做好装拆后电能表止度录入以及销户流程及时归档工作，若电能表止度录入错误则会导致台区用电量异常，销户流程归档不及时则会产生估算电量，引起台区线损异常；涉及计量箱拆除的则需参照计量箱拆除管理流程通知运检部门做好计量箱信息删除工作。低压销户流程图如图4-4所示。

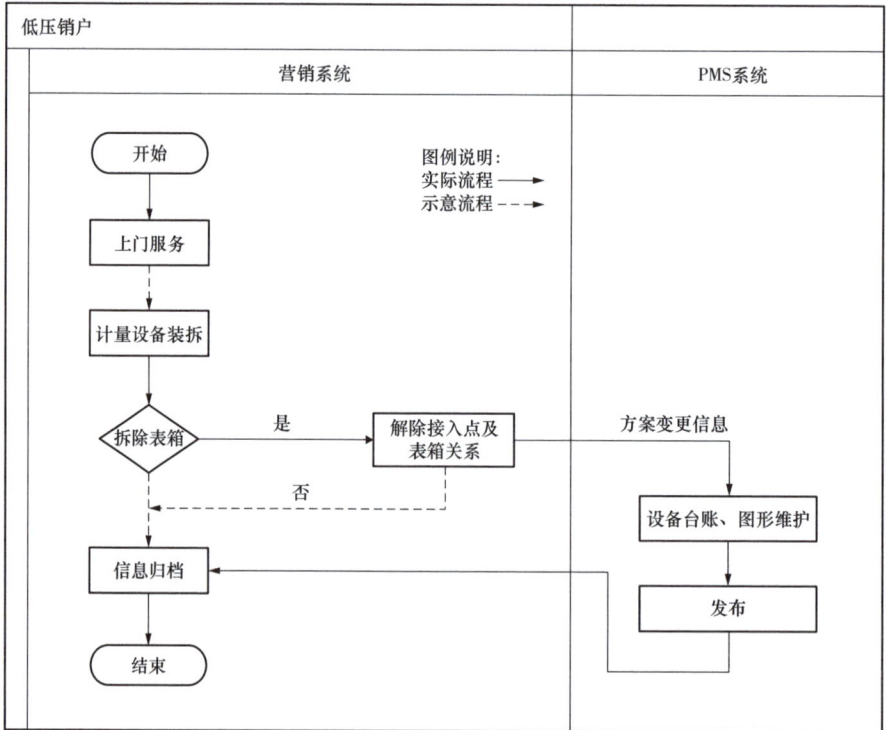

图4-4　低压销户流程图

五、技术线损的协同管理

发展部门为线损管理的归口部门，负责技术降损规划计划，牵头建设和应用线损管理系统。运检部门为技术线损管理的协同工作部门，将技术降损项目纳入专项计划，配合线损管理系统建设。营销部门做好相关协同配合工作。

台区技术线损的管理分为建设改造以及运行调整两部分。建设改造涉及发展、运检部门项目计划，例如新增布点、更换大口径线缆、增设电容器等，需要一定的投资，对供电系统的某些部分进行技术改造。运行调整涉及营销、运检部门，例如通过运检部门调整变压器运行电压或营销部门通知用户平衡三相负荷等，不需要投资或少投资，对供电系统确定最经济合理的运行方式，以达到降低技术线损的目的。

第二节　台区切改管理

台区切改是解决台区高损的有效手段之一，但由此产生的系统档案以及户变关系不一致等问题较为常见，需营销、运检部门做好过程管控以及切改后的线损协同治理。

（1）运检部门牵头开展现场勘查，营销部门人员配合，初步确认需切割分流的用户范围，双方共同确定台区切改方案。运检人员与营销人员进行现场的拓扑关系核查，明确割接的目标台区档案信息、电流互感器变比、集中器信息，核查变压器至计量箱进线电缆间的拓扑关系，核查计量箱至用户的拓扑关系。对于电缆供电路径不明的情况由运检人员、营销人员联合勘查确认。

（2）运检人员排定割接、改造计划，现场拓扑关系核实准确后及时将施工方案及营配贯通资料发送给PMS系统负责人员和营销人员，由运检人员准备竣工图，工程竣工后组织共同验收。

（3）台区切改当日，运检部门根据此前收集的低压变更信息完成公变台区内的设备变更流程并通知营销人员；营销人员在营销系统内完成箱表关系维护，在PMS系统内完成接电点—计量箱的关系维护。

（4）营销、运检人员在设备投运后的当日内完成现场、系统内相关信息的复核、修正、归档工作。送电后，监测户变关系是否已经根据PMS系统的变化进行同步；未变更的，则及时进行手动同步。

第三节　异动后线损监测

台区切改完成后，由于营销、运检两部门的管理因素或PMS系统与营销系统交互等问题影响，容易出现计量箱挂接、户变关系不一致情况导致线损异常，所以户变异动后的线损管理至关重要。通过采集系统对线损的波动进行监测以及核查，确保线损异常及时发现消除。

一、异动后图数规范性核查

（1）营销部门应组织开展低压异动核查工作，对于新装异动流程，须确保PMS系统与营销系统装表接电方案图数一致、PMS系统与营销系统计量箱资产信息一致、户变关系正确。

（2）对于销户异动流程，须核对销户用户是否已经全量完成PMS系统计量箱删除工作，核查PMS系统拆除的计量箱资产是否与营销系统流程一致。

（3）对于低压图数治理任务，依托采集系统户变关系不一致清单，核查异动记录中的用户在营销系统中的地址与迁入台区地址是否一致。

二、异动后线损监测治理

（1）对于台区切改异动流程，连续多天监测台区线损变化情况，通过台区线损数据对切割用户的户变关系进行全量核查；对于PMS系统同步失败的用户，在营销系统内及时完成用户台区手动调整，确保PMS系统户变关系与营销系统一致。

（2）对于低压图数治理台区，在图数治理完成后连续多天监测采集系统理论线损赋值变化，核查数据归真情况，若理论线损赋值与实际线损率偏差过大，再次开展现场图数核查及系统数据治理。

第五章 计量管理

计量管理与台区线损管理密不可分，计量管理为台区线损精益化管理提供了基础数据支撑，通过电能计量装置精确测量和记录供用电数据，是线损准确计算的基础。电能计量装置的精确性和稳定性直接影响台区线损精益化管理质效，因此计量装置在投运前管理、装接管理和运行管理方面需严格规范。经过数据分析，优化管理策略，可以降低因设备故障或老化导致的线损异常，从而提升经济效益，实现节能降耗目标。本章将重点阐述计量管理与低压台区线损管理紧密相关的计量管理内容，以确保台区线损精益化管理的有效实施。

第一节 基本概念

电能计量装置是指各种类型的电能表或由计量用电压、电流互感器（或专用二次绕组）及其二次回路相连接组成的用于计量电能的装置，包括成套的电能计量柜（箱、屏）。

公变台区一般使用电能表、配变终端、Ⅰ型集中器等设备作为台区总表计量台区供电量，用户处常用的电能表包括三相互感器式电能表、直接式三相四线电能表、单相电能表，最为常见的互感器为穿芯式互感器和蝶式互感器，计量箱可分为单表位计量箱和多表位计量箱。电能计量封印是具有法定效力的一次性使用的专用标识物体。近几年，根据台区线损"精细分析"的需求，低压台区下采用导轨表、智能量测开关、智能物联锁具等新型量测设备增加计量节点，辅助分段、分相线损管理。计量装置分类如表5-1所示。

表5-1 计量装置分类

类型	图例	
电能表	直接式三相四线电能表	单相电能表
互感器	穿芯式互感器	蝶式互感器
计量箱	单表位计量箱	多表位计量箱
封印	带锁扣穿线式按压封印 / 带锁扣穿线式旋紧封印	卡扣式封印

续表

类型	图例		
新型量测设备			
	导轨表	智能量测开关	智能物联锁具

第二节　投运前管理

一、电能计量装置技术要求

1.计量装置分类及精确度等级

计量装置分类及精确度等级如表5-2所示。

表5-2　　　　　　　　计量装置分类及精确度等级

类型	电压等级	精确度等级			
		电能表		互感器	
		有功	无功	电压互感器	电流互感器
Ⅰ类	220kV及以上贸易结算用电能计量装置，500kV及以上考核用电能计量装置。计量单机容量300MW及以上发电机发电量的电能计量装置	0.2S	2	0.2	0.2S
Ⅱ类	110（66）~220kV贸易结算用电能计量装置，220~500kV考核用电能计量装置。计量单机容量100~300MW发电机发电量的电能计量装置	0.5S	2	0.2	0.2S
Ⅲ类	10~110（66）kV贸易结算用电能计量装置，10~220kV考核用电能计量装置。计量单机容量100MW以下发电机发电量、发电企业厂（站）用电量的电能计量装置	0.5S	2	0.5	0.5S

续表

类型	电压等级	精确度等级			
		电能表		互感器	
		有功	无功	电压互感器	电流互感器
IV类	380V～10kV电能计量装置	1	2	0.5	0.5S
V类	220V单相电能计量装置	2	—	—	0.5S

2.接线方式

低压台区下电能计量装置的接线应满足 DL/T 825—2021《电能计量装置安装接线规则》的要求，低压供电且计算负荷电流为60A及以下时，宜采用直接接入电能表的接线方式，单相直接式电能表应采用"二进二出"的接线方式，三相直接式电能表应采用"四进四出"的接线方式。选用直接接入式的电能表其最大电流不宜超过60A，计算负荷电流为60A以上时，宜采用经电流互感器接入电能表的接线方式。单相直接式电能表接线方式示意图如图5-1所示，三相直接式电能表接线方式示意图如5-2所示，三相互感式电能表接线方式示意图如图5-3所示。

3.导线选择

直接接入式电能表采用BV型绝缘铜芯导线，导线截面积应根据额定的正常负荷电流按表5-3选择。

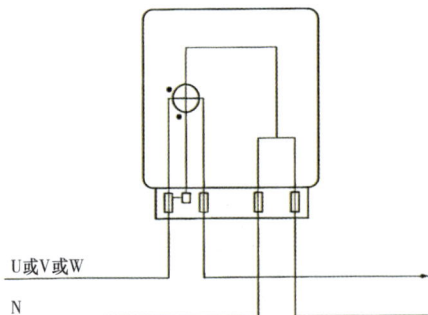

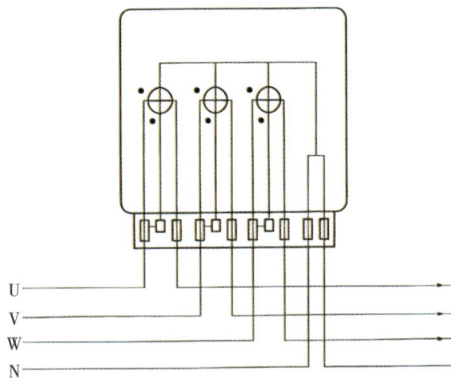

图5-1　单相直接式电能表接线方式示意图　图5-2　三相直接式电能表接线方式示意图

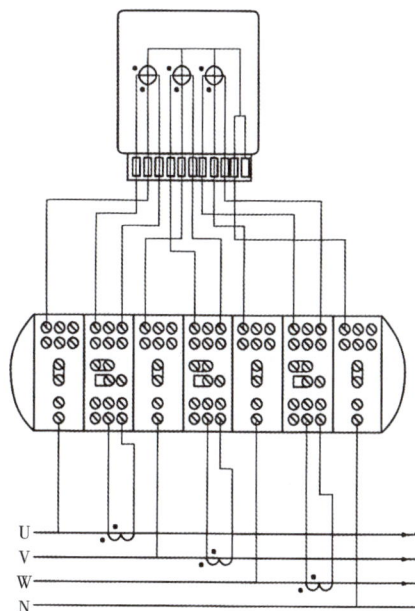

图5-3　三相互感式电能表接线方式示意图

经电流互感器接入的导线选择要求如下：

（1）电流回路不小于BV-4mm² 单股铜芯黄、绿、红导线。

（2）二次接地回路宜采用BVR-4mm² 多股铜芯黄、绿双色导线。

（3）一次接地回路宜采用BVR-25mm² 多股铜芯黄、绿双色导线。

（4）中性线宜采用BV-2.5mm² 单股铜芯黑色导线。

（5）RS-485连线宜采用BV-0.3mm² 及以上单芯双绞线。

表5-3　　　　　　　　　　绝缘铜芯导线截面表

负荷电流（A）	铜芯绝缘导线截面积（mm²）
$I < 20$	4
$20 \leqslant I < 40$	6
$40 \leqslant I < 60$	10
$60 \leqslant I < 80$	16
$80 \leqslant I < 100$	25

注　DL/T 448—2016《电能计量装置技术管理规程》规定，负荷电流为60A以上时，宜采用经电流互感器接入式的接线方式。

二、计量方案确定

低压台区用户的新装和改造计量点，应按电能计量装置技术要求进行计量方案的确定，内容包括计量点设置、电能计量装置配置、接线方式等。

三、设计方案审查

在设计审查环节，电能计量专业人员应对各类电能计量装置的设计方案进行审查，设计方案应符合DL/T 448—2016《电能计量装置技术管理规程》、Q/GDW 347—2009《国家电网公司电能计量装置通用设计》等有关规定要求，计量专业人员对计量点、计量方式、接线方式、电能计量装置配置、采集设备安装方案等进行审查，提出审查意见。

四、装用前计量装置准确度保障

1.装用前实验室检定

实验室计量检定是针对计量装置在使用前，查明和确认计量器具是否符合法定要求的程序。计量装置根据JJG 596—2012《交流电子式电能表检定规程》、JJG 1187—2022《直流标准电能表检定规程》、JJG 1139—2017《计量用低压电流互感器自动化检定系统检定规程》等检定标准要求，在法定计量检定机构对设备的计量准确性、功能性、稳定性等情况进行检定检测，并根据检定结果出具检定证书，确保计量装置能够实现电能及相关数据的精准计量。

2.安装前功能性检查

功能性检查是在计量装置领出环节前，对计量装置的外观、电池、时钟等设备情况进行检查，确保计量装置在领出环节功能性完整。

第三节　装接管理

一、装拆质量规范性

现场电能计量装置的规范装拆是台区线损结果计算准确可靠的基本保障。

计量现场施工应遵守《国家电网公司计量现场施工质量工艺规范》的有关规定。

1.施工前检查

施工前应对设备外观进行检查，设备外观应满足以下要求：

（1）设备外观完整，无破损、变形现象。

（2）计量箱（柜）应有永固铭牌、条码等必要信息。

（3）各类信息正确、字迹清晰，无缺失或脱落可能。计量箱外壳标识安装位置示意图如图5-4所示，计量箱内部标识安装位置示意图如图5-5所示，电能计量装置条码等关键信息如图5-6所示。

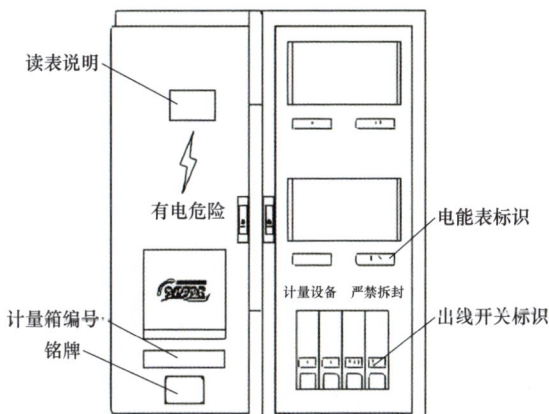

图5-4　计量箱外壳标识安装位置示意图

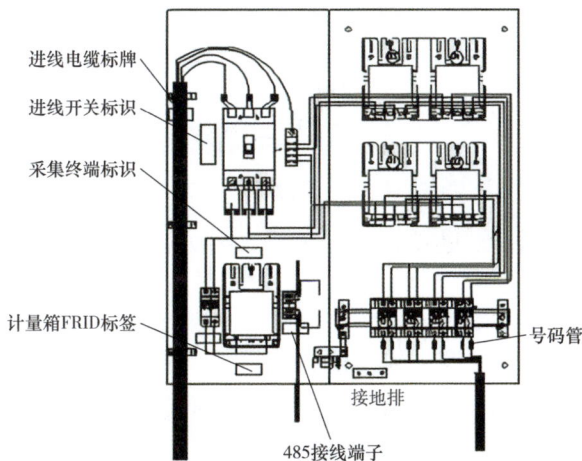

图5-5　计量箱内部标识安装位置示意图

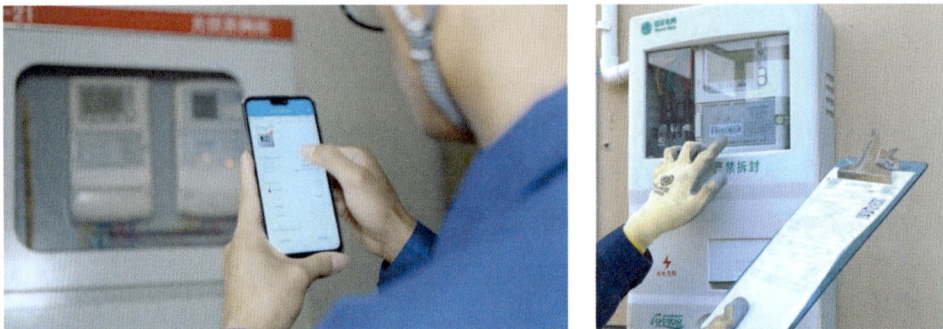

图5-6 电能计量装置条码等关键信息

（4）设备资产号、型号、规格应与任务单、图纸一致。

（5）装表前后应逐户核对户表关系，并做好核对清单记录。

（6）强制检定的计量器具封印应齐全，合格证应在有效期内，计量准确度等级应符合DL/T 448—2016《电能计量装置技术管理规程》规定的要求。

2.施工要求

为保证计量准确性，优化低压台区用电管理，降低线损，逐相核对接线后安装表盖，如图5-7所示。进行电能计量装置的施工时应满足下列要求：

图5-7 安装表盖

（1）互感器安装时，同一组的电流互感器应采用型号、额定电流变比、准确度等级、二次容量均相同的互感器。电流互感器的进线端极性符号应一致，以便确认该组电流互感器一次及二次回路电流的正方向。

（2）电能表、互感器二次端子排、计量箱（柜）、联合接线盒应实施封印。

（3）轮换工作应严格执行"拆一装一"的工作要求。

（4）计量箱改造施工过程中，每只计量箱中的电能表及表后线在拆除时，应设置标号套标明回路方向，并进行相应的拍照或录像。

（5）计量箱改造完成后，应按照标识一一对应，完成后再与拆前的照片或录像进行一一核对，有条件的应与用户逐户进行送电确认。

（6）多表位计量箱内计量故障抢修处理，应视同业扩新装，逐户核对到位，避免引起串户及装接错误。

3.施工质量管理

提高施工过程的箱表关系、户变关系、计量安装质量等方面的管理水平，不发生错接线、计量串户、换表通知与止度确认不规范等差错。施工质量检查满足《国家电网公司计量现场施工质量工艺规范》要求，安装完毕后检查接线并封印，如图5-8所示。具体施工要求如下：

图5-8　检查接线并封印

（1）接线正确，电气连接可靠，接触良好。

（2）导线敷设时可按相、线色、粗细、回路（电压电流）进行分层，尽量避免交叉。

（3）安装牢固、整齐、美观。

（4）导线敷设应做到横平竖直、均匀、整齐、牢固、美观，导线转弯处留有一定弧度，并做到导线无损伤、无接头、绝缘良好、留有余度。

二、止度录入规范性

现场电能表安装、更换后，检查拆回电能表显示示数，与装接单、营销系统录入数据应一致，按电能表实际示数录入拆表示数，完成拆回设备止度二次复核。原电能表拆除止度读取应选取在拆除前，宜用移动作业终端完成抄读，新装电能表上电后复核电能表示值为零。原电能表照片拍摄及止度抄录如图5-9所示。

图5-9　原电能表照片拍摄及止度抄录

三、流程归档时效性

严格规范业务流程时限管理，当有电能表装接业务时，营销系统内业务流程要与现场工作同步进行，及时将变动信息完成归档，确保采集系统同步档案的准确与完整。电能表安装、拆除后，除销户流程外其他流程须当日完成止度录入、流程归档，避免影响台区日线损。

第四节　运行管理

一、运行监测

运行监测是指对计量装置在运行过程中出现的计量不准确、不可靠等计量情况进行连续监测和分析，计量异常的出现将影响台区线损供用电量计量和台区理论线损计算。

常见的计量异常包括电能表飞走、电能表停走、电能表倒走、电能表运行误差超差、电压失压、电压断相、电压越限、电流失流、电流过流、时钟异常等，如表5-4所示。

表5-4　　　　　　　　　　　常见的计量异常

序号	异常类型	定义
1	电能表飞走	电能表日电量显著超过正常值
2	电能表停走	实际用电情况下电能表停止走字
3	电能表倒走	本次抄表数据与上次数据相比反而减小
4	电能表运行误差超差	电能表计量准确度等级超过标准要求
5	电压失压	某相负荷电流大于电能表的启动电流，但电压线路的电压持续低于电能表正常工作电压的下限
6	电压断相	在三相供电系统中，计量回路中的一相或两相断开的现象。某相出现电压低于电能表正常工作电压，同时该相负荷电流小于启动电流的工况就属于电压断相
7	电压越限	电压越上限、电压越下限等异常现象
8	电流失流	三相电流中任一相或两相小于启动电流，且其他相电流大于5%额定（基本）电流
9	电流过流	在三相（或单相）供电系统中，某相负荷电流大于设定的过流事件电流触发下限，且持续时间大于设定的过流事件判定延时时间的工况
10	时钟异常	电能表时钟与标准时钟相差过大，或电能表时间出现非数字字符以及非时间格式

为规避计量异常带来的影响，应规范计量装置运行监测及异常处置，要求按日监测计量装置运行状态，如发生涉及计量准确性的异常，应尽快完成异常排查和消缺。

（1）采集人员通过采集系统，对管辖范围内的运行电能计量装置工况进行实时监测，监控电能计量装置的用电异常与告警信息。采集系统用电异常监测如图5-10所示。

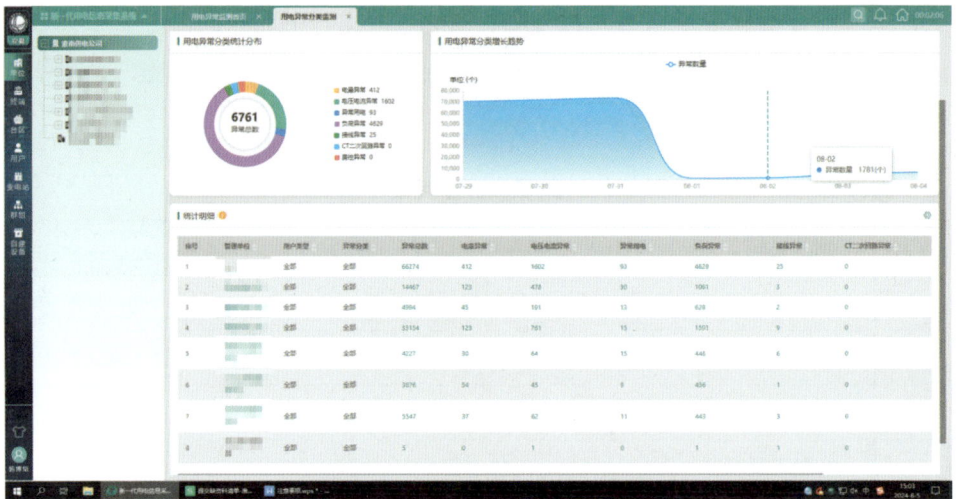

图5-10　采集系统用电异常监测

（2）采集人员通过分析用电异常数据，判定电能计量装置是否存在异常，对需要现场处理的异常及时开展异常处理。用电异常诊断及处理如图5-11所示。

图5-11　用电异常诊断及处理

（3）按计量设备主人制等现场巡视要求，常态化开展计量设备现场巡视工作，对巡视发现的缺陷进行定级分类，按期限要求落实整改。

（4）加强计量箱档案运维管理，在开展与计量箱相关的各类现场作业时，如电能表更换、采集运维、计量装置改造、设备巡视等，需同步完成计量箱档案的新建、核实及更新，实现计量箱运行档案"常查常新"。

（5）开展计量装置数字化建档和常态化普查，通过数字化手段实现现场电能表、计量箱、互感器等设备的数字化系统配套孪生，实现数字化系统中的拓扑关系与实际一致。设备主人周期巡视如图5-12所示。

图5-12　设备主人周期巡视

二、现场检验

当台区线损出现异常时，利用采集系统对用户负荷曲线图进行分析，结合用电容量、电量估算结果，排查出疑似失准的电能表，进行电能表现场检验工作。

（1）现场检验工作应至少两人进行，遵循《营销现场作业安全工作规程（试行）》《国家电网公司计量标准化作业指导书》等相关规范执行。

（2）现场检验人员发现被检电能计量装置存在接线错误等计量异常时，应立刻停止工作，并通知具有相关权限人员到现场共同处理。

（3）现场检验工作结束后，现场检验工作人员应在一个工作日内，将现场检验数据录入营销系统进行同步。

（4）电能表、互感器、二次压降、二次负荷现场检验不合格的，应及时在营销系统内发起异常处理流程。电能表现场校验如图5-13所示。

图5-13　电能表现场校验

三、故障更换

电能计量装置发生故障，会造成电能表失准或无法采集电量数据，不能准确计算用电量导致台区线损异常。当电能计量装置发生故障时，应根据故障原因，及时开展故障电能表更换工作。电能表故障更换如图5-14所示。作业人员应及时安排现场勘查，分析判断产生故障的原因，按下述方法处理：

（1）对需更换电能计量装置的故障，应记录故障现象，经用户确认后发起计量设备故障处理流程，如需退补电量，工作结束后通知具有相关权限的人员发起退补电量电费流程。

（2）对不需要更换电能计量装置的故障，由工作人员进行现场处理，如需退补电量，工作结束后通知具有相关权限的人员发起退补电量电费流程。

（3）涉及违约用电及窃电，应会同具有相关权限的人员进行违约用电或窃电处理。

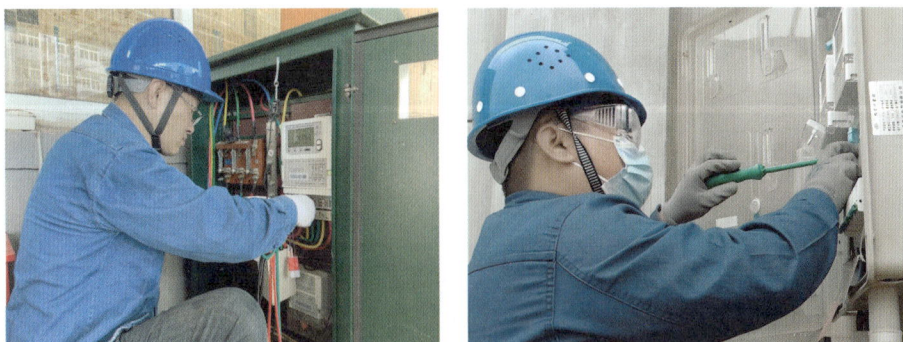

图5-14　电能表故障更换

四、抢修换表

故障抢修人员现场抢修换表，如未及时发起电能计量装置故障流程，会导致现场电能表与营销系统档案不一致，新装电能表电量无法正常计算造成台区线损异常。电能表抢修换表如图5-15所示。

（1）故障抢修人员在抢修过程中进行故障表更换、加封，并填写《抢修类故障换表装接单》。

（2）故障抢修人员到现场换表后，将故障电能表、《抢修类故障换表装接单》移交所辖单位表库管理人员，并做好故障电能表止度核对等交接工作。

（3）表库管理人员应在当日通知相关人员立即发起电能计量装置故障流程。

（4）装接人员根据《抢修类故障换表装接单》，现场核实换表信息和接线情况，对不正确接线进行更正，对不一致的换表信息进行核实后记录正确信息，并对电能计量器具施封。现场核查结束后，在营销系统内完成装拆信息录入等工作。换表业务流程、现场核查及装拆录入操作应在故障表和装接单当日完成。

图5-15 电能表抢修换表

五、电能表轮换

按照JJG 596—2012《交流电子式电能表检定规程》要求，1级、2级电能表检定周期不超过8年，若未及时开展电能表轮换，电能表超检定周期，可能会导致电能表计量失准，造成台区线损异常。电能表轮换过程中应规范操作，注意轮换施工质量，防止发生串户情况，并当日完成轮换流程归档。因此，电能计量器具轮换应根据有关规程和标准的规定，实行周期轮换和强制轮换。电能表轮换如图5-16所示。

（1）周期轮换：应根据电能表轮换周期的有关规定进行年度轮换工作。

（2）强制轮换：对国家明文规定的淘汰产品和由于电能计量器具质量问题等原因需进行强制轮换时，应根据需要及时提出强制轮换申请，审批同意后执行。

（3）电能表轮换应采取"拆一装一"的工作方式，防止串户。轮换施工质量和工艺、服务规范应按照《国家电网公司供电服务规范》《装表接电一本通》《国家电网有限公司一线员工供电服务行为规范》相关规定执行。

图5-16　电能表轮换

六、无表用电

无表用电主要有社会公共区域零散设备用电、临时突发性社会活动短时用电等。无表用电会导致该部分用电量无法准确计算而造成台区线损异常，因此除抢险救灾、社会突发事件等紧急用电外，应严格按照规范要求全部装表计量，实现"应装尽装"。无表用电典型场景如图5-17所示。

对无表用电问题，在计量装置现场巡视和运行维护过程中，应根据计量装置管理规范开展治理。存量用户完成装表计量采集改造，实现用电精准计量，通过营业普查，抓好存量无表用电的普查与统计，推进计量采集改造；通过用电检查，抓好存量无表用电用户现场检查，做好改造方案等协调工作；做好计量装置配置原则和技术方案的制定，以及计量采集改造施工，持续深化计量新技术的研究和推广应用。

图5-17　无表用电典型场景

七、计量装置改造

1.老旧计量装置改造

对存在缺陷的计量箱、电能表、采集设备等老旧计量装置影响台区线损计算的，应开展计量装置改造，确保计量数据完整可靠、台区线损准确计算。常见的计量装置缺陷如表5-5所示。

表5-5　　　　　　　　　常见的计量装置缺陷

序号	计量装置缺陷
1	电能计量装置装设点不合理，现场环境不符合要求
2	电能表、互感器配置不符合要求或现场检验不合格
3	电能计量装置接线方式不合理
4	二次回路不符合要求
5	计量箱、柜不符合要求
6	电能计量器具技术和功能不符合现阶段管理要求

（1）表5-1所列缺陷的电能计量装置应列入改造计划。

（2）收集、统计、分析本单位管辖的电能计量装置日常运行状况，对存在缺陷的电能计量装置按照DL/T 448—2016《电能计量装置技术管理规程》的要求，及时提出改造建议。

（3）电能计量装置改造计划审批同意后，应按计划实施改造，并加强电能计量装置改造项目的全过程质量管控。

（4）电能计量装置改造应通过营销系统流程实施，确保现场与系统一致。计量箱改造如图5-18所示。

图5-18　计量箱改造

2.计量装置精益化改造

（1）按需开展分箱线损改造，通过导轨表、智能量测开关、智能断路器等设备，增加计量箱维度的电能量数据采集功能，实现箱表、箱变等更深维度的线损管理。

（2）对于无法支撑高频采集的终端及通信单元、无法满足"三精"线损数据需求的电能表，按进度组织开展升级改造。

（3）针对异常台区完成远程、现场对时后，时钟偏差仍较大的电能表进行更换。

第六章　采集管理

采集系统是线损管理的基石，为线损计算、指标监测、异常诊断等提供不可或缺的数据支持。国家电网有限公司于 2022 年组织开展新一代用电信息采集系统建设，形成以采集 2.0 主站、采集终端、智能电能表、双模通信为主体的广域实时监控体系，用电数据的采集能力获得大幅提升，为线损精益管理提供必要的数据保障及技术基础。本章从采集基本概念、调试管理、数据管理和运维管理几个方面阐述采集管理内容。

第一节　基本概念

采集系统是一个涵盖数据采集、管理和应用分析的系统，该系统主要用于采集和共享电能表的数据，以满足用户对电能消耗情况的监测和管理需求。系统逻辑架构主要从逻辑的角度对采集系统从主站、信道、终端、采集点等几个层面进行逻辑分类，为各层次的设计提供理论基础。采集系统逻辑架构如图 6-1 所示。

采集系统分为主站层、通信信道层、采集设备层三个层次。

（1）主站层分为营销采集业务应用、前置采集平台、数据库管理三部分。业务应用实现系统的各种应用业务逻辑。前置采集平台负责采集终端的用电信息、协议解析，并负责对终端单元发出操作指令。数据库管理负责信息存储和处理。

（2）通信信道层是连接主站和采集设备的纽带，提供可用的有线和无线通信信道，主要采用的通信信道有光纤专网、GPRS/CDMA 无线公网、230MHz 无线专网。

（3）采集设备层是采集系统的信息底层，负责收集和提供整个系统的原始用电信息。该层可分为终端子层和计量设备子层，对于低压集抄部分，包括"集中器 + 电能表"和"集中器 + 采集器 + 电能表"等多种形式。终端子层收集用户计量设备的信息，处理和冻结有关数据，并实现与上层主站的交互；计量设备子层实现电能计量和数据输出等功能。

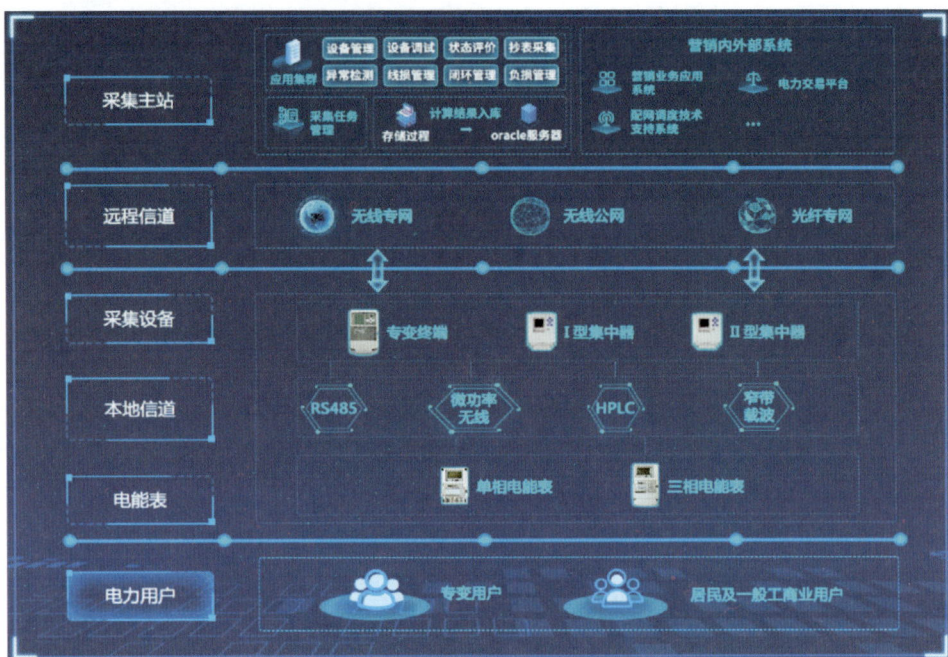

图6-1　采集系统逻辑架构

一、采集主站

依据 Q/GDW 1373—2013《电力用户用电信息采集系统功能规范》，采集主站每日汇聚并分析全省电能表各项数据，并对各类计量设备运行状态开展监测，是采集系统的中枢，主要功能包括系统数据采集、数据管理、控制、综合应用、运行维护管理、系统接口等，如表6-1所示。

表6-1　　　　　　　　　采集主站功能配置表

序号	项目		备注
1	数据采集	实时和当前数据	必备功能
		历史日数据	必备功能
		历史月数据	必备功能
		事件记录	必备功能

序号	项目		备注
2	数据管理	数据合理性检查	必备功能
		数据计算、分析	必备功能
		数据存储管理	必备功能
3	控制	功率定值控制	必备功能
		电量定值控制	必备功能
		费率定值控制	必备功能
		远方控制	必备功能
4	综合应用	自动抄表管理	配合其他业务应用系统
		费控管理	配合其他业务应用系统
		有序用电管理	配合其他业务应用系统
		用电情况统计分析	配合其他业务应用系统
		异常用电分析	配合其他业务应用系统
		电能质量数据统计	配合其他业务应用系统
		线损、变损分析	配合其他业务应用系统
		增值服务	配合其他业务应用系统
5	运行维护管理	系统对时	必备功能
		权限和密码管理	必备功能
		终端管理	必备功能
		档案管理	配合其他业务应用系统
		通信和路由管理	必备功能
		运行状况管理	必备功能
		维护及故障记录	必备功能
		报表管理	必备功能
		电能表通信参数的自动维护	可选功能
6	系统接口	与其他业务应用系统连接	—

随着业务的发展和设备的升级，采集系统从1.0进化到2.0时代。在架构上，采集系统"1+27"两级平台均采用"基座+微应用"模式，"1"为总部侧采集系统，"27"为各省公司采集系统，各省基于统一的技术架构，实现微应

用"一次开发、全网复用"。其中,基座以"通用资源与服务集合"为基本定位,以沉淀标准化服务、封装公共工具为实现手段,大幅提升数据处理应用效率,同时构建标准规范的跨系统交互通道,满足计量采集全新业务生态的演进需求,有效解决省侧建设发展不平衡、两级业务难贯通、应用成果不可复制等难题。

二、远程通信

远程通信信道是指各类采集终端与采集系统主站之间的通信接入信道。远程通信信道一端连接采集系统主站,另一端连接专变终端、集中器等终端或具备远程通信功能的智能电能表。远程通信信道包括GPRS/CDMA无线公网、230MHz无线专网、光纤专网等通信通道及相关设备。远程通信架构如图6-2所示。

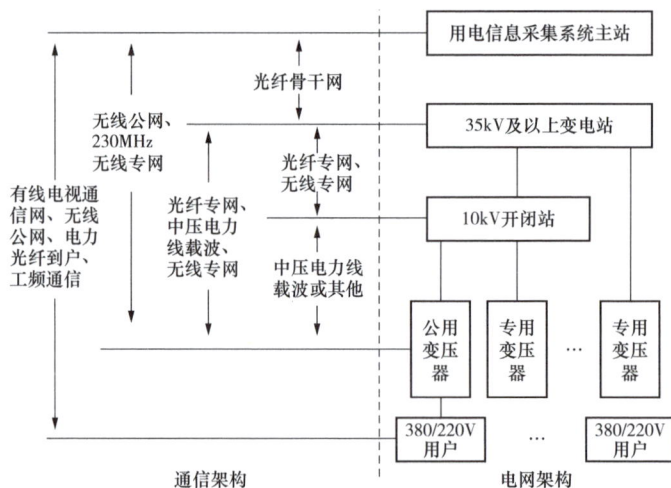

图6-2　远程通信架构

1. GPRS/CDMA无线公网

GPRS是通用无线分组业务的英文简称,是一种基于GSM系统的无线分组交换技术,提供端到端和广域的无线IP连接。GPRS的传输速率可提升至56～114kbit/s。

CDMA是码分多址的英文缩写,是在扩频通信技术上发展起来的一种崭新而成熟的无线通信技术。它能够满足市场对移动通信容量和品质的高要求，具有频谱利用率高、话音质量好、保密性强、掉话率低、电磁辐射小、容量大、覆盖广等特点，可以大量减少投资和降低运营成本。

2. 230MHz无线专网

230MHz无线专网使用国家无线电管理委员会1991年分配给电力负荷管理专用的无线频点（230MHz频段的15对双工频点和10个单工频点），主要用于电力大型专变用户用电信息采集和负荷控制。230MHz无线专网系统由主站、基站、230MHz无线信道以及采集终端组成。

3. 光纤专网

光纤专网通信方式主要以无源光网络（PON）技术为主，无源光网络是指分配网中不含有任何电子器件及电子电源的光接入网，也就是光分配网全部由无源光元件组成。光纤通信不受强电、电气信号、变频设备、噪声、恶劣天气的影响，适合大容量数据的传输。

4. 北斗通信

通过使用北斗系统的授时功能，实现电力全网时间基准统一，保障电网安全稳定运行，主要包括电网时间基准统一、电站环境监测、电力车辆监控等应用，其中电网时间基准统一等迫切需要高精度北斗服务。

三、采集设备

国家电网有限公司自开展用电信息采集业务以来，长期致力于智能终端关键技术研究。通过不断创新和研发，推出了集中器、采集器等一系列采集设备，十余年来共发展了2009、2013、2019、2022版四个版本的终端技术。

从2009年开始，采集终端可实现按采集主站配置的任务，周期性采集电能表数据。2013版采集终端着重提升了安全和功能模块互换能力，加强了设备可靠性。2019版采集终端可实现精确定制每个电能表任意数据项的采集频度、可采集时间段等策略，并可判断电能表运行状态和用户用能情况，生成事件记录上报主站。2022版采集终端引入模组化概念，基于"硬件模组化，软件APP化"设计理念，可根据不同业务需求实现硬件模组灵活扩展，软件APP快速迭代。

因专变终端采集对台区线损无影响，本节仅对低压采集设备展开介绍。低压采集设备是对低压用户用电信息进行采集的设备，包括集中器、采集器。

1.集中器

依据Q/GDW 1374.2—2013《电力用户用电信息采集系统技术规范　第2部分：集中抄表终端技术规范》，集中器为收集各采集终端或电能表的数据并进行处理储存，同时能与主站或手持设备进行数据交换的设备，可分为Ⅰ型集中器和Ⅱ型集中器，如图6-3所示。

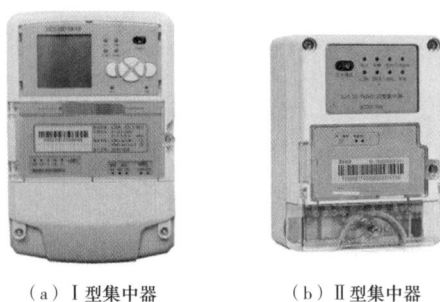

（a）Ⅰ型集中器　　　　　（b）Ⅱ型集中器

图6-3　集中器

集中器可用下列方式采集电能表的数据：

（1）实时采集。集中器直接采集指定电能表的相应数据项，或采集采集器存储的各类电能数据、参数和事件数据。

（2）定时自动采集。集中器根据主站设置的抄表方案自动采集采集器或电能表的数据。

（3）自动补抄。集中器对在规定时间内未抄读到数据的电能表应有自动补抄功能。补抄失败时，生成事件记录，并向主站报告。若电能表不支持日冻结和曲线数据，集中器应通过设定用户类型，定时读取电能表实时数据，作为冻结电量。对于智能电能表，集中器每天零点5分起读取电能表的日冻结和曲线数据并存储，还应补抄近3天的日冻结数据。集中器抄读电能表次月1日零点的日冻结数据，转存为上月的月冻结数据。集中器应补抄当天曲线数据。

2.采集器

采集器是用于采集多个或单个电能表的电能信息，并可与集中器交换数据的设备。采集器依据功能可分为Ⅰ型采集器和Ⅱ型采集器，如图6-4所示。Ⅰ型采集器抄收和暂存电能表数据，并根据集中器的命令将储存的数据上传给集中器。Ⅱ型采集器直接转发集中器与电能表间的命令和数据。

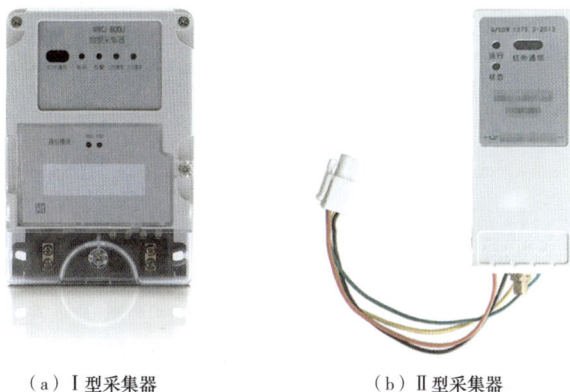

（a）Ⅰ型采集器　　　　　　　（b）Ⅱ型采集器

图6-4　采集器

四、本地通信

本地通信是指用于采集终端到电能表的通信连接，以载波（窄带载波、HPLC、HDC）为主，窄带载波通信性能较低，只能承载每日抄读电能表日电量一个值。2017年国家电网有限公司推广HPLC通信技术，较大程度解决了单一数据项抄读问题，通信性能也有很大提升，已实现各类曲线数据的采集和拓扑感知、时钟同步等功能深化应用。双模（HDC）通信模块比HPLC单模通信拥有更高的通信速率和效率。

1.窄带电力载波通信

窄带电力载波通信是一种使用电力线作为通信介质的通信技术，其载波信号频率范围通常为10~500kHz。在实际应用中，窄带电力载波通信系统通常采用FSK、PSK等调制方式进行数据传输。

2.宽带电力载波通信

宽带电力载波通信利用的频段（2~20MHz），普遍被分配给无线电定位、无线电导航、标准频率和时间信号、短波无线电广播、业余无线电业务、卫星业余业务等。

3. HPLC

低压电力线高速载波通信，简称HPLC，是一种电力线载波通信技术，多用于低压台区采集系统本地通信中（如抄表）。通信方式采用OFDM技术，通过不同子载波屏蔽方案，可以配置不同的通信频段，典型的通信频段有2~12MHz、2.4~5.6MHz、1.7~3MHz、0.7~3MHz等。相较于传统的窄带载波通信，HPLC具备更强的抗干扰能力，实时抄通率更高。

基于HPLC技术，可实现高频数据采集、停电主动上报、时钟精准管理、相位拓扑识别、台区自动识别、ID统一标识管理、档案自动同步、通信性能监测和网络优化等功能。

4. HDC双模通信

HDC双模通信采用HPLC和HRF信道同时发送的策略，集HPLC与无线通信技术特点于一身，在标准兼容、深化应用、业务承载能力、停电上报等方面具备独特优势。标准兼容方面，在完全兼容HPLC标准物理层协议的基础上，增加HRF物理层协议，实现双通道通信。深化应用方面，在原有停电主动上报、相位拓扑识别、台区自动识别、ID统一标识管理等八大深化应用基础上，新增分钟级采集、万年历同步等功能。业务承载能力方面，在HPLC信道资源紧张时，其他业务可以选择HRF信道接入，避免单一通信方式的网络冲突，增强业务承载能力。停电上报方面，相比单一通信方式，双模通信实现停电上报功能的准确率，由90%提升到99%以上。

第二节 调试管理

调试管理主要涉及对电能表集中器的档案核对、参数设置、状态检查以及与主站的连接调试。

一、系统档案数据核对

在营销系统中，对台区信息、集中器信息、用户档案信息、计量点信息、电能表信息进行核对，如图6-5所示。在采集系统中，对台区、集中器、电能表的归属关系进行核对，确认档案数据正确，如图6-6所示。如果发现台区信息、用户档案信息错误，应对错误信息进行核对和修改。

图6-5　营销系统档案核对

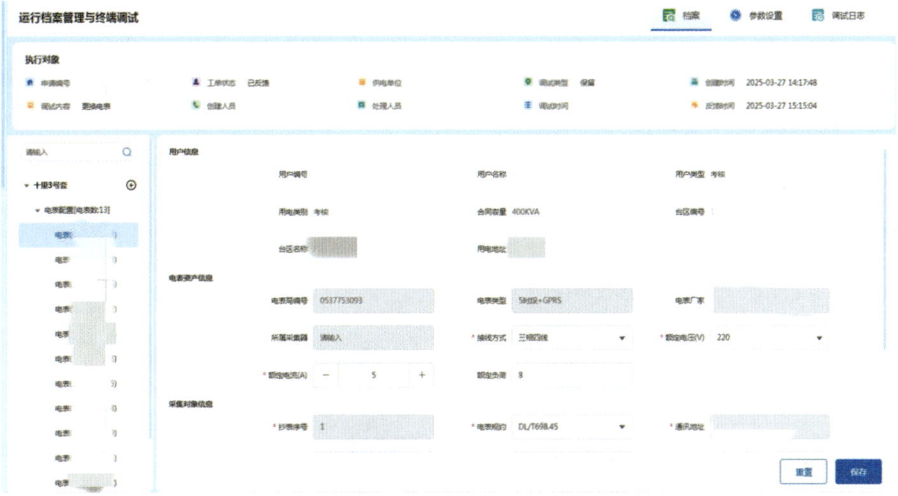

图6-6　采集系统核对档案

二、参数设置

在进行数据采集之前，需要对串口参数、网络通道参数等进行设置，如图6-7所示。例如，三相四线电能表的波特率设置为9600bit/s，以及网络通道参数的选择，确保数据能够正确传输。

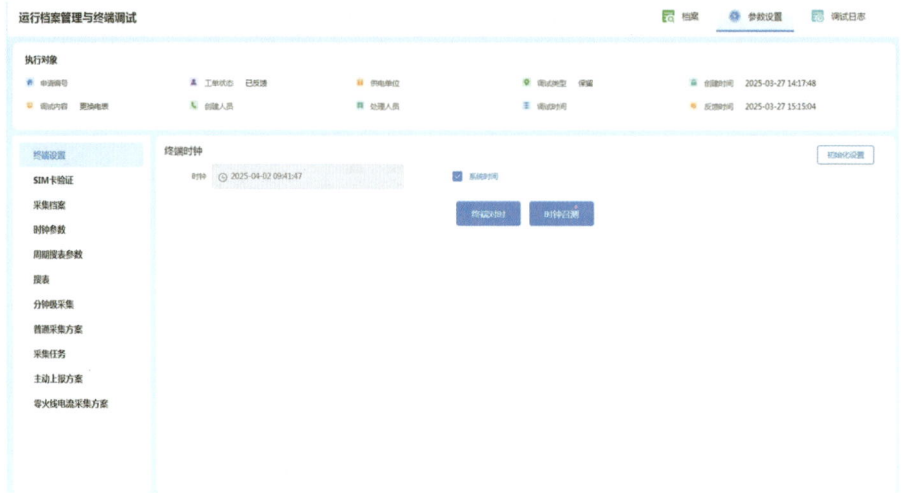

图6-7　参数设置

三、状态检查

启动集中器，检查数据是否正常采集和传输，如发现异常，需要及时检查接线、设备设置和通信信号，如图6-8所示。

图6-8　集中器状态检查

四、与主站的连接调试

在采集系统中确认集中器、电能表档案信息无误，集中器已在现场安装运行且调试通过后，应在系统中确认其是否安装调试成功，如图6-9所示。

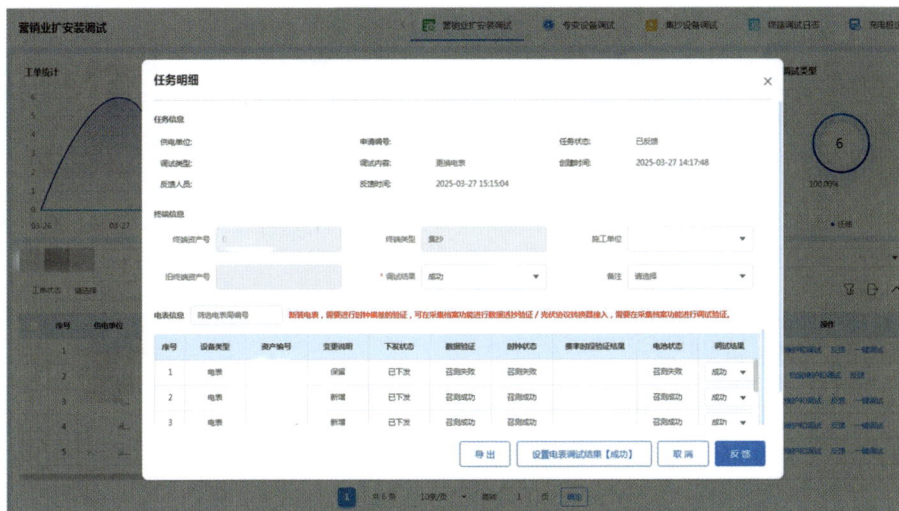

图6-9　连接调试

第三节　系统管理

一、数据采集

1.系统采集的主要数据项

（1）电能量数据。总正反向电能示值、各费率正反向电能示值、组合有功电能示值、分相电能示值、总电能量、各费率电能量、最大需量等。

（2）交流模拟量。电压、电流、有功功率、无功功率、功率因数等。

（3）工况数据。采集终端及计量设备的工况信息。

（4）电能质量越限统计数据。电压、电流、功率、功率因数、谐波等越限统计数据。

（5）事件记录数据。采集终端和电能表记录的事件记录数据。

（6）其他数据。费控信息等。

2.采集方式

（1）定时自动采集。按采集任务设定的时间间隔自动采集终端数据，自动采集时间、间隔、内容、对象可设置。当定时自动数据采集失败时，主站通过自动及人工补采功能，保证数据的完整性。

（2）人工召测。根据实际需要随时人工召测数据。例如出现事件告警时，人工召测与事件相关的重要数据，供事件分析使用。

（3）主动上报。在全双工通道和数据交换网络通道的数据传输中，允许终端启动数据传输过程（简称主动上报），将重要事件立即上报主站，以及按定时发送任务设置将数据定时上报主站。

二、数据管理

1.数据合理性检查

对采集数据完整性、正确性进行检查和分析，当发现异常数据或数据不完整时自动进行补采，补采成功时可以自动修复异常数据；系统提供数据异常事件记录和告警功能；对于补采不成功的异常数据不予自动修复，并限制其发布，保证原始数据的唯一性和真实性。

2.数据计算、分析

根据应用功能需求，对采集的原始数据进行计算、统计和分析。包括但不限于：

（1）按区域、行业、线路、自定义群组、单客户等类别，按日、月、季、年或自定义时间段，进行负荷、电能量的分类统计分析。

（2）电能质量数据统计分析，对监测点的电压、电流、功率因数、谐波等电能质量数据进行越限、合格率等分类统计分析。

三、数据应用

1.线损分析

根据各供电点和受电点的有功和无功的正/反向电能量数据以及供电网络拓

扑数据，按电压等级、分区域、分线、分台区、分元件进行线损的统计、计算、分析，可按日、月固定周期或指定时间段统计分析线损。

2.计量及用电异常监测

对采集数据进行比对、统计分析，发现用电异常。如同一计量点不同采集方式的采集数据比对或实时数据和历史数据的比对，发现功率超差、电能量超差、负荷超容量等用电异常，记录异常信息。

第四节 运维管理

为确保采集系统安全、稳定、可靠、高效运行，需开展采集系统运行维护工作，提高采集系统应用水平。用电信息采集故障是指由主站、通信信道、采集终端、电能表失去或降低其规定功能造成数据采集异常的现象。采集故障会影响采集成功率，导致供电量或售电量的缺失，进而影响线损计算的准确性。鉴于采集系统主站运维工作由信通公司负责，本节不涉及因系统原因引起的故障。

一、故障现象分类

采集故障归纳为六大类常见故障现象，分别为终端离线、终端频繁登录主站、数据采集失败、采集数据时有时无、数据采集错误、事件上报异常。

（1）终端离线是指采集终端无法正常登录采集系统主站的现象。

（2）终端频繁登录主站是指采集终端频繁切换在线、离线状态的现象。

（3）数据采集失败是指采集系统主站无法成功获取采集终端或电能表的数据信息的现象。

（4）采集数据时有时无是指采集数据不完整、不连续，采集成功率波动较大的现象。

（5）数据采集错误是指采集数据与实际数据不一致的现象。

（6）事件上报异常是指采集终端出现漏报、错报或频繁上报重要事件的现象。

二、故障现象甄别方法和处置措施

1.终端离线

（1）主站侧分析终端离线的方法、处置步骤如下：

1）判断是否因停电引起终端离线。若因停电引起终端离线，则需待供电恢复后跟踪终端在线情况。

2）检查离线终端所属网络是否正常运行。若终端的远程通信方式为无线公网通信，则联系相应运营商进行处理；若终端的远程通信方式为有线通信，则联系信通公司进行处理。

（2）在现场分析终端离线的方法、处置步骤如下：

1）判断终端的工作状态是否正常。若终端外观出现黑屏、烧毁等现象，则更换终端；若终端电源无接入，需接入电源；若终端死机或拨号异常，则将终端重启上线。

2）判断终端通信参数是否正确。

3）判断终端获取的信号强度是否足够。若现场无线信号覆盖较差，则可考虑更换无线通信方案；若更换其他运营商通信模块后，信号强度仍不足，则需通过加装天线、信号放大器等方式，增强信号强度，或联系运营商寻求进一步解决。

4）检查无线通信模块及通信卡安装情况。若模块指示灯工作不正常，重新安装或更换模块；若模块针脚发生弯曲，直接更换模块；若通信卡丢失、损坏或接触不良，重新安装或更换通信卡。

5）检查采集终端是否发生故障。

2.终端频繁登录主站

（1）主站侧分析终端频繁登录主站的方法、处理步骤如下：检查终端心跳周期参数是否设置正确。

（2）在现场分析终端频繁登录主站的方法、处理步骤如下：

1）观察终端液晶显示屏显示的信号强度。

2）检查远程通信模块是否故障。

3）检查采集终端是否发生故障。

3.数据采集失败

在发生数据采集失败的故障时，首先透抄电能表实时数据，内容包括：电能表总电量、分时电量等数据，根据电能表数据透抄情况将故障分为以下两类：①数据采集失败，但透抄电能表实时数据成功；②数据采集失败，且透抄电能表实时数据失败。

（1）对于"数据采集失败，但透抄电能表实时数据成功"的故障，按照以下步骤进行故障分析与处理：

1）主站侧检查终端任务是否正确下发。

2）主站侧检查终端、电能表时钟是否正确。

3）现场检查终端是否故障。

4）现场检查电能表是否无法冻结数据。

（2）对于"数据采集失败，且透抄电能表实时数据失败"的故障，按照以下步骤进行故障分析与处理：

1）主站侧检查终端参数是否正确设置并下发。

2）主站侧检查终端任务是否正确下发。

3）主站侧检查终端、电能表时钟是否正确。

4）现场检查终端电源线是否缺相。

5）现场检查终端载波模块是否故障。

6）现场检查终端是否故障。

7）现场检查电能表是否故障。

8）现场检查RS-485接线是否正常。

9）现场检查终端和电能表RS-485端口是否损坏。

10）现场检查终端、电能表是否故障。

11）现场检查终端微功率无线模块是否故障。

4.采集数据时有时无

（1）主站侧分析采集数据时有时无的方法、处理步骤如下：主站侧检查终端软件是否存在缺陷。

（2）在现场分析采集数据时有时无的方法、处置步骤如下：

1）核查远程通信信号强度是否符合要求。

2）检查本地通信信号强度是否符合要求。

3）现场检查终端是否故障。

4）现场检查电能表是否故障。

5.数据采集错误

（1）主站侧检查参数设置是否正确。

（2）主站侧检查终端、电能表时钟是否正确。

（3）主站侧检查终端是否故障。

（4）主站侧检查电能表是否故障。

（5）现场检查终端是否故障。

（6）现场检查电能表运行是否正常。

6.事件上报异常

（1）主站侧检查参数设置是否正确。

（2）主站侧检查终端软件是否存在缺陷。

（3）现场检查终端电池是否正常。

（4）现场检查终端是否故障。

第七章　窃电防治

　　窃电是指以非法占用电能，以不交或者少交电费为目的，采用非法手段不计量或者少计量用电的行为。窃电行为不仅损害了电力企业的经济利益，也影响了电力供应的稳定性和可靠性。台区线损是反窃电工作开展和衡量的重要依据，坚持效益、效率优先原则，以"一台区一指标"管理体系构建为基础，以体制机制完善为支撑，以数字化手段赋能为抓手，"管住两头，稳住中间"，将台区线损指标稳定在合理区间。强化高负损台区治理，发挥线损管理"牛鼻子"作用，实施差异化管理、精益化降损、规范化查处、常态化治理，不断夯实基础，坚持反窃电"三不放过"原则，做到"应抓尽抓、该查快查"，堵漏增收，促进供电公司经营效益稳步提升。

第一节　反窃电相关法律法规

一、反窃电的工作形势

　　当前，用户窃电手段呈现出隐蔽化、科技化、规模化特征，主要体现在：高技术含量的智能型窃电设备越来越多，如遥控窃电、高频磁场窃电、整流设备窃电等；窃电行为更隐蔽，信号干扰类、攻击供电回路类窃电行为隐蔽，不动铅封，现场恢复迅速，给窃电稽查工作带来很大困难；专业团伙作案趋势明显，窃电主体由最初的居民、个体商业、私营企业单兵作战发展到有组织的专业团伙作案，分工明确，利用各种手段阻碍反窃电检查；蔓延速度更快，随着网络的发展与普及，窃电分子利用互联网宣传和推广窃电装置和窃电方法，使窃电器材获取容易、使用泛滥，在社会上造成恶劣影响。

二、法律法规介绍

为了保障和促进电力事业的发展，维护电力投资者、经营者和使用者的合法权益，保障电力安全运行，我国第一部电力法《中华人民共和国电力法》于1996年4月1日开始实施。随后为了加强电力供应与使用的管理，保障供电、用电双方的合法权益，维护供电、用电秩序，安全、经济、合理地供电和用电，《电力供应与使用条例》于1996年9月1日实施。1996年10月，中华人民共和国电力工业部令第8号公布《供电营业规则》。2024年2月5日，为适应新时代电力体制改革和供用电领域的发展需求，解决旧版规则已滞后于当前社会经济、技术及法律环境的问题，国家发展改革委第9次委务会通过新版《供电营业规则》，于2月8日以国家发展改革委令第14号公布，自2024年6月1日起施行。我国反窃电相关法律法规主要包括以下内容：

1.《宪法》

第十二条　社会主义的公共财产神圣不可侵犯。国家保护社会主义的公共财产。禁止任何组织或者个人用任何手段侵占或者破坏国家的和集体的财产。

2.《刑法》

第二百六十四条　盗窃公私财物，数额较大的，或者多次盗窃、入户盗窃、携带凶器盗窃、扒窃的，处三年以下有期徒刑、拘役或者管制，并处或者单处罚金；数额巨大或者有其他严重情节的，处三年以上十年以下有期徒刑，并处罚金；数额特别巨大或者有其他特别严重情节的，处十年以上有期徒刑或者无期徒刑，并处罚金或者没收财产。

3.《民法典》

第六百五十五条　用电人应当按照国家有关规定和当事人的约定安全、节约和计划用电。用电人未按照国家有关规定和当事人的约定用电，造成供电人损失的，应当承担赔偿责任。

4.《电力法》

第七十一条　盗窃电能的，由电力管理部门责令停止违法行为，追缴电费并处应交电费五倍以下的罚款；构成犯罪的，依照刑法有关规定追究刑事责任。

5.《电力供应与使用条例》

第三十一条 禁止窃电行为。窃电行为包括：

（1）在供电企业的供电设施上，擅自接线用电。

（2）绕越供电的用电计量装置用电。

（3）伪造或者开启法定的或者授权的计量检定机构加封的用电计量装置封印用电。

（4）故意损坏供电企业用电计量装置。

（5）故意使供电企业的用电计量装置计量不准或者失效。

（6）采用其他方法窃电。

6.《供电营业规则》

第一百零三条 禁止窃电行为。窃电行为包括：

（1）在供电企业的供电设施上，擅自接线用电。

（2）绕越供电企业电能计量装置用电。

（3）伪造或者开启供电企业加封的电能计量装置封印用电。

（4）故意损坏供电企业电能计量装置。

（5）故意使供电企业电能计量装置不准或者失效。

（6）采用其他方法窃电。

第一百零四条 供电企业对查获的窃电者，应当予以制止并按照本规则规定程序中止供电。窃电用户应当按照所窃电量补交电费，并按照供用电合同的约定承担不高于应补交电费三倍的违约使用电费。拒绝承担窃电责任的，供电企业应当报请电力管理部门依法处理。窃电数额较大或情节严重的，供电企业应当提请司法机关依法追究刑事责任。

第一百零五条 能够查实用户窃电量的，按已查实的数额确定窃电量。窃电量不能查实的，按照下列方法确定：

（1）在供电企业的供电设施上，擅自接线用电或者绕越供电企业电能计量装置用电的，所窃电量按照私接设备额定容量（千伏安视同千瓦）乘以实际使用时间计算确定。

（2）以其他行为窃电的，所窃电量按照计费电能表标定电流值（对装有限流器的，按照限流器整定电流值）所指的容量（千伏安视同千瓦）乘以实际窃用的时间计算确定。

窃电时间无法查明时，窃电日数以一百八十天计算。每日窃电时长，电力用户按照12h计算、照明用户按照6h计算。

第一百零六条　因违约用电或窃电造成供电企业的供电设施损坏的，责任者应当承担供电设施的修复费用或进行赔偿。因违约用电或窃电导致他人财产、人身安全受到侵害的，受害人有权要求违约用电或窃电者停止侵害，赔偿损失。供电企业应予协助。

第一百零七条　供电企业对检举、查获窃电或违约用电的有关人员应当给予奖励。

第二节　窃电隐患与防改措施

一、窃电隐患等级

窃电隐患等级划分为一、二、三级。存在以下窃电情况之一，其评级条件如下（如同时满足多个划分等级应按最高等级划分）。

一级窃电隐患包括：一年内（自最新一次查实日期向前追溯一年）窃电次数为3次及以上；窃电量在2.5万kWh及以上的专变用户或窃电量在4000kWh及以上的低压用户；同一台区下存在3户及以上同类型窃电用户；评判为高风险的窃电用户。

二级窃电隐患包括：一年内（自最新一次查实日期向前追溯一年）窃电次数为2次；窃电量在1万～2.5万kWh之间的专变用户或窃电量在1000～4000kWh之间的低压用户；同一台区下存在2户同类型窃电用户；评判为中风险的窃电用户。

三级窃电隐患包括：窃电次数为1次；窃电量在1万kWh及以下的专变用户或窃电量在1000kWh及以下的低压用户；评判为低风险的窃电用户。

二、窃电防改措施

故意使不计量或少计量的行为，属于窃电行为。

1.擅自接线或绕越窃电隐患及治理举措

（1）挂接架空裸导线。将架空裸导线改造为地埋电缆或架空防绝缘破坏导线，适用于一级窃电隐患的改造；将架空裸导线改造为绝缘导线、提高垂直对地距离，适用于二、三级窃电隐患的改造。

（2）破坏架空绝缘导线（电缆）。在架空绝缘导线（电缆）破损部位加装封闭的隔离挡板或对破损架空绝缘导线（电缆）进行更换，适用于一级窃电隐患的改造；在架空绝缘导线（电缆）破损部位加装绝缘套管进行绝缘补强，适用于二、三级窃电隐患的改造。

（3）破坏电缆分支箱锁具或分支箱锁具缺失。对电缆分支箱加装锁具，适用于一、二、三级窃电隐患的改造。

（4）破坏电缆分支箱本体。将破损电缆分支箱更换为防窃电分支箱，并加装锁具，适用于一级窃电隐患的改造；将破损电缆分支箱进行封闭性改造，并加装锁具，适用于二、三级窃电隐患的改造。

（5）电缆分支箱接头裸露。对电缆分支箱电缆接头加装绝缘防护罩，适用于一、二、三级窃电隐患的改造。

（6）变压器接线端子裸露。在变压器高、低压侧接线端子裸露处加装专用绝缘防护罩，或在变压器四周装设防翻越护栏（围网），并配置锁具，适用于一、二、三级窃电隐患的改造。

（7）绕越电能表分流。对电能表表尾裸露金属部分采取封闭性措施，并加装电子封印，适用于一、二、三级窃电隐患的改造；将电能表端钮盒开启记录配置为主动上报事件，通过反窃电监控系统对上报的事件记录进行研判，跟踪锁定疑似窃电用户，适用于一、二、三级窃电隐患的改造。

（8）绕越试验接线盒（端子排）分流。将试验接线盒（端子排）更换为全透明材质，并在孔口处加装绝缘堵头或对接线盒（端子排）进行封闭处理，适用于一、二、三级窃电隐患的改造。

（9）绕越计量箱分流。对破损低压线路进行更换，适用于一级窃电隐患的改造；在低压线路破损部位使用绝缘胶带进行绝缘补强，适用于二、三级窃电隐患的改造。

2.伪造或者开启计量装置封印、故意损坏计量装置窃电隐患

（1）破坏联合接线盒端子盖封印或封印丢失、破坏电流互感器端子盖封印或封印缺失、破坏表尾盖封印或封印缺失。对联合接线盒端子盖、电流互感器端子盖、电能表表尾盖加装电子封印，适用于一、二、三级窃电隐患的改造。

（2）开盖改动电能表内部结构。将开盖电能表更换为智能物联表，并将电能表开盖事件设为主动上报，适用于一、二、三级窃电隐患的改造。

（3）破坏电能表外观。将被破坏的电能表更换为智能物联表，适用于一、二、三级窃电隐患的改造。

（4）改动电流互感器内部结构。将改动过的电流互感器更换为检定合格的电流互感器，加装新型采集终端对二次电流工况开展在线监测，适用于一、二级窃电隐患的改造；将改动过的电流互感器、电压互感器更换为检定合格的电流互感器、电压互感器，适用于三级窃电隐患的改造。

（5）穿芯式电流互感器缠绕闭合回路。将穿芯式电流互感器更换为直接式电流互感器，适用于一、二级窃电隐患的改造；将穿芯式电流互感器中心空余部位进行封闭处理，适用于三级窃电隐患的改造。

（6）破坏或断开电压互感器熔断器。将破坏的熔断器更换为完好的熔断器或将断开的熔断器进行恢复，适用于一、二、三级窃电隐患的改造。

（7）私自更换计量装置。将实际变比与系统变比不一致的电流互感器、电压互感器更换为检定合格、实际变比与系统变比一致的电流互感器、电压互感器，加装新型采集终端对二次电流、电压工况开展在线监测，适用于一、二级窃电隐患的改造；将实际变比与系统变比不一致的电流互感器、电压互感器更换为检定合格、实际变比与系统变比一致的电流、电压互感器，适用于三级窃电隐患的改造。

（8）破坏二次回路导线绝缘。将破损导线更换为绝缘导线，并加装新型采集终端，适用于一级窃电隐患的改造；将破损导线更换为绝缘导线，适用于二、

三级窃电隐患的改造。

（9）破坏计量箱（柜）本体。对破损计量箱（柜）进行智能化改造，并对计量箱（柜）加装电子封印、智能物联锁具，适用于一级窃电隐患的改造；将破损计量箱（柜）进行封闭性改造，并对计量箱（柜）加装电子封印、智能物联锁具，适用于二、三级窃电隐患的改造；计量装置整体外迁，适用于一、二、三级窃电隐患的改造。

3.其他手法窃电改造方法

（1）擅自改动电能表参数。将擅自改动参数的电能表更换为已下装密钥的智能物联表，并对电能表核心参数开展在线监测，适用于一、二、三级窃电隐患的改造。

（2）故意降低电能表功率因数窃电。将电能表、采集终端停上电记录配置为主动上报事件，通过采集系统对停上电前后电能表电流、电压、功率因数进行研判，数值差异较大的用户纳入重点核查清单，适用于一、二、三级窃电隐患的改造。

（3）外部干扰故意使计量装置不准或者失效。将计量箱（柜）更换为具有屏蔽效果的全封闭金属计量箱，将普通电流互感器更换为DBI电流互感器，并加装电子封印、智能物联锁具，适用于一、二、三级窃电隐患的改造。

第三节 反窃电主要筛查方法

一、大数据分析法

利用采集系统数据，对电压、电流、功率等参数以及曲线图进行分析，利用采集系统电能表开盖事件对疑似窃电进行核查。

二、电量比对法

根据现场测量负荷进行电量估算、电量是否突变、使用的电气容量、用电季节等情况进行分析比对。

三、仪器检查法

利用钳形电流表、万用表、相位伏安表、电能表校验仪、倍率测试仪、台区线损分析仪等进行检查。

四、直观检查法

问、闻、视、听，着重痕迹检查（封印、封签、胶印、外壳、视窗等），以及盯守、放线、同型号电能表称重等进行检查。加大设备现场环境检查力度，严查是否有谐波、谐振等高科技窃电控制装置。

五、失准更换甄别法

深化分析失准更换电能表运行误差计算结果，筛选出误差超差且误差值为负数的电能表清单，对电能表用电量曲线与台区线损曲线做关联分析，对电能表误差、事件信息、实时数据做聚类分析，甄别疑似窃电用户。

第三部分
管 理 篇

　　在台区线损管理的发展历程中，每一次的前进都伴随着管理思路与管理方式的转变。本篇通过详细阐述台区线损的发展历程，对"三精"管理、"一台区一指标"等重要任务建设进行了针对性介绍，在逐步建立健全体制机制的基础上，不断优化提升台区线损系统侧支撑能力，旨在让线损管理及治理人员真正掌握台区线损管理工作的内核，理解台区线损管理的精髓，更好地开展台区线损日常管理。

第八章　发展历程

台区线损管理作为电力系统运行效率与经济性的重要指标，其发展历程也是电力行业发展与技术革新的缩影。早期，线损计算主要依赖人工抄表和粗略估算，由于技术限制，线损率高且治理难度大。"一户一表"制度的实施以及远程抄表技术的实现，标志着线损管理从经验估算向数据驱动的转变。随着管理水平和采集设备能力提升，台区经验值已满足不了管理要求，为对不同特征的台区，分档制定降损目标，推出了"一台区一指标"管理。近年来大数据技术的成熟应用，台区线损的管理也由"一台区一指标管理时期"向"三精管理时期"转变，台区线损管理正朝着更加精益化、科学化、智能化的方向发展。台区线损管理发展历程如图8-1所示。

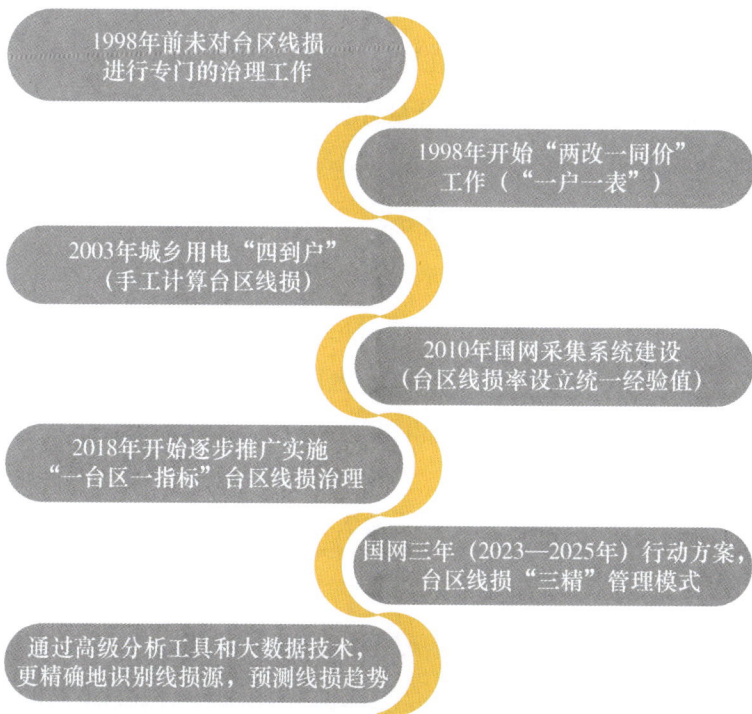

图8-1　台区线损管理发展历程

第一节 "一户一表"前阶段

一、早期线损管理概要

在未实现"一户一表"计量计费之前，供电企业线损管理主要针对10kV及以上线路电能损耗。以10kV线损率为例，供电量为变电站10kV线路关口计量点电量，用电量为该线路供电范围内的专变用户用电量、城市公变总表、低压合表电量、农村综合变压器总表电量之和，两者之间的差值即为10kV线路线损电量，以此计算出10kV线路线损率。由于10kV线路普遍较长，供电范围较大，线损率普遍较高，大多在10%以上。

二、早期台区线损管理空窗期

在"一户一表"计量计费制度实施之前，低压台区线损管理的历史背景相对复杂。在早期，由于电力技术水平和用电管理模式的限制，低压用户计量计费主要依赖于合表方式，这种方式在城区和农村有着不同的应用形式。

在城区，公用变压器下的用电计量分为动力用电和照明合表用电两种。动力用电直接与供电企业结算电费，而照明合表用电则是由某一户作为代表申请立户装设总表，总表下再为每户装设分表。

而在农村地区，综合变压器总表计量计费的方式更为普遍。每个变压器下装设用户产权的分表进行计量，或者实行定量计费。一个村庄可能有一台或多台变压器，每台变压器对应一个结算户。台区低压电能损耗同样由各分表用户自行分摊。供电所抄电能表费卡片如图8-2所示。

第二节 "一户一表"手工抄表阶段

"一户一表"用电制度的实施，无疑是我国电力供应和管理体制的一次重大改革。从1998年开始的"两改一同价"工作，不仅标志着农村电网的现代化改造和农电管理体制的深刻变革，更体现了国家对于实现城乡电力服务均等化的

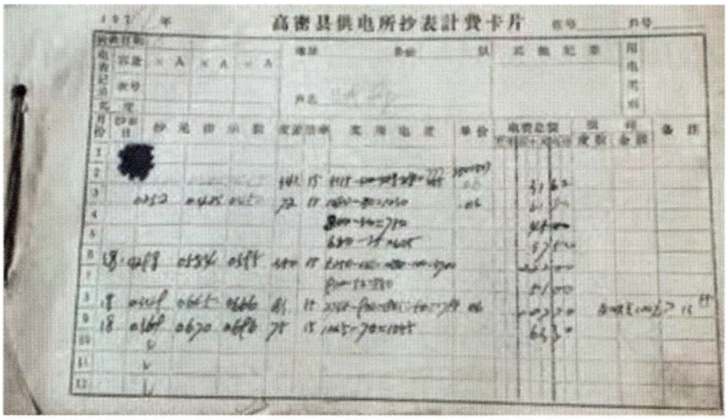

图8-2　供电所抄电能表费卡片

决心。这一政策的推行，使得农村地区的电力供应得到了极大的改善，同时也为台区线损管理奠定了坚实的基础。"一户一表"制度的实施，使得每个用户都有了独立的计量设备，电力供应和使用情况变得更为清晰透明。这不仅方便了电力企业的管理，也为用户提供了更加公平、准确的电费计算方式。

经过几年的不懈努力，2003年逐步实现了城乡用电"四到户"，即销售到户、抄表到户、收费到户、服务到户。"一户一表"的全面实施，为台区线损的治理奠定了根本基础。2004年，农村低压台区线损管理处于起步阶段，主要依赖于人工抄表与计算的方式，人工抄表的时间跨度较大，总表电量与户表电量的同步性难以实现，导致总表与户表之间的电量数据难以精确匹配，从而影响了线损率的准确计算。

第三节　"一户一表"智能远程抄表阶段

一、智能远程抄表低压用户采集全覆盖（"奠基石时期"）

采集系统建设全覆盖为台区线损管理提供了技术保障。2010年，国家电网公司采集系统建设工作全面启动，按照"统一规划、统一标准、统一建设"原则，利用5年时间（2010—2014年），实现电力用户用电信息采集的"全覆盖、全采集"。经过努力，2013年开始，各省级电力公司陆续实现采集全覆盖，为台区线损自动化计算提供了重要技术保障，奠定了台区同期线损计算的基石。

二、台区线损自动计算管理（"自动化计算时期"）

2013—2017年台区线损管理稳步推进，为电力行业的营销基础管理带来了革命性的转变。从过去的人工粗放式管理，逐步迈向了更为系统、高效、精准的管理，台区线损计算步入"自动化计算时期"。在台区线损管理的过程中，一系列技术问题和管理问题得到了有效解决和完善。理论线损值主要依赖上级管理部门设定的指标值作为标准，所有台区都需与该标准值进行比较。标准值的设定没有统一管理要求，在不同时期和地区也存在较大差异，同期线损通过采集系统采集的供用电量数据进行计算。

三、"一台区一指标"线损管理（"差异化时期"）

2018年，在《国家电网公司关于实施台区线损精益化管理的意见》（国家电网营销〔2018〕98号）中明确提出科学制定台区线损管理目标值。综合考虑台区负荷率、供电半径、线路参数、分布式电源接入等因素，对不同特征的台区，分档制定降损目标，研究创新台区理论线损计算方法，在台区线损管理、统计、考核、分析中，实现"一台区一指标"，对线损理论值较高的台区及时查找原因，由相关责任部门开展降损工作，落实降损措施。

2020年3月，《国网营销部关于开展2020年高损台区攻坚治理工作的通知》（营销计量〔2020〕17号），提出构建"一台区一指标"管理模式，确定"一台区一指标"在全公司范围推广应用的工作方案，对数据需求、算法模型、系统功能等方面做了详细说明。

2021年2月，《国网营销部关于印发2021年营销线损管理和反窃电工作安排的通知》（营销计量〔2021〕8号），要求以"一台区一指标"为依据，构建"指标在线监测、目标动态调整、异常精准定位、工单线上流转、成效量化评价"的台区线损常态化管理模式，实现了将理论线损赋值应用于公司台区线损常态化管控。

2022年以来，国家电网有限公司根据实际台区运行情况不断迭代完善理论线损计算模型，优化线损考核细则，建立了台区线损指标动态调整机制，巩固提升了"一台区一指标"线损精益管理模式，逐步实现了台区理论线损赋值管理全覆盖。

四、"三精"线损管理（"精细化时期"）

2023年初，《国网营销部关于印发2023年台区线损管理和反窃防窃工作安排的通知》（营销计量〔2023〕20号），提出以数据高频采集为基础，构建台区线损"三精"管理模式，实现台区线损精细分析、精确诊断、精准治理。

"精细分析"旨在利用高频数据采集的完善和丰富，深化、细化指标分析，实现台区分时段线损、分相线损、分箱线损的统计分析，缩小范围、提高精度、快速定位。

"精确诊断"旨在利用系统中海量数据，依托人工智能算法对台区线损存在的问题进行诊断分析，精准定位异常用户及异常原因，给出异常原因的详细诊断过程及指导性的治理建议。

"精准治理"旨在通过建章立制，强化管控，利用智能化分析成果，针对线损异常台区制订"一台一策"整改计划，提升台区线损治理效率。

第九章　体制机制

线损精益化管控涉及各层级管理及治理人员，要兼顾横向协同及纵向执行，秉承"统一标准、分级落实、分工负责、协同合作"的原则，总部、省、市、县、所按照职责分工承担各级台区线损管理的责任主体，同时，为更好推进台区线损管控与专业管理相融合，压实各级管理和一线人员治理责任，将台区线损管理评价细化到各专业、各岗位，责任到人，形成管理合力。

第一节　组织架构及职责

顶层设计方面，总部发展部归口线损管理工作，设备部负责技术线损管理工作，营销部负责管理线损管理工作，调控中心负责网损管理工作，技术支撑机构负责线损专项研究分析、理论计算、培训等技术支持工作。其中，各级营销专业主要涉及以下业务。

一、总部职责

（1）市场营销部是管理线损的管理部门，主要履行以下职责：

1）参与线损管理办法、考核办法制定，以及降损规划编制工作。

2）负责组织开展台区管理降损工作，提出管理降损方案并督导实施，组织开展管理降损工作检查。

3）负责营业普查与反窃电管理、电能计量管理、用户无功管理、办公用电统计等工作。

4）协助开展负荷实测及理论线损计算工作。

（2）计量中心是台区线损管理技术支撑单位，主要履行以下职责：

1）组织制定台区线损管理相关技术标准、技术规范、指导手册等技术文档。

2）负责开展台区线损相关数据监控、异常分析、问题诊断，制定解决措施，提供技术指导。

3）负责组织开展台区线损管理培训及帮扶工作。

二、省公司职责

（1）市场营销部是本单位管理线损管理部门，主要履行以下职责：

1）参与本单位降损规划编制。

2）负责组织开展本单位台区管理降损工作，提出管理降损方案，纳入营销项目年度计划并督导实施。组织开展管理降损工作检查。

3）负责本单位营业区域抄核收管理、营业普查与反窃电管理、电能计量管理、用户无功管理、办公用电统计等工作。

4）协助开展负荷实测及理论线损计算工作。

5）负责线损管理相关的计量与用户基础台账建设与维护。

（2）营销服务中心是本单位台区线损管理技术支撑单位，主要履行以下职责：

1）组织制定本单位台区线损管理相关技术标准、技术规范、指导手册等技术文档。

2）负责开展本单位台区线损监控、异常派单、治理督导工作。

3）负责组织开展本单位台区线损管理培训及帮扶工作。

4）负责定期调研、收集台区线损管理问题和建议，协助省公司营销部开展台区线损影响因素等专题研究工作。

5）负责组织开展"一台区一指标"赋值工作。

三、地市公司职责

营销部是本单位台区线损归口管理部门，具体负责本单位台区管理线损，主要履行以下职责：

（1）负责建立健全本单位台区线损管理体系。

（2）负责制定本单位台区线损考核办法，组织开展本单位考核评价工作。

（3）负责制定本单位台区线损管理目标及任务。

（4）负责组织建立本单位台区线损跨专业协同工作机制。

（5）负责组织开展本单位台区管理线损相关项目储备工作。

（6）负责组织开展本单位台区线损基础管理工作。

（7）协助运检部开展本单位台区技术线损管理工作。

四、县公司职责

营销部（客户服务中心）是本单位管理线损管理部门，主要履行以下职责：

（1）参与本单位降损规划编制、线损检查等工作。

（2）负责组织开展本单位台区管理降损工作，提出管理降损方案，纳入营销项目年度计划并督导实施。组织开展管理降损工作检查。

（3）负责本单位营业区域抄核收管理、营业普查与反窃电管理、电能计量管理、用户无功管理、办公用电统计等工作。

（4）协助开展负荷实测及理论线损计算工作，开展本单位0.4kV台区理论线损计算工作，编制理论线损计算分析报告。

（5）负责线损管理相关的计量与用户基础台账的建设与维护。

五、供电所及一线人员职责

供电所（供电部、营业站等网格化机构）主要履行以下职责：

（1）负责落实台区线损承包责任制，结合抄表区域划分，在各信息系统中动态更新台区经理承包绑定信息，并监督落实。

（2）负责供电所（班组）台区线损的统计、分析工作，负责组织线损分析会，分析研究线损管理中存在的问题，按上级工作安排编制本级台区线损管理计划。

（3）负责按消缺计划及系统督办工单要求，制定降损措施，组织台区经理落实具体的异常台区现场消缺闭环工作。

（4）负责对台区经理开展线损管理指导、培训、评价和考核工作。

（5）负责组织、参与增量台区验收，常态化开展线损异常监测，及时结合指标波动开展新增异动因素消缺。

（6）负责将台区经理现场消缺中遇到的疑难问题汇总处理，将本层级暂无法处理的问题提报上一级单位，确保逐级兜底，可靠闭环。

（7）负责按业务规范开展台区下、网格内业扩报装、计量巡查、采集消缺、周期轮换和故障处理工作。

（8）负责常态开展辖区内用电检查工作，积极宣传供用电政策，严厉打击窃电及违约用电行为。

（9）负责结合台区管理降损工作中暴露的技术线损问题，组织台区经理以台区为单位提报技术降损项目储备建议并跟踪实施。

（10）负责根据工作需要，调整、变更台区经理人选及工作范围，合理划分台区工作量，确保线损管理职责有序衔接。负责积极推广降损节能新技术、新设备。

第二节　内部治理与外部协同

台区线损管理兼具综合性与复杂性，涉及多部门、多层级，需发挥线损管理"牛鼻子"作用，充分整合资源，在内部治理与外部协同体系推动下，各司其职，形成合力。

一、内部协同机制

台区线损治理主要涉及业扩新装、数据采集、电能计量、营配贯通、反窃查违等多专业，源端数据的真实性、准确性是台区线损理论计算及台区线损率的基础保障，各专业在业务上能否有效衔接是台区线损管理和治理过程中的难点，也是体现管理水平的重要一环。因此，系统方面及业务方面需要建立流畅的、稳定的保障机制，避免发生影响台区线损波动的管理问题。

各层级可通过指标监测分析会等形式，跟踪分析台区线损指标执行情况，梳理台区线损管理存在的内部协同问题，制订整改计划。

二、跨部门协同机制

针对台区线损治理跨专业问题，营销专业在协同相关专业确认问题成因的基础上，建立专人跟进的跨专业协同机制，推动基建、技改、大修、营销专项计划中统筹考虑台区线损治理项目，为台区线损治理提供资金保障，主要涵盖线路改造、变压器增容、计量装置轮换、采集能力提升、计量箱破损更换、防窃电改造等内容。同时在需要针对台区线损治理项目开展项目后评估，对项目建设方案、资金使用、建设进度、经济社会效益等方面进行评价，用于指导后续台区线损治理项目安排。

三、疑难台区分级处置机制

供电所对确实无法治理的疑难台区进行现场核实，超出其能力范围的可提请上级部门予以协助治理。县公司（供电中心）对供电所反馈的疑难台区应提供治理帮扶，省、市公司在资金筹措、政策支持等方面提供协助，推进疑难台区及时治理。

第三节　指标体系

台区线损指标按照"统一规则、动态调整"原则进行设置，包括但不限于400V综合线损率、台区监测完整率、高损台区治理率、负损台区治理率、异常治理率、"一台区一指标"赋值准确率等。

台区线损率是反映一个台区运行和管理水平的关键指标，其目标值实行"一台区一指标"管理。其中台区线损相关指标定义及统计周期如下：

（1）400V综合线损率。统计周期内台区损耗电量占台区供电量的比例。按日、周、月、年维度进行统计。

（2）台区监测完整率。本单位线损可监测台区占运行台区总数的比例，按日、月维度进行统计。

（3）高损台区治理率。完成治理高损台区占期初核定应治理高损台区的比例，按月维度进行统计。

（4）负损台区治理率。完成治理负损台区占期初核定应治理负损台区的比例，按月维度进行统计。

（5）异常治理率。连续5天日线损高损、负损、不可算台区在要求时效内异常治理完成情况，按日、周、月维度进行统计。

公司市场营销部结合上述指标值制定公司台区线损管理目标及任务，每年年初下达各省台区线损管理目标，省、市、县公司营销部根据上级营销部目标要求，结合实际情况逐级分解下达。

第四节　评价体系

对于台区线损治理工作的全面评价可从机制建设、关键指标、基础管理、过程管控、支撑保障等方面进行。

（1）按照"分级管理、奖罚并重"的原则开展评价工作。

1）台区线损管理是对省、市、县、供电所、台区责任人的全覆盖评价。

2）开展台区线损及协同专业工作质量的量化评价，对台区线损治理成绩突出的单位和个人进行提倡激励性评价。

3）降损成效的奖惩措施应落实到具体责任人。

（2）贯彻"管业务必须管指标"的工作要求，统一评价规则，杜绝重复评价。

（3）对指标完成情况、线损数据质量开展远程核查、现场核查和交叉互查工作，对核查结果进行综合评价。

（4）台区线损管理及治理应遵循真实性原则，不应在台区线损指标统计上弄虚作假、人为调节线损数。

第十章 "三精"管理

当前，易于分析治理的异常台区已基本消除殆尽，传统的线损管理已不能适应线损治理需求，台区线损管理模式亟须换档升级。在设备方面，HPLC/HDC通信方式和智能量测开关等设备不断推广应用，采集数据颗粒度细化到小时级、分钟级，线损计算单元延伸到计量箱。在系统方面，采集系统线损计算功能迭代升级，分时、分相、分箱线损计算功能不断完善，智能诊断规则不断完善。2023年初，提出了构建从分析到治理整个闭环的台区线损"三精"管理模式，实现台区线损精细分析、精确诊断、精准治理。

第一节 精细分析

以"一台区一指标"为抓手，基于小时级、分钟级采集数据和整箱计量能力，通过分时、分相、分箱等计算模式，对异常台区进行精细分析，辅助线损管理人员提升分析效率。结合工作实践，不断开展压降法理论线损、"三分"理论线损计算优化，完善"三分"线损计算和统计规则，提升精细分析准确性。

一、"三分"线损统计

1.分时线损计算和统计规则

全量异常台区按日计算，高损台区增加周、月计算频度，开展分时线损计算。分时线损利用（T+1）时减去T时电能示值乘以倍率分别得出台区小时供电量、用电量，调用线损模型计算分时线损率。分时线损率计算公式如下

$$T时线损率 = \frac{台区T时供电量 - 台区T时用电量}{台区T时供电量} \times 100\% \qquad (10-1)$$

$$台区T时供电量 = 台区总表正向T时电量 + 分布式T时上网电量 \qquad (10-2)$$

$$台区T时用电量 = 台区总表反向T时电量 + 用户T时用电量 \qquad (10-3)$$

另外，根据业务需求，分时线损计算也可按费率时段进行计算。

2.分相线损计算和统计规则

全量异常台区按日计算分相线损，高损台区增加周、月计算频度，开展分相线损计算。原则上对全量台区每月计算一次分相线损，根据月度分相异常结果，细化计算每周、日分相线损，精准锁定异常发生日期和相别。每日分相线损率计算公式如下

$$X相日线损率 = \frac{台区X相日供电量 - 台区X相日用电量}{台区X相日供电量} \times 100\% \qquad （10-4）$$

3.分箱线损统计计算和统计规则

分箱线损以计量箱为单位计算线损，对于具备整箱计量功能的台区，开展分箱线损统计。针对疑难台区，采用分段计量工具，结合整箱计量功能，开展台区总表到计量箱间及分段区域的线损计算，缩小问题排查范围，辅助降损。每日分箱线损率计算公式如下

$$分箱线损率 = \frac{分箱供电量 - 分箱用电量}{分箱供电量} \times 100\% \qquad （10-5）$$

4.特殊场景下"三分"线损计算和统计规则

对于电量缺失、异常等情形制定"三分"线损电量拟合规则。应用大数据法识别电能表相位，制定逆相序三相表分相电量校正规则，开展换表、负荷切改、停电等特殊业务场景下"三分"线损计算。

二、"三分"线损计算应用

在实际应用中，利用分时线损计算结果可以研判窃电、负荷波动等造成线损异常发生时段。利用分相线损研判三相不平衡、漏电等异常发生相别。利用分箱线损计算，进一步锁定异常发生的计量箱。通过分时、分相、分箱联动分析，能够精确定位异常在某时、某相、某箱，提高分析颗粒度。对于不同台区灵活配置计算时间和计算频度开展"三分"线损计算，基于分析结果，可以大大缩小排查范围。

例如，某供电企业有一个长期高损、多次现场排查未果的疑难台区，通

过采用分时、分相、分箱计算分析，确定主要损失异常点为一处地埋电缆，现场落实确定为一处破地缆窃电用户，查处完成后，该台区日损失电量减少约100kWh，日线损率由9.91%将至1.56%，这是"三分"线损精准治理线损异常的一个缩影。

综上所述，"三分"线损计算通过细化计算单元，能够更精确地反映线损情况，减小计算误差，能支撑供电企业更有效地管理电力设备、优化负荷分配，减少电能损失，在台区线损发生异常时，能够快速缩小排查范围，提出线损治理效率。

三、线损"三分"计算数据基础

1.采集数据基础

"三分"线损、压降法理论线损计算和智能诊断分析，需要对台区总表和低压用户的采集数据进行定制配置，满足线损"三精"管理的常态化、个性化计量采集需求。

（1）台区总表采集内容。三相电压、电流、功率因数、冻结示值等96点数据、分费率时段冻结示值，以及开表盖、断相、停电等事件。

（2）HPLC台区低压用户采集内容。分相电压、电流、功率因数、冻结示值等96点数据、分费率冻结示值，以及开表盖、断相、停电等事件。

（3）非HPLC台区低压用户采集内容。最少4个点的分相电压、电流、功率因数、冻结示值数据、分费率冻结示值，以及开表盖、断相、停电等事件。

2.计量采集设备基础

终端及通信单元等采集设备应满足高频采集要求，无法满足采集数据要求的、时钟偏差大于5min的，电能表、终端和通信单元进行更换。同时，研究集中器边缘侧计算、诊断分析技术，支撑终端内分时、分相线损计算。

3.营配档案基础

不断优化营配档案同步规则，完善换表、新装、销户等业务场景营配流程，实现换表、新装、销户等业务流程数据在营配系统间异动的实时同步。定期开展营配档案一致性比对分析，保证台区档案更新及时、准确。

第二节 精确诊断

通过研究台区智能诊断流程方法、完善异常标准问题库，不断优化线损异常智能研判策略，使智能诊断结果精确定位异常时段、范围、用户及原因，实现线损异常快速智能诊断，即为精确诊断。在智能诊断基础上，通过人工诊断反馈智能诊断功能应用，建立诊断功能评价机制，不断提升异常主因诊出率、诊断准确率。

一、台区智能诊断方法

台区线损的智能诊断主要包括数据的采集与处理、智能诊断模型的构建、异常的检测与定位以及决策支持等步骤。

数据主要来源于营销系统、采集系统等信息系统。主要包括台区的基本档案、运行信息、负荷构成以及实时电压、电流和功率等关键指标。采集的原始数据经过清洗、整合等预处理，消除异常数据、缺失值等数据干扰，提高后续分析的准确性和效率。

采用关联规则、聚类分析、神经网络等数据挖掘算法，深度挖掘台区线损数据中的潜在规律和异常特征，以覆盖计量、采集、档案、用电和技术等五大因素导致的线损异常，基于多模型融合的台区线损异常溯源技术，构建智能诊断模型，应用于台区线损状态的快速扫描、计算与评估。

二、异常精确诊断

1.精确诊断采集类异常

对于采集缺失用户，可以通过电量拟合分析，辅助定位线损异常主因，对主因为采集缺失的线损异常台区，利用实时透抄数据自动精准判断异常问题是否恢复。

（1）精准定位引起线损异常的采集缺失用户。利用用户历史电量、负荷、档案等数据特性，通过用户分类、基础电量拟合、波动电量修正等方法，开展采集缺失用户的电量拟合分析。通过用户电量与线损电量的相关性分析，精准筛选出线损强相关的采集缺失用户，以及影响的线损电量。

（2）实时监控采集异常引发线损波动的恢复情况。按照线损计算延后1~2天，电能表数据为实时采集的特性，根据缺失台区总表/用户侧电能表的抄表示值及负荷数据的实时采集情况，判断用户采集是否恢复，对恢复用户补召缺失日零点冻结数据，重算异常当天台区线损，对重算异常恢复的台区输出异常已恢复信息，减少工作人员异常台区的核查工作量。

2.精确诊断计量类异常

引起线损问题的计量类异常主要包括计量装置故障、接线异常、电流互感器配置错误等，充分开展计量在线监测、失准更换等模块的研判结果在计量类异常诊断中的应用，结合智能诊断算法，进一步提升研判准确性和全面性。

（1）精确诊断用户侧电能表故障和接线异常。获取计量在线监测、失准更换模块中用户电能表飞走、倒走、停走、误差超差等直接影响计量准确性的异常，电压失压、越限、电流失流、过流、错接线等间接影响计量准确性的异常。通过智能诊断算法，利用实时召测校核、高低压联动、大数据相关性等方法，进一步优化完善，锁定线损强相关用户，精确定位故障电能表或电流线反接相位、电流/电压相别不一致、中性线异常等错接线异常。

（2）精确诊断台区总表故障和接线异常。针对台区总表，开展计量装置异常诊断，通过台区总表电量、负荷等数据分析，结合采集实时召测、高低压联动分析、大数据分析等方法，精确定位台区总表的计量装置故障和接线异常。

（3）精确诊断电流互感器配置错误异常。针对台区总表/用户侧电能表，通过调档法、台区总表历史供用关系拟合分析、用户历史用电波动系数分析等方法，精确定位电流互感器配置不合理的台区总表、用户侧电能表。

3.精确诊断档案类异常

引起线损异常的档案问题主要包括流程不同步、户变关系不一致、负荷切改、档案倍率错误、分布式光伏用户设置错误等，通过获取业务流程数据、事件数据等，结合相关性算法分析，精确定位异常台区和用户。

（1）精确诊断流程不同步问题。实时获取业扩换表、销户、开户流程相关数据，通过线损相关性分析，结合分时线损计算结果，发现业扩流程、营配同步不及时引起的线损异常，精确定位到相关用户、发生时段。

（2）精确诊断户变关系不一致问题。深入应用电能表停电事件、开户地址、量测数据，通过短时停电法、地址法、电压法、线损相关性等方法，结合分时、分相线损计算结果，精准识别户变关系不一致的用户及目标台区。

（3）精确诊断负荷切改问题。采用HPLC户变关系自识别结果，结合停电事件，实现台区现场档案与系统档案的实时变更分析，根据负荷切改规范，通过高低压、轻重载联动分析，精准识别同一线路下负荷切改的台区及用户。

（4）精确诊断档案设置错误问题。基于档案、负荷数据，利用对比分析、线损回归与相关性分析等方法，诊断分析台区总表和用户侧电能表的系统档案与现场不一致导致的线损异常问题，精确识别台区总表档案倍率错误、光伏用户档案为普通用户等问题。

4.精确诊断用电类异常

引起线损异常的用电类异常主要包括窃电、用户功率因数低、负荷波动等，融合反窃电监控系统和计量失准输出结果，通过智能诊断算法，实现用电异常用户靶向定位。

（1）精确诊断窃电异常。融合反窃电监控系统和计量失准输出结果，结合台区线损数据，利用高低压联动分析，锁定窃电嫌疑台区；通过分相、分箱分析，识别异常相别和异常计量箱；通过分时诊断分析，精准定位异常发生时段；通过费率时段分析，识别费率设置异常的用户；利用大数据、人工智能诊断方法，综合分析疑似窃电用户对台区线损影响，精准锁定窃电用户，量化损失电量。

（2）精确诊断用户用电行为引起的线损异常。基于电量、负荷、档案数据，深入分析用户用电特征与线损波动的相关性，精准定位负荷波动引起线损异常、功率因数偏低的用户。

5.精确诊断技术类因素

引起线损异常的技术类因素主要包括三相负荷不平衡、光伏容量占比过高、台区轻重载等配变运行不合理情况，通过分相线损分析、容量、负荷等数据分析，精确定位技术类异常，为负荷调整、技术改造等提供支撑。

（1）精确诊断三相不平衡异常。通过三相电流、电压分析，计算负荷不平衡率和变动情况，应用分相线损数据，定位三相不平衡异常，识别引起三相负荷不平衡的主要用户。

（2）精确诊断台区负载异常。根据低电压、轻重载规范，通过台区容量、负荷数据分析，识别台区轻载、重载、超载、光伏容量占比过高等异常情况，量化对线损率影响。

三、异常人工诊断支撑

智能诊断暂时无法做到完全精确，以智能诊断为基础适时进行人工辅助诊断，弥补智能诊断不足。充分应用分时、分相、分箱线损自定义试算、台区用户电量及负荷等数据对比分析等工具，提升台区线损异常人工诊断辅助支撑能力。

四、诊断功能应用及评价

1.应用智能诊断功能

结合采集数据现状及诊断需求，分试点验证、推广应用、迭代优化三个阶段开展智能诊断功能部署应用。首先，选择试点开展试点验证，建设标准化智能诊断功能，总结试点经验。其次，根据试点应用成果，对功能进行优化完善。同时，在应用过程中，根据个性化需求，开展智能诊断迭代优化，完善智能诊断问题库、诊断逻辑、研判算法。

2.智能诊断功能评价

通过人工核验异常原因与智能诊断异常原因比对，评价诊断时效性、诊断全面性、异常诊出率、结论准确率、诊断报告实用性，推进智能诊断功能优化完善。形成标准的线损智能诊断评价机制，对智能诊断结果开展全方位评价。

第三节 精准治理

依托线损微应用功能，形成标准化治理措施，明确治理优先级及时限，实现异常主因核查率、查实问题限期治理率100%。异常台区实现"一台区一策略"精准治理，综合分析异常台区原因，开展异常问题源头治理，频发突出问题溯源分析，推动业务源头规范管理，异常治理后综合评价，推进实施线损精准治理。

一、线损异常处置策略和时限要求

结合实际治理工作经验，构建异常治理案例库，自动匹配智能诊断异常原因与治理措施，形成线损异常治理"一台区一策略"。明确核查治理优先级，应用智能诊断输出的异常时段、范围、用户及原因等信息，根据对线损影响的严重程度，建立三级分类处置机制，按时限分级治理。

二、异常问题源头治理

1.异常问题溯源分析

结合系统诊断和现场核查结果，溯源多发异常问题、反弹和长期高损台区业务源头，开展采集失败率较高的计量采集设备运行质量溯源分析、用户档案频繁切改原因核查、布式光伏台区用户异常分析、用户窃电等同类问题深度溯源，使问题从业务源头得到规范处置。

2.异常问题举一反三、同类共治

基于异常问题的溯源分析结果，建立台区线损异常治理跨专业协同会商机制，协同专业及时研究落实改进措施，逐步推动同类问题的动态预警，实现同类问题标本兼治，推动相关专业潜在问题、监控缺位、管理空白等问题治理。

三、治理成效评价和分析

异常台区治理完成后，对主因核查率、查实问题限期治理率进行评价，开展治理成效评价和分析。结合"一台区一策略"降损质效，以及治理后线损波动及反弹情况，优化完善治理策略，推动标准化治理方案更加精准，降损更加高效。

第十一章 "一台区一指标"

"一台区一指标"的提出开启了台区线损精益化管理的新篇章。传统粗放型的线损管理存在弊端，通过台区理论线损率计算模型的优化与应用，基于电压电流曲线、台区拓扑信息等大量实际数据，应用压降法、等值电阻法、潮流法、大数据法等多种算法，实现低压台区理论线损的合理赋值。通过实施"一台区一指标"管理模式，能够更精准地定位线损异常台区，有效指导台区降损增效工作。本章重点介绍"一台区一指标"管理模式思路、理论线损计算方法、"一台区一指标"应用情况等内容。

第一节 "一台区一指标"管理模式

传统的线损管理模式主要依赖上级管理部门设定的统计值（经验值）作为标准，所有台区都需与该标准值进行比较，只要不超过该值的台区便被视为合格。这种"一刀切"的管理模式虽然简单易行，但在实际应用中暴露出诸多问题。随着线损管理水平的提升和精益化要求的提高，该模式已无法有效指导线损治理，难以实现最大化的提质增效。

更为关键的是，不同台区因其现场环境、用电负荷等因素的差异，其线损率存在较大的波动区间，无法简单地以统一的标准值进行考核评价。因此，基于台区特征、运行工况的差异性，提出针对每个台区制定线损合理值的管理策略显得尤为重要。这种"一台区一指标"的管理模式，旨在通过为每个台区设定合理的线损目标值，综合评估其线损水平，从而更加精准地指导台区线损管理工作。

图11-1详细展示了传统线损和"一台区一指标"两种管理模式之间的区别。从图中可以看出，"一刀切"模式因其统一标准值的局限性，难以适应不同台区线损管理的实际需求；而"一台区一指标"模式则通过为每个台区量身

定制合理的线损目标值，实现了更加精准、有效的线损管理。这种模式不仅提高了台区线损管理的针对性和实效性，还有助于推动台区线损管理水平的持续提升。

传统线损管理模式	"一台区一指标"管理模式
（1）达到经验值线损即合格	（1）达到理论值线损才合格
（2）所有台区评价标准统一	（2）台区差异化管理
（3）经验值统计口径不一致	（3）理论值根据台区实际数据计算
（4）无需计算台区理论线损	（4）需要计算台区理论线损

图11-1　传统线损管理模式和"一台区一指标"管理模式

第二节　"一台区一指标"计算方法

台区线损理论值算法是"一台区一指标"管理的核心，公司探索应用各类传统、智能算法，从准确性、稳定性、可读性、复杂度和适用范围等维度综合评价，经大量实际数据的测试、验证，筛选并形成较为准确普适的算法集。"一台区一指标"算法按原理主要分为传统电气法和大数据法两大类，其中传统电气法依据电气原理，主要分为压降法、等值电阻法、潮流法等，大数据法则基于各类神经网络算法搭建模型开展训练分析。根据"一台区一指标"算法的准确度和普适性，主要介绍压降法、等值电阻法、潮流法和大数据法。

一、压降法

1.算法概述

压降法又称电压降落法，其基本原理是根据电压的降落率推导出功率的损耗率，进而求出台区理论线损率。该算法适用于电压、电流曲线采集成功率高的台区，其计算过程可解释性强、计算准确性高。

2.计算步骤

压降法首先建立采集数据清洗和拟合机制，剔除档案异常和负荷异常数据；随后基于台区总表与用户侧电能表电压、电流之间关联关系，应用大数据算法识别用户相位信息；接着基于台区总表与用户的电压、电流数据，分别计算台区A、B、C三相用户在所有时刻的损失功率；并通过功率曲线面积法积分得到全用户所有时刻的损失电量，从而计算A、B、C三相全天的线路损失电量；针对三相不平衡台区，补充计算中性线损耗；同时根据电能表数量与电能表固定损失功率，计算电能表损耗；最后累加台区下线路损耗及电能表损耗，得到台区日理论线损率。其计算过程如图11-2所示。

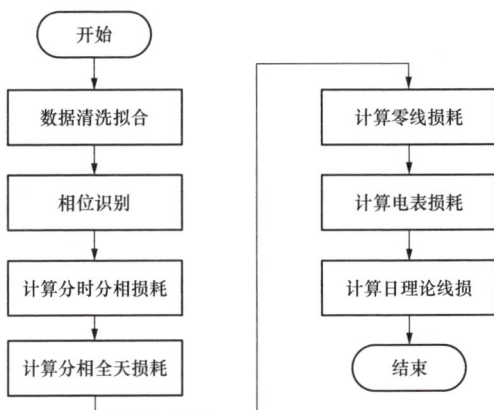

图11-2 压降法计算过程

压降法线路损失计算步骤如下：

（1）分相计算台区某时刻的线路损失

$$\Delta P_{a,t} = \sum_{i=1}^{M} \left(U_{a,t} - U_{a,t,i} \right) \times I_{a,t,i} \times \cos\theta_{a,t,i} \qquad (11-1)$$

式中：$\Delta P_{a,t}$为台区所有A相用户在第t时刻的功率损失；M为总用户数。

（2）计算某相用户日功率损失

$$\Delta P_a = \sum_{t=1}^{N} \Delta P_{a,t} \qquad (11-2)$$

式中：N为有效的点数。

（3）计算台区全天线路损失率

$$\Delta P\% = \frac{\Delta P_a + \Delta P_b + \Delta P_c + M}{\sum_{t=1}^{N} P_t} \times 100\% \qquad (11-3)$$

式中：M为表损。

3. 数据需求

压降法的数据需求见表11-1。

表11-1 **压降法数据需求**

序号	业务数据分类	数据说明	备注
1	公变计量点负荷数据	台区对应公变计量点每日96点负荷信息	96点数据存在非空非零值，采集成功率90%以上
2	台区线损日统计信息	台区线损日统计相关信息	—
3	低压用户电压数据	台区下低压用户96点三相电压信息	96点数据存在非空非零值，数据完整率70%以上
4	低压用户电流数据	台区下低压用户96点三相电流信息	96点数据存在非空非零值，数据完整率70%以上
5	功率因数曲线	日测量点台区总表功率因数曲线（96点）	96点数据存在非空非零值，数据完整率70%以上。总功率因数的数据必须存在
6	台区电能表明细信息	台区电能表明细信息	用户相位信息要求真实可靠，接线方式不可为空值

4. 算法优化方向

针对曲线采集数据缺点问题，在有效数据基础上进行不可算数据修正，适度降低算法对采集完整率的依赖度；聚焦台区用户相位识别准确度不高的问题，优化相位识别算法；考虑光伏等外部输入电源对算法准确性的干扰，引入末端双向功率叠加修正算法；运用分段计量数据，建立台区线段拓扑，提升算法准确度。

二、等值电阻法

1. 算法概述

等值电阻法根据热损耗相等的原理将整个低压台区的多段电阻等效为一段电阻 R_{eq}，在特定时间段 T 内，低压台区各段线路流过相应电流 I_i 时，所产生的热损耗之和等于变压器出口母线电流 I_{av} 流过等值电阻 R_{eq} 时所产生的热损耗。该算法适用于台区拓扑物理参数完整的台区，相较于压降法，其对低压负荷曲线采集成功率的依赖较小，计算准确性较高。

2.计算步骤

等值电阻法线损计算分为线路损失的计算、平均负荷电流的计算，以及等值电阻的计算三部分。

（1）线路损失的计算。

$$\Delta A = N I_{av}^2 K^2 R_{eq} T \times 10^{-3} \text{ (kWh)} \tag{11-4}$$

式中：N代表结构系数，在单相两线制结构中$N=2$；三相三线制结构中$N=3$，三相四线制结构中$N=3.5$；I_{av}代表台区前端平均负荷电流，单位A；T代表低压台区的平均供电时间，单位h；K为形状系数，是均方根电流与平均电流的比值；R_{eq}为低压网等值电阻，单位Ω。

（2）平均负荷电流I_{av}的计算。

$$I_{av} = \frac{1}{U_{av} T} \sqrt{\frac{1}{3}\left(A_{yg}^2 + A_{wg}^2\right)} \text{ (A)} \tag{11-5}$$

式中：A_{yg}代表线路源端的有功电量，单位kWh；A_{wg}代表线路源端的无功电量，单位kvarh；U_{av}代表平均运行电压，取值为0.38kV；T代表平均运行时间，单位h。

（3）计算等值电阻R_{eq}。

等值电阻需分段计算，即将低压台区部分的电网从源端到尾端，从主干线到分支线划分为若干计算节点。不同节点的分区要求是采用的线路型号、分段的连接方式和输配电负荷均相同的为一个节点。计算公式如下

$$R_{eq} = \frac{\sum_{i=1}^{n} N_i A_{i\Sigma}^2 R_i}{N A_0^2} \text{ (}\Omega\text{)} \tag{11-6}$$

式中：$A_{i\Sigma}$代表由某一段供电的低压用户电能表抄表电量之和，单位为kWh；R_i代表电能表计算线段i的导线电阻，单位Ω；N_i代表某一计算线段的结构常数，取值方法与线路损失计算公式中N相同。

3.数据需求

等值电阻法的数据需求见表11-2。

表 11-2   **等值电阻法数据需求**

序号	业务数据分类	数据说明	备注
1	台区总表有功电量、无功电量	台区对应公变计量点电量信息	公变有功电量、无功电量数据存在非空非零值
2	台区总表电流曲线	台区对应公变计量点每日96点电流信息	96点数据存在非空非零值，数据完整率70%以上
3	低压用户电量	台区下低压用户电量信息	低压用户电量数据存在，数据完整率70%以上
4	电路导线电阻	台区各线段电阻率	台区线路导线型号要求真实可靠

4.算法优化方向

综合考虑负荷分布、历史线损数据、实时电流数据等因素，提升等值电阻值的计算精度；随着采集数据项的不断扩充，丰富计算因子，研究完善传统等值电阻测算方法；重点研究等值电阻法在轻载、三相不平衡等特殊台区的应用。

三、潮流法

1.算法概述

基于前推回代法的潮流法是根据已知的网络末端负荷功率和源节点电压，逐步前推求得源节点功率，知道源节点电压跟功率后，再回代求出各节点电压，不断重复前推跟回代过程，直到满足收敛条件停止，最终确定网络各节点电压以及线损。该算法适用于拓扑完整准确的台区，计算准确性高。

2.计算步骤

为方便理解，下面以某3节点网络进行前推回代算法说明，某3节点网络如图11-3所示。

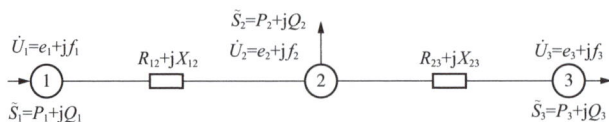

图 11-3 某3节点网络

图 11-3 中，已知量：

（1）节点 1 电压（以直角坐标形式表示）

$$\dot{U}_1 = e_1 + \mathrm{j}f_1 \qquad (11\text{-}7)$$

（2）节点 2 负荷功率

$$\tilde{S}_2 = P_2 + \mathrm{j}Q_2 \qquad (11\text{-}8)$$

（3）节点 3 负荷功率：

$$\tilde{S}_3 = P_3 + \mathrm{j}Q_3 \qquad (11\text{-}9)$$

（4）各支路阻抗。

未知量：

（1）节点 2 电压（以直角坐标形式表示）

$$\dot{U}_2 = e_2 + \mathrm{j}f_2 \qquad (11\text{-}10)$$

（2）节点 3 电压（以直角坐标形式表示）

$$\dot{U}_3 = e_3 + \mathrm{j}f_3 \qquad (11\text{-}11)$$

（3）节点 1 注入功率

$$\tilde{S}_1 = P_1 + \mathrm{j}Q_1 \qquad (11\text{-}12)$$

线损计算模型：

$$\Delta P = \frac{\dot{U}_1 - \dot{U}_2}{R_{12} + \mathrm{j}X_{12}} \cdot \left(\frac{\dot{U}_1 - \dot{U}_2}{R_{12} + \mathrm{j}X_{12}}\right)^* \cdot R_{12} + \frac{\dot{U}_2 - \dot{U}_3}{R_{23} + \mathrm{j}X_{23}} \cdot \left(\frac{\dot{U}_2 - \dot{U}_3}{R_{23} + \mathrm{j}X_{23}}\right)^* \cdot R_{23} \quad (11\text{-}13)$$

具体求解步骤：

第一步　假设节点 2、节点 3 的电压为网络额定电压。

$$e_2 = U_N, f_2 = 0 \qquad (11\text{-}14)$$

$$e_3 = U_N, f_3 = 0 \qquad (11\text{-}15)$$

即

$$\dot{U}_2 = U_N + \mathrm{j}0 \qquad (11\text{-}16)$$

$$\dot{U}_3 = U_N + \mathrm{j}0 \qquad (11\text{-}17)$$

第二步　前推计算节点 1 注入功率 $\tilde{S}_1 = P_1 + \mathrm{j}Q_1$。

（1）计算支路23功率损耗。

$$\Delta \tilde{S}_{23} = \frac{\tilde{S}_3}{\dot{U}_3} \cdot \left(\frac{\tilde{S}_3}{\dot{U}_3} \right)^* \cdot \left(R_{23} + jX_{23} \right) \qquad (11-18)$$

（2）计算支路12功率损耗。

$$\Delta \tilde{S}_{12} = \frac{\tilde{S}_2 + \Delta \tilde{S}_{23} + \tilde{S}_3}{\dot{U}_2} \cdot \left(\frac{\tilde{S}_2 + \Delta \tilde{S}_{23} + \tilde{S}_3}{\dot{U}_2} \right)^* \cdot \left(R_{12} + jX_{12} \right) \qquad (11-19)$$

（3）计算节点1注入功率。

$$\tilde{S}_1 = \Delta \tilde{S}_{12} + \tilde{S}_2 + \Delta \tilde{S}_{23} + \tilde{S}_3 \qquad (11-20)$$

第三步　回代计算节点2电压$\dot{U}_2$、节点3电压$\dot{U}_3$。

$$\dot{U}_2 = \dot{U}_1 - \left(\frac{\tilde{S}_1}{\dot{U}_1} \right)^* \cdot \left(R_{12} + jX_{12} \right) \qquad (11-21)$$

$$\dot{U}_3 = \dot{U}_2 - \left(\frac{\tilde{S}_2}{\dot{U}_2} \right)^* \cdot \left(R_{23} + jX_{23} \right) \qquad (11-22)$$

第四步　把第二步、第三步看作一个整体，重复执行该整体，直到第$t+1$次的节点2、节点3电压与第t次的节点2、节点3电压满足收敛条件。

$$\max \left(\left| \sqrt{e_{2,t+1}^2 + f_{2,t+1}^2} - \sqrt{e_{2,t}^2 + f_{2,t}^2} \right|, \ \left| \sqrt{e_{3,t+1}^2 + f_{3,t+1}^2} - \sqrt{e_{3,t}^2 + f_{3,t}^2} \right| \right) \leqslant \varepsilon \quad (11-23)$$

说明：以上公式中，*表示共轭；ε为极小量。

第五步　将节点1、节点2、节点3电压带入线损模型中计算网络线损。

潮流法台区理论线损率计算步骤如下：

（1）取公变计量点24h整点有功功率P_1、P_2、…、P_{24}。

（2）求出负荷对应各时刻的权重系数

$$P_1 / \sum_{t=1}^{24} P_t、\ P_2 / \sum_{t=1}^{24} P_t、\cdots、\ P_{24} / \sum_{t=1}^{24} P_t = \omega_1、\ \omega_2、\cdots、\ \omega_{24} \qquad (11-24)$$

（3）根据权重系数求各节点负荷的24点有功功率$F_i \cdot \omega_1$、$F_i \cdot \omega_2$、…、$F_i \cdot \omega_{24}$，同时根据功率因数求出各节点负荷的24点无功功率。

（4）将第1时刻、第2时刻……第24时刻对应的各节点负荷分别根据前推回代法计算出网络在24个时刻下的线损，再将这24个线损值相加得到一天的线损电量。

（5）假设每个电能表一个月的损耗电量为1.5kWh，可以求出台区某天的表损电量。

（6）求出线损电量跟表损电量后，将线损电量、表损电量和台区用户日用电量相加得到总供电量。

3.数据需求

潮流法的数据需求见表11-3。

表11-3　　　　　　　　　潮流法数据需求

序号	业务数据分类	数据说明	备注
1	低压台区拓扑结构	各支路导线型号、导线长度	台区拓扑物理参数信息要求真实可靠
2	台区总表有功功率、无功功率	台区对应公变计量点整点功率信息	24点数据存在非空非零值，数据完整率70%以上
3	台区总表三相电压曲线	台区对应公变计量点每日96点电压信息	96点数据存在非空非零值，数据完整率70%以上
4	台区总表三相电流曲线	台区对应公变计量点每日96点电压信息	96点数据存在非空非零值，数据完整率70%以上
5	台区低压用户日用电量	台区下低压用户电量信息	低压用户电量数据存在，数据完整率70%以上

4.算法优化方向

台区拓扑参数的准确性，直接关系到潮流法的准确性，未来需持续开展台区拓扑数据核查更新；应用分时、分相、分箱计量技术，增加计算模型的维度和层级。

四、大数据法

1.算法概述

由于神经网络算法较多，基于大数据方法的理论线损计算比较灵活，下面介绍一种基于台区线损特征因子及神经网络误差反向传播算法的台区线损计算方法。该算法对各类数据完整性依赖不强，但需要足够的样本量和训练不断迭代优化算法。

2.计算步骤

第一步　台区线损特征指标选取与分析。

台区线损特征指标选取与分析技术路线如图11-4所示。

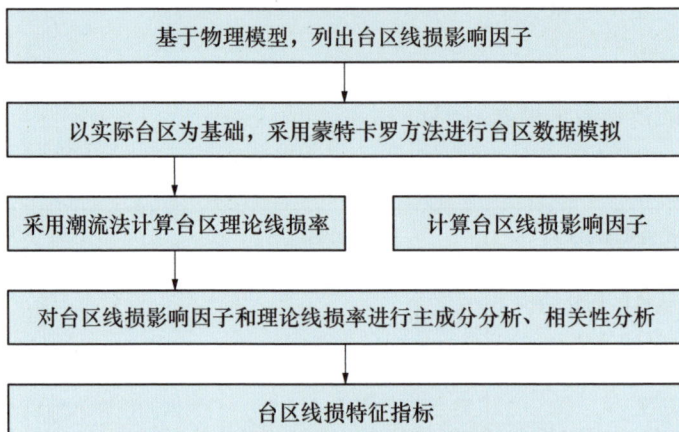

图11-4　台区线损特征指标选取与分析

共选取台区电源类指标、网架类指标、电量类指标、运行类指标和容量类指标5大类共24项台区线损影响因子（见图11-5）。以实际台区为基础，采用蒙特卡罗方法进行台区数据模拟，并基于模拟数据用潮流法计算台区理论线损率，以及台区线损影响因子。通过对台区线损影响因子和理论线损率进行主成分分

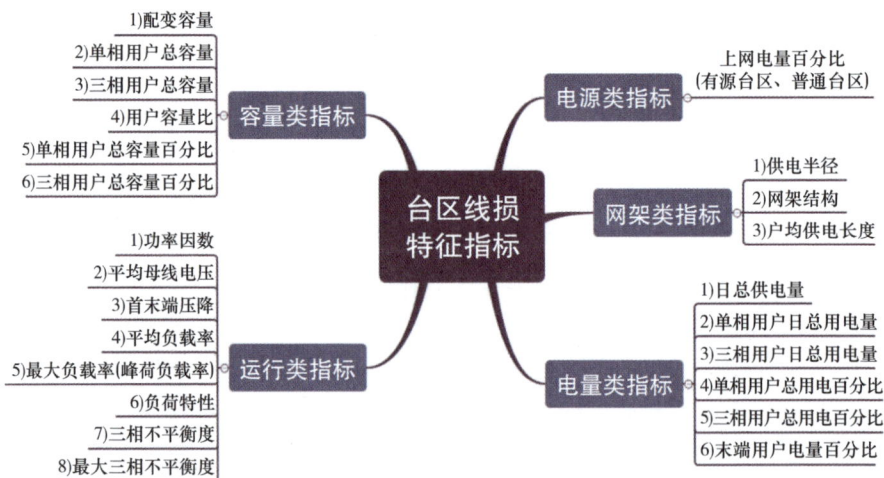

图11-5　台区理论线损影响因子

析和相关性分析后，最终确定上网电量百分比、供电半径、网架结构、末端用户电量百分比、功率因数、首末端压降、峰荷负载率、负荷特性、三相不平衡度共9个影响因子为台区特征指标。

第二步　建立台区分类规则。

台区分类规则见表11-4。

表11-4　　　　　　　　　　台区分类规则

序号	特征指标	分类规则	备注
1	上网电量百分比	（1）上网电量百分比>0。 （2）上网电量百分比=0	依据上网电量百分比将台区分为2类
2	网架结构	（1）电缆。 （2）架空导线。 （3）架空绝缘线。 （4）混合线路	依据线路构成将台区分为4类
3	供电半径	（1）供电半径≤150m。 （2）150m＜供电半径≤500m。 （3）500＜供电半径	依据供电半径将台区分为3类

根据上述台区分类规则，将台区总共分为2×4×3=24类。

第三步　基于特征指标的台区线损计算理论建模与验证。

基于特征指标的台区线损计算理论建模与验证技术路线如图11-6所示。

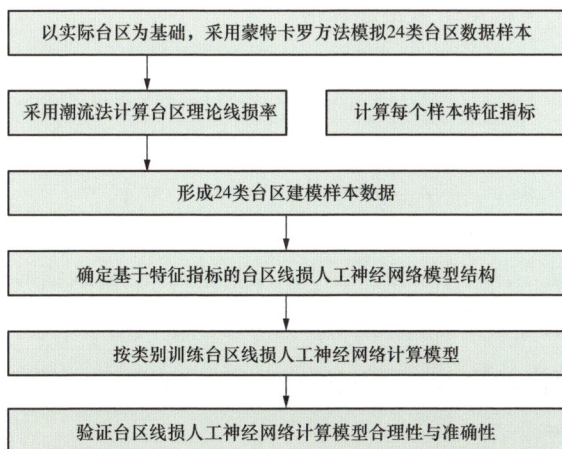

图11-6　基于特征指标的台区线损计算理论建模与验证技术路线

采用带偏移系数的三层BP神经网络构建基于特征指标的台区线损计算模型，确定8个模型输入、1个输出个数和12个隐含层神经元的模型结构，基于特征指标的台区线损神经网络模型如图11-7所示。

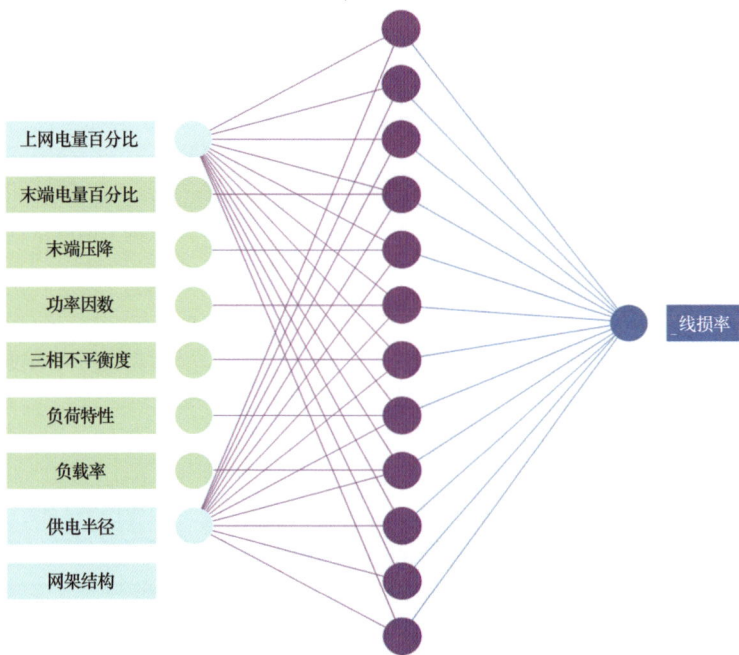

图11-7　基于特征指标的台区线损神经网络模型

上述基于特征指标的台区线损人工神经网络模型是一个多输入、单输出的非线性结构，其输入输出关系可描述成

$$\bar{Y}_i = \sum_{j=1}^{N_{a,i}} w_{i,j} X_{i,j} - \theta_i \ (i=1,2,\cdots,N_a) \tag{11-25}$$

$$Y_i = f\left(\bar{Y}_i\right) \ (i=1,2,\cdots,N_a) \tag{11-26}$$

式中：$X_{i,j} \ (i=1,2,\cdots,N_a, \ j=1,2,\cdots,N_{a,i})$ 为神经元 i 的输入信号，也就是台区线损特征指标；N_a 为神经元个数；$N_{a,i}$ 为神经元 i 的输入信号个数；$w_{i,j}$ 为神经元 i 与神经元 j 的连接权值；θ_i 为神经元 i 的阈值；$\bar{Y}_i$ 为神经元 i 计算中间量；Y_i 为神经元 i 的输出；f 为传递函数。

如果令 $w_{i,0} = -\theta_i$，$X_{i,0} = 1$，可以得到

$$\bar{Y}_i = \sum_{j=0}^{N_{a,i}} w_{i,j} X_{i,j} \qquad (11-27)$$

传递函数可以为线性函数或者具有任意阶导数的非线性函数。比如 Sigmoid 型函数。

$$f(x) = \frac{1}{1 + e^{-x}} \qquad (11-28)$$

式中：$f(x)$ 为传递函数表达式。

对于 BP 神经网络，假设共有 M 层（不包括输入层），第 i 层的节点数为 N_i，则有

$$\bar{Y}_i = \sum_{j=1}^{N_i} w_{i,j} X_{i,j} \qquad (11-29)$$

$$Y_i = f\left(\bar{Y}_i\right) \qquad (11-30)$$

给定样本模式后，神经网络各节点之间的连接权值将被调整，使下面函数最小

$$E(w) = \frac{1}{2} \sum_{i=1}^{N_a} (Y_i - \bar{Y}_i)^2 \qquad (11-31)$$

式中：$E(w)$ 为神经网络误差函数；其余符号意义同前文解释。

由梯度下降法，可以求得 $E(w)$ 的梯度修正值，即权值修正量可由下式求得

$$\Delta w_{i,j} = -k_e \frac{\partial E}{\partial w_{i,j}} = k_e \delta_{i,j} Y_{i-1} \qquad (11-32)$$

式中：$\Delta w_{i,j}$ 为神经元连接权值 $w_{i,j}$ 的调整值；k_e 为误差调整系数；$\delta_{i,j}$ 为中间变量，对于第 M 层，有

$$\delta_{i,j} = \left(Y_m - \bar{Y}_m\right) f'\left(\bar{Y}_m\right) \qquad (11-33)$$

对于其他层，有

$$\delta_{i,j} = \sum_{j=1}^{N_i} w_{i+1,j} \delta_{i+1,j} f'\left(\bar{Y}_i\right) \qquad (11-34)$$

此即神经网络的误差反向传播算法，对于给定的样本，按照上述的过程，不断调整神经元之间的连接权值，使网络的输出接近所希望的输出。

第四步 台区线损合理区间计算与评估。

台区线损合理区间计算与评估方法技术路线如图11-8所示。

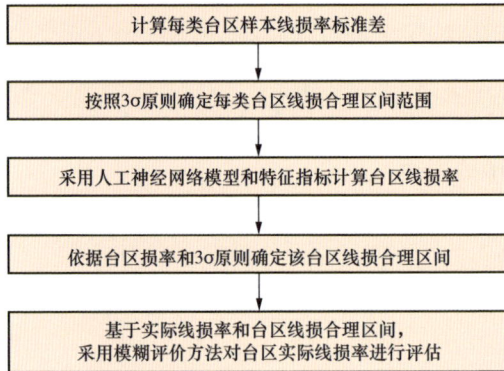

图11-8 台区线损合理区间计算与评估方法技术路线

（1）台区线损合理区间计算。针对每类台区，统计计算该类台区的台区线损率标准差 σ，按照 3σ 原则进行区间扩展。结合台区当日基于特征指标的台区线损预测值 $\pm 1.5\sigma$ 确定当日台区线损合理区间。

（2）台区线损模糊评价方法。依据台区线损合理区间构建台区线损评价模型，对台区日线损情况进行考核评价。模糊评价方法是基于模糊数学的台区线损综合评价方法，根据隶属度理论把定性评价转化为定量评价，即用模糊数学对受到多种因素制约的事物或对象做出一个总体的评价，在台区线损考核评价时采用模糊评价的方法更科学。

台区线损模糊评价函数模型如下：

$$F(\Delta Y)\begin{cases}1, & \Delta Y \leqslant 0 \\ \dfrac{k}{e^{\Delta Y}+k-1}, & \Delta Y > 0\end{cases}$$

其中：ΔY 为实际线损率与模型计算线损率的差值；k 一般取值为 π。上述函数的特征曲线如图11-9所示。

自定义 ΔY 的值，计算所要的目标函数 $F(\Delta Y)$ 取值，根据设定的阈值对台区线损计算评价。

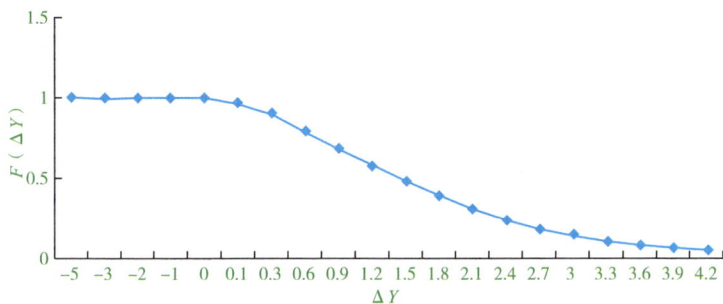

图 11-9　台区线损模糊评价特征曲线

3. 数据需求

大数据法的数据需求见表 11-5。

表 11-5　　　　　　　　　　　大数据法数据需求

序号	数据来源系统	业务数据项	具体数据
1	采集系统	公变负荷数据	计量点、数据时间、电能表标识、电流互感器、自身倍率、ABC 相电压、ABC 相电流、有功功率、无功功率
		公变电量数据	电能表标识、日期、正向有功总电量、反向有功总电量
		低压电压数据	户号、电能表标识、时间、ABC 相电压
		低压电量数据	户号、电能表标识、日期、低压日电量
		台区线损数据	单位、台区 ID、台区供电量、台区售电量、台区线损率、上网总电量、低压用户数、是否轻载
		台区档案数据	管理单位、台区 ID、运行容量、运行状态、建档日期
		配变档案数据	变压器标识、变压器编号、变压器容量、变压器状态
		用户档案数据	户号、计量点、计量点状态、计量点用途、运行容量、电压等级、电能表标识、所属台区 ID
2	营销系统	关系数据	计量箱—电能表关系

序号	数据来源系统	业务数据项	具体数据
3	GIS系统	变压器、计量箱坐标信息	单位、变压器ID、变压器经度、变压器纬度；计量箱ID、计量箱资产编号、计量箱经度、计量箱纬度
		关系数据	营销变压器—PMS变压器关系、配变—接入点—计量箱关系
4	PMS系统	低压线路数据	变压器ID、变压器铭牌容量、出线线路名称、线路类型、线路长度、架空线长度、电缆线路长度

第三节 "一台区一指标"应用情况

"一台区一指标"新管理模式是对传统线损管理模式的创新和扩展，完成低压台区线损管理目标合理赋值，在保证理论线损计算准确率和覆盖率基础上，重点在于将"一台区一指标"赋值结果应用到台区线损日常管控工作中。下面从"一台区一指标"赋值、工作职责划分、应用价值和意义等方面介绍"一台区一指标"模式的推广应用。

一、"一台区一指标"赋值

"一台区一指标"赋值结果是指导线损精益化管理，实现管理和技术降损同步抓的重要依据。以"系统赋值优先，人工赋值补充"的原则，通过各种手段为每个台区制订合理目标值，实现所有台区的赋值全覆盖。下面具体介绍"一台区一指标"赋值主要工作内容及管理要求。

1.赋值管理

赋值管理是指在台区理论线损基础上，对台区线损管理目标值的一系列系统性工作，具体包括系统赋值、人工赋值、赋值申诉、赋值校核、赋值变更等，主体流程如图11-10所示。

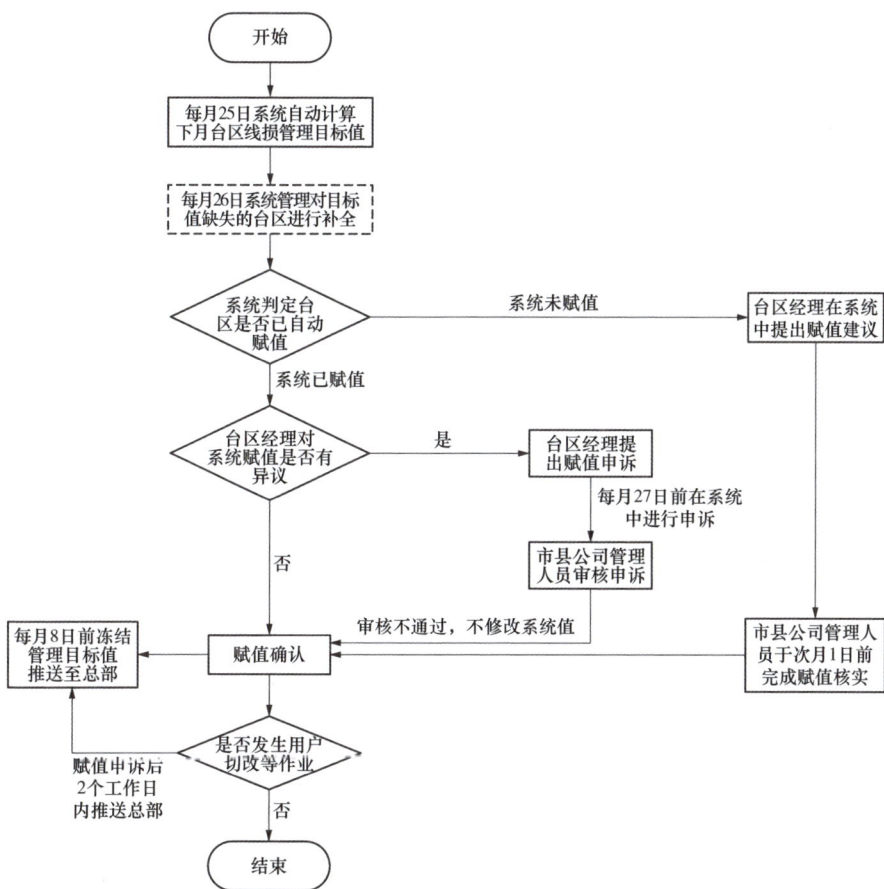

图 11-10　赋值管理工作主要流程图

（1）系统赋值。对于满足理论线损计算数据需求的台区，系统会在每月固定日期给出每个台区下月的管理目标值。对于数据缺失的台区，通过基于历史数据的补全，同区域同类型台区赋值情况拟合等方式实现系统自动赋值，在月末前完成结果自动计算。

（2）人工赋值。对于不可算台区，台区经理提出赋值建议，市县公司线损管理人员完成人工赋值确认，每个台区赋单一目标值，赋值依据一并录入系统。

（3）赋值申诉。针对系统自动赋值结果，台区经理每月下旬前在系统中完成确认。当对系统赋值有异议时，台区经理或供电所工作人员可在月末前提出申诉，市县公司线损管理人员于月末前通过相似台区历史数据分析、现场核查等方式，完成申诉审核和最终赋值认定。如图 11-11 所示。

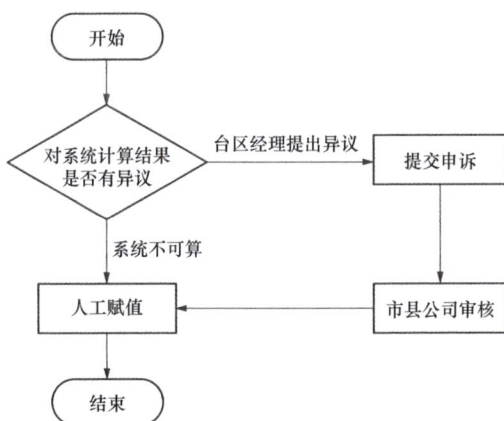

图11-11 赋值申诉流程图

（4）赋值校核。各级管理人员对未赋值、系统赋值波动过大、人工赋值过大或过小、反复申诉等情况的台区进行监测分析，重点对赋值不合理台区进行校核分析，确保赋值准确性。

（5）赋值变更。如果当月台区存在用户切改等配网作业，或前后不同时期负载率变化超过30%等影响赋值准确性的特殊情况，系统可对当月赋值进行重算。

2.赋值核查

上级管理单位通过赋值率、赋值偏差率、赋值准确率等指标，对"一台区一指标"赋值工作进行核查。针对基层单位在应用过程中提出的赋值结果不合理台区，上级管理单位组织专家开展问题调研和模型优化，解决台区不能赋值或赋值不合理的问题。

3.赋值应用

利用采集系统线损微应用"一台区一指标"赋值结果指导开展台区线损异常监测和治理，将精益化管理思想融入日常台区线损管理工作中，建立线损分析—问题查找—落实整改—评估考核的闭环管理机制。比如对连续7天线损率高于赋值1.5倍且小于10%的台区，3个工作日内开展现场核查确认，准确定位故障原因。对于技术线损台区，充分利用计算结果与理论线损密切相关的特点，在开展管理降损的同时，优先对计算结果大且降损收益高的台区开展技术降损。

二、工作职责划分

"一台区一指标"管理模式推广应用过程中的工作职责及工作流程如图11-12所示。

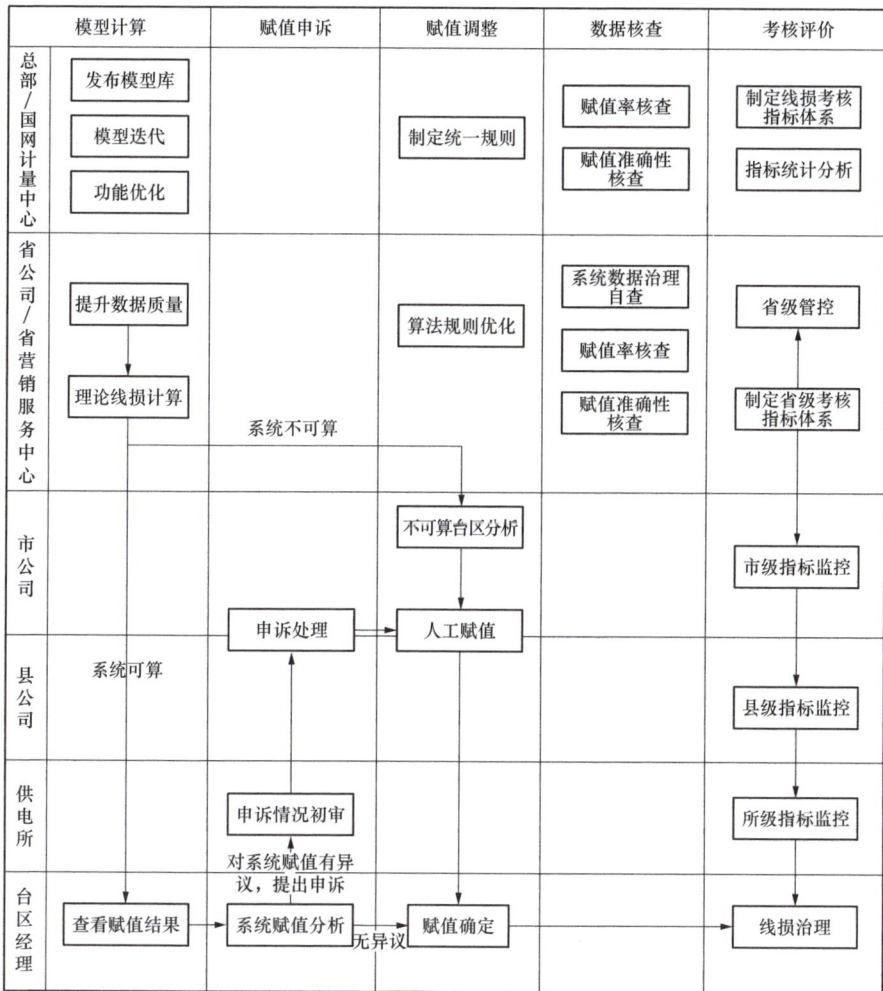

模型计算	赋值申诉	赋值调整	数据核查	考核评价
总部/国网计量中心 发布模型库 模型迭代 功能优化		制定统一规则	赋值率核查 赋值准确性核查	制定线损考核指标体系 指标统计分析
省公司/省营销服务中心 提升数据质量 理论线损计算	系统不可算	算法规则优化	系统数据治理自查 赋值率核查 赋值准确性核查	省级管控 制定省级考核指标体系
市公司		不可算台区分析		市级指标监控
县公司 系统可算	申诉处理	人工赋值		县级指标监控
供电所	申诉情况初审			所级指标监控
台区经理 查看赋值结果	系统赋值分析 对系统赋值有异议，提出申诉	赋值确定 无异议		线损治理

图 11-12　工作职责及工作流程

（1）国网营销部负责制定"一台区一指标"考核指标体系，对省公司线损管理水平开展考核评价；统一发布，维护管理"一台区一指标"算法模型库等。

（2）国网计量中心负责支撑国网营销部做好指标统计分析；组织各省公司

开展算法模型迭代、系统功能优化、指标规则研究等工作，做好技术支撑；组织制定统一核查标准，开展各省公司赋值率及赋值准确率等指标核查和治理进度管控工作等。

（3）省公司营销部负责对本省"一台区一指标"应用情况的管控；根据总部下发的年度线损考核指标，分解并制定省级考核指标体系等。

（4）省营销服务中心负责支撑省公司开展数据质量提升、模型优化和系统功能完善；细化落实本省考核指标常态化管控，开展台区线损赋值核查工作；建立技术支撑团队；定期开展技术培训等。

（5）市县公司营销部负责市县公司台区赋值结果监控、不可算台区人工赋值、台区经理申诉台区审核及赋值、线损指标监控、基层疑难问题研究和帮扶、治理进度督导等。

（6）供电所负责所辖台区的线损指标监控；负责台区经理赋值申诉管理；负责典型应用经验的收集、总结"一台区一指标"应用典型经验等。

（7）台区经理负责开展基础数据治理、台区赋值确认和异常台区治理等。

三、应用价值和意义

"一台区一指标"管理在于通过精准设定和监控每台区的线损指标，实现对台区精益化管理，从而显著提升台区的管理效率和治理质量，这种管理方式不仅促进了台区管理的规范化和标准化，也为供电公司的发展提供了强大的数据支撑和决策依据，具有重要的应用价值和深远意义。

1.台区线损管理策略升级

基于台区线损赋值结果与台区同期线损值的持续对比，针对指标计算偏差过大的台区实施常态化的监控与治理，确保赋值目标能够根据台区实际运行情况的变动进行动态调整，从而确保管理策略的有效性。同时，对指标评价体系进行了优化调整，将评价权重更多地指向损失电量高、降损潜力大的台区，以此发挥其在指导管理策略中的"指挥棒"作用。"一台区一指标"管理已在国家电网有限公司范围内推广应用，在高损台区治理方面取得了显著成效，年度400V线损率压降明显。

通过"一台区一指标"的精细化管理方法，能够精准地识别出台区理论线损异常的情况，并自动生成相应的线损异常工单。结合台区线损智能诊断，快速生成异常诊断报告，并为基层一线人员提供针对性的降损指导意见。这不仅实现了台区线损管理从"一台区一指标"到"一台区一策略"的纵深发展，也极大地提高了基层一线在台区线损治理中的工作效率和准确性。

2.差异化管理及闭环管控

从台区分布、地理位置、设备状态、用户特性及运行指标等维度出发，实施精益化台区线损治理与差异化管理策略。通过精准施策，实现管理和技术降损双管齐下。同时，将精益化思维贯穿于台区线损管理的各个环节，构建从线损分析到问题整改，再到评估考核的闭环管理体系，实现持续改进。

3.台区降损精准规划

通过全量台区理论线损测算，精准量化各单位降损潜力，定制挖潜增效目标，深化台区线损精益化管理。通过多因子量化分析或关键因子贡献度模拟仿真，可视化模拟降损过程，精确量化台区降损空间，科学评估降损措施可行性，为台区建设规划及现场问题治理提供技术与数据支撑。

第十二章 线损系统建设与应用

线损微应用自2012年首次成为采集系统的高级应用以来，经历了2014版、2017版和2024版3次标准化设计，并经过了多次升级改造，如今，它已成为国家电网有限公司降低能源损耗，提升管理效益的重要工具。本章内容主要从系统建设背景、系统架构、系统功能等方面介绍采集2.0系统线损微应用的功能设计及功能应用。

第一节 系统建设背景

采集1.0线损微应用以统计查询为主，近年来相继开展了"一台区一指标"、台区标签、线上核查等配套功能建设，有效支撑了台区线损管理。实现了台区线损精益化、差异化管理，进一步融合了计量在线监测模型，实现线损异常的初步定位，有效提升现场人员排查效率。依托采集运维闭环管理实现了台区线损治理工单的线上流转。上述系统应用在指导线损监测、分析、治理工作中取得了显著成效，但随着管理精益化、业务数字化、系统智能化要求的提高，线损管理在功能实用性、规划合理性、数据融合应用能力等方面存在进一步提升空间。

（1）功能实用性需进一步提升。采集1.0线损微应用仅包含计算模型管理、线损统计查询、统一视图3个主要功能，存在功能设计比较单一、展示信息不全面、数据分析维度不足等问题，无法支撑线损精益管控。

（2）功能规划有待整合完善。台区线损涉及业务范围广，但"一台区一指标"、台区标签、线上核查等新上功能模块均独立建设，未进行统一规划、相互整合，功能上存在冗余和交叉。

（3）数据融合应用能力有待加强。采集系统拥有多元化信息数据，但采集1.0线损微应用未能融合应用，与其他专业数据共享能力不足，缺乏线损异常研判能力，工作人员需多模块多菜单频繁切换，分析问题效率低，影响工作质效。

（4）用户交互体验有待优化。采集1.0线损微应用基于采集系统原有技术架构的界面设计，操作路径深且复杂，缺少必要的引导操作、信息提示和数据说明，不利于用户理解和应用，学习成本高，使用体验不佳。

（5）业务应用可扩展性有待提高。线损管理是一项跨专业综合性业务，既需要满足现有业务需求，也需考虑未来业务发展趋势，需扩展性考虑分布式光伏、储能、充电桩等新型负荷接入导致的线损波动，开展技术研究，支撑精准治理。

由于采集1.0线损微应用在当前时段下无法满足业务需求现状，面对提质增效的新形势、新要求，亟须基于采集2.0系统构建线损精益管理新体系，依托采集2.0系统，以各层级线损管理人员实际需求为导向，以数据高频采集为基础，以构建台区线损"三精"管理模式为重点，从管理路线和技术路线出发，推进台区线损准确计算、异常智能诊断、问题快速响应和高效处置，优化提升线损微应用功能的全面性、实用性、便捷性，实现营销线损业务管理规范化、专业化、智能化，促进线损管理水平提升，全力支撑电网高质量发展。

第二节　系统功能架构

一、功能设计原则

线损微应用功能多样且操作较复杂，为提升交互体验，按照业务人员角色制定工作流程，贯穿线损微应用所有功能点，减少菜单查找，其设计遵循三个原则：一是基线版本统一推广，深化迭代，鼓励创新；二是页面数模统一设计，后台算法支持优化；三是基础功能模块设计，个性功能支持拓展。这些原则使线损微应用实现真正简洁、灵活、实用的可视化工具。

1.标准化和规范化相结合

系统设计与建设遵循标准化设计规范开展，软件实现遵循国家电网有限公司及行业相关技术标准，基座统一开发、系统独立建设、应用创新拓展、交互千人千面。例如线损监测独立研发部署，通过千人千面各类卡片和快捷菜单实现统一入口、跳转。

2.标准能力可复制

基座为采集2.0系统建设提供基础标准化能力，支持能力可复制、可拓展、可配置，并保证功能及性能的先进性。例如线损监测支持督办、线上核查、分时段费率自定义配置。

3.管理能力工具化

基座面向开发、运维及应用不同角色的用户，支持管理功能可视化、管理手段工具化，提供可视化管理体系，旨在降低运维成本，提升应用体验。

二、总体架构设计

总体架构设计以数据流转为主线，自下而上分为数据归集、数据处理、数据应用三层，利用一张图展示了与采集2.0系统基座、采集2.0系统其他微应用之间的关联关系，线损模块后台模型与数据计算的设计，前台功能微应用总体规划以及与总部侧采集2.0系统线损模块之间的关联，将统一统推或支持个性化的算法或功能用不同的颜色进行了标注，如图12-1所示。

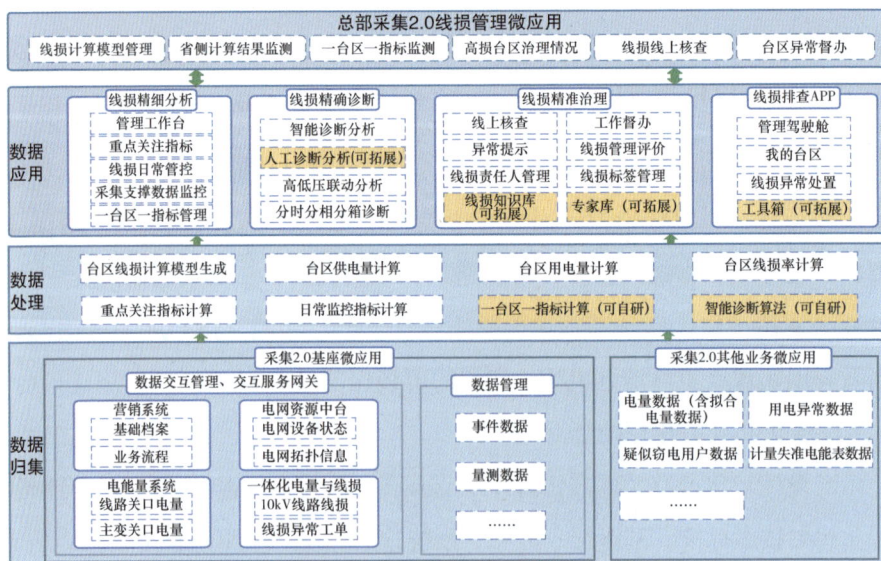

图12-1 总体设计图

1.数据归集层

利用采集2.0系统基座微应用的数据交互管理、交互服务网关提供的统一服务，获取营销系统、电网资源中台、电能量系统、一体化电量与线损等外部业务系统数据；利用基座数据管理微应用提供的统一服务，获取采集2.0量测数据、事件数据等基础数据；获取采集2.0系统中其他业务微应用与线损相关的数据（例如拟合电量数据、用电异常数据、疑似窃电用户数据、计量失准电能表数据等），共同为线损计算、理论线损计算、智能诊断算法提供基础数据支撑。

2.数据处理层

根据归集的数据，采用统一规则进行台区线损计算模型、台区供电量、台区用电量、台区线损率、台区监控指标、"一台区一指标"、智能诊断等后台计算，其中"一台区一指标"计算、智能诊断算法在统一统推的基线版的基础上，支持各省公司优化迭代或创新研究，研究应用成果若具有全网推广价值，可纳入标准化基线版全网统推，集各网省智慧促进算法优化迭代。

3.数据应用层

利用数据计算的结果，建立线损管理应用功能，按照线损精细分析、线损精确诊断、线损精准治理和移动微应用四大块规划总体功能。基线版本将页面布局和数据模型进行统一设计，功能采用模块化设计，大部分基础功能统一统推，人工诊断分析、线损知识库、专家库、工具箱等各省公司可能存在个性化差异或优化迭代需求的功能，支持模块化功能拓展，拓展功能具有全网推广价值可纳入基线版统推。

三、业务架构设计

按照"谁使用、谁设计"的原则，以"线损精细分析""线损精确诊断"和"线损精准治理"为主线，划分系统侧线损管理功能，以"便捷、高效、实用"为目标，设计移动端APP功能，满足线损管理人员指标监测、异常分析、异常治理、管理评价等工作需求，以及一线工作人员智能诊断分析、人工分析和现场排查等需求，推动线损治理全流程闭环管理。业务架构如图12-2所示。

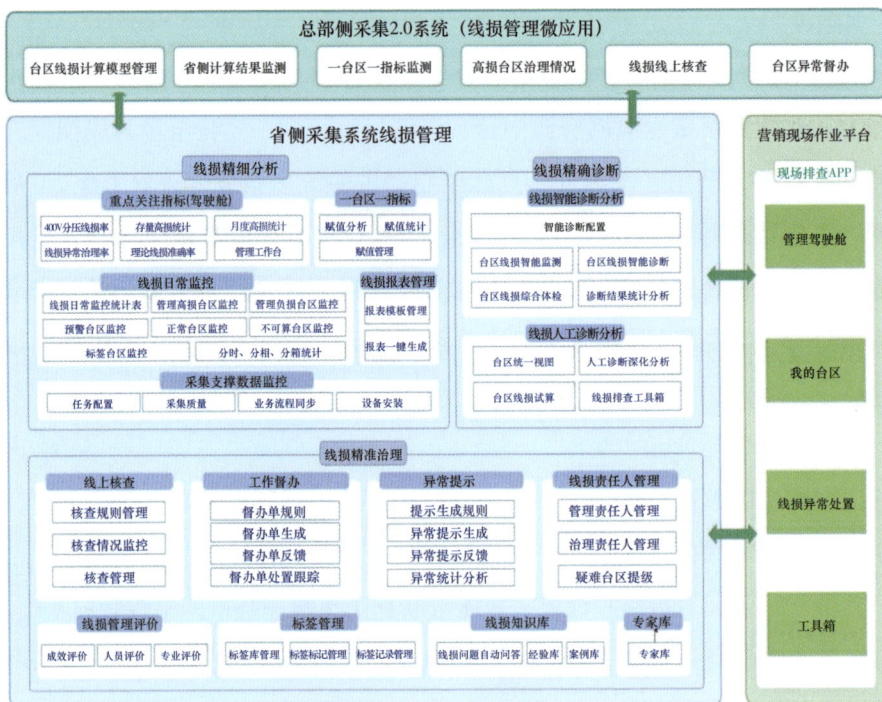

图12-2 业务架构图

1.线损精细分析

线损精细分析包括重点关注指标、一台区一指标、线损日常监控、线损报表管理和采集支撑数据监控五大管理模块，全面展示线损指标现状及趋势，全景呈现台区维度采集建设状态，优化一台区一指标管理流程，支撑各级管理人员实时掌握台区运行情况。

2.线损精确诊断

线损精确诊断包括线损智能诊断分析和线损人工诊断分析两大管理模块，通过线损智能诊断分析功能，实现线损异常快速智能诊断，精确定位异常主因、异常时段、范围、用户及原因，通过数据采集策略、高低压联动分析、分时分相分箱诊断等功能的嵌入，助力智能诊断优化；通过"线损人工诊断分析"工具，助力线损排查便利化、便捷化。

3.线损精准治理

线损精准治理包括线上核查、工作督办、异常提示、线损责任人管理、线损管理评价、标签管理、线损知识库、专家库八大管理模块，可以实现台区异常核查督办、闭环管理、提级治理、成效分析等功能，并且通过标签库、知识库、专家库等辅助应用，助力异常台区精益治理。

4.移动端微应用

移动端微应用包括我的指标、现场排查、异常信息和随手拍四大管理模块，可以实现移动端指标数据监测、台区关联详细信息查询、异常现场处理等功能，并拓展线损试算和数据召测等辅助能力，赋能台区经理快速高效处理线损异常。

第三节　系统功能介绍

一、系统功能优势

按照"三精"管理工作要求，比对采集2.0线损微应用功能与采集1.0线损微应用，新版微应用保留了原高损台区监测、台区线损明细、赋值监控等9项常用功能，优化完善了异常台区诊断分析、线损核查、线损督办、异常提醒等23项重点功能，新增了采集支撑数据监控、线损责任人管理、知识库、专家库等36项新应用，重构线损微应用架构，实现数据监控、指标管理、智能诊断、人工分析、核查督办、异常预警、管理评价等业务需求全面涵盖，满足不同层级人员需要。同时，提出功能细节设计方面要求，根据线损业务监测及异常分析流程，按角色、按场景合理布局功能页面元素，自动匹配关联性强、关注度高的信息，通过一键穿透、关联办理等设计，打造业务便捷操作动线，实现线损典型应用场景的实战化互动，满足用户多场景工作需求，提升系统操作人员使用体验。

二、角色功能工作流程

线损微应用根据工作性质和内容，登录用户的角色分为管理角色和运维角色，不同的角色配置的功能点具有差异性。管理角色分为省级管理角色、市级管理角色、县级管理角色和所级管理角色，运维角色对应台区经理，台区经理、所级管理人员、省级管理人员的工作流程如下。

1.台区经理

台区经理的工作内容主要是基于异常台区分析、核查督办等方式生成的异常台区信息，通过智能诊断和人工诊断方式定位台区异常原因并处理反馈；针对异常原因复杂或者误分析的台区，可通过赋值管理、提级治理以及专家揭榜的方式实现异常治理。在线损异常日常处置过程中，还有督办单和核查单进行治理反馈，在反馈过程中排查顺序可以根据异常处置顺序进行治理，完成最终反馈。台区经理工作流程如图12-3所示。

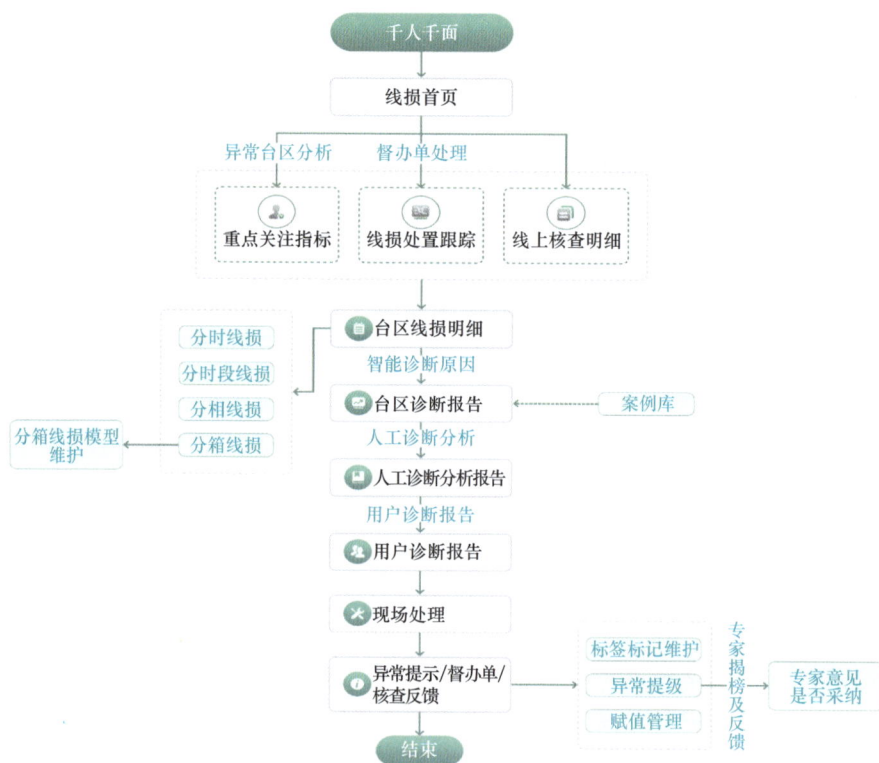

图12-3 台区经理工作流程图

2.所级管理人员

所级管理角色的工作内容是监测线损分类重点指标和采集建设情况，维护台区经理责任指标，督促台区经理解决异常台区问题，对异常台区赋值申诉处理、提级治理以及人员评价查看，如图12-4所示。

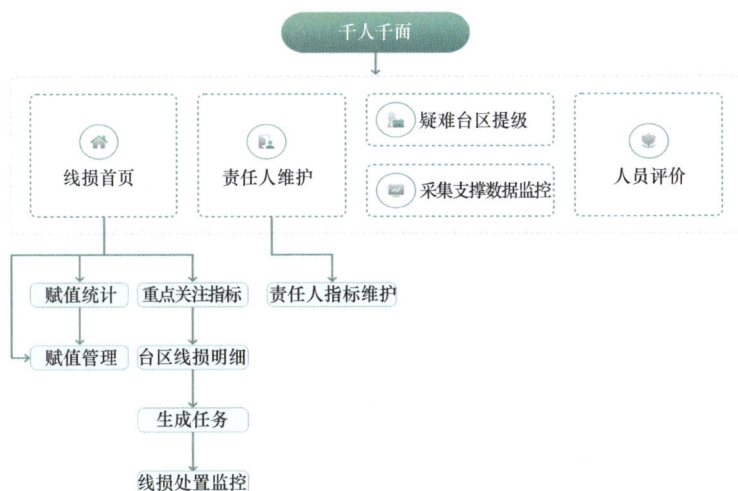

图12-4　所级角色流程图

3.省级管理人员

省级角色主要工作内容是监测线损各类重点指标和台区采集建设状态，同时通过规则制定实现异常台区的核查督办，处置监控以及成效分析；通过维护标签库、知识库、专家库等功能应用，辅助异常台区精准治理，如图12-5所示。

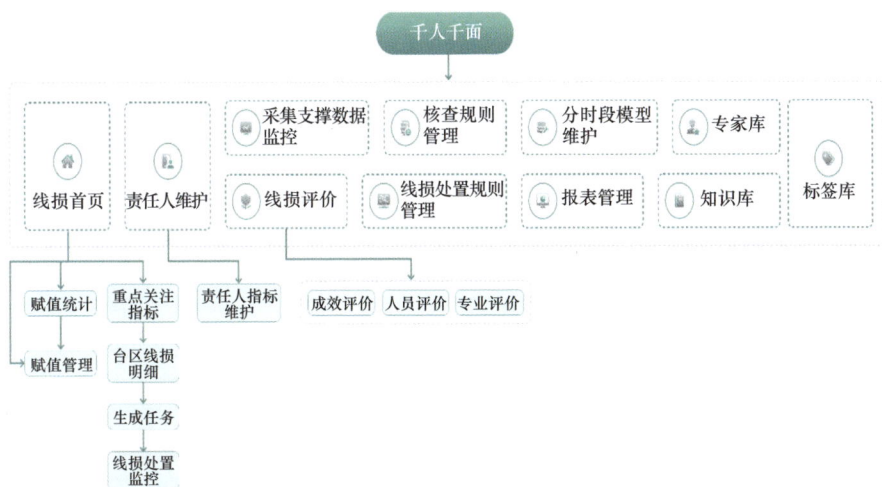

图12-5　省级角色流程图

三、功能建设内容

采集2.0线损微应用按照省—市—县—所—台区经理五级权限设置功能，开展了13个功能模块标准设计，包括智能驾驶舱、"一台区一指标"管理、采集支撑数据监控、线损智能诊断分析、线损人工诊断分析、线损线上核查、线损处置管理、线损管理评价、台区线损模型维护、线损月报、案例库、专家库、报表管理。

1. 台区线损驾驶舱

管理工作台可根据不同人员需求进行个性化首页定制，可将常用功能添加到个人常用功能清单。另外考虑了不同人员工作日常流程，根据线损管理工作需要，从已有的线损统计指标中，自定义选择需要取数的指标，系统根据报表所选指标，生成统计报表，并自动更新数据，如图12-6所示。

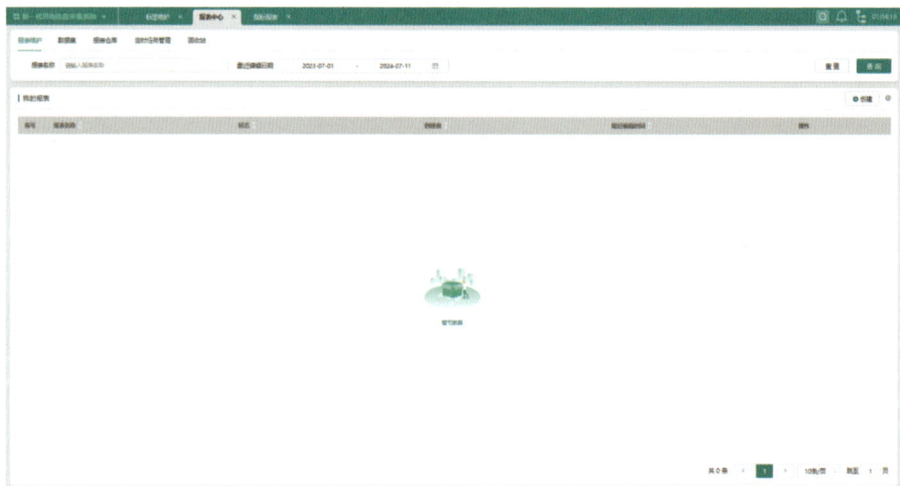

图12-6　报表维护

日常指标管控功能中线损日常监控统计表通过展示高损、负损、不可算等类型台区数量，对台区线损指标波动情况进行监控。优化线损定时计算服务，拓展分时、分相线损计算，做到线损监测精细，辅助提升人员对台区异常分析研判能力；通过对台区设备安装情况、采集质量、任务配置等条件的分析，建立"三分"线损监测，提升精益化管理水平。支持对可计算"三分"线损台区数量统计，同时支持"三分"台区线损率统计，如图12-7所示。

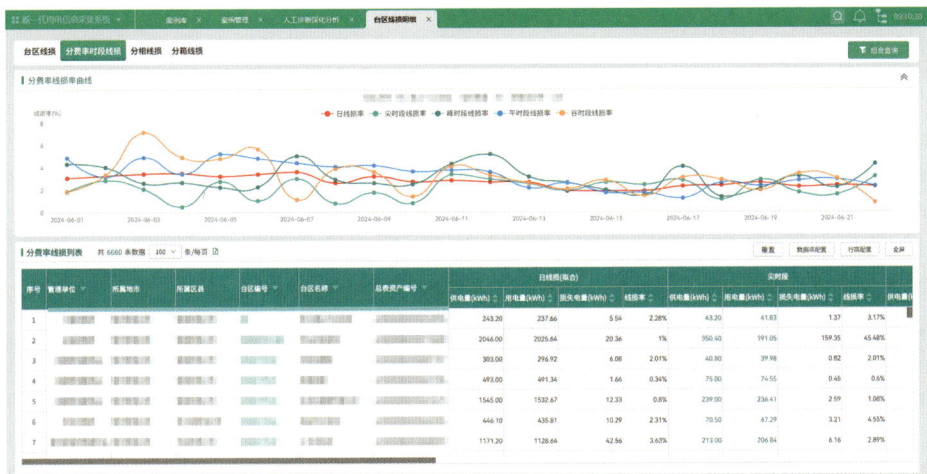

图12-7　分费率时段线损统计

重点关注指标功能则是根据当前营销线损管理要求，以线损指标体系为导向，利用多个指标联动实现线损制衡管理。统计不同单位的日、周、月、年400V综合线损率数据，各级人员，制定合理降损目标。根据公司总部高损台区统计要求，展示各种维度的高损台区数量，包括月高损台区、高损治理反弹、长期未治理高损等，根据个人需求进行高损治理跟踪、对高损台区发起督办等。支持赋值结果与总部侧算法结果进行比对，评估省侧理论线损计算是否准确。该统计包括赋值率、赋值准确率等，如图12-8所示。

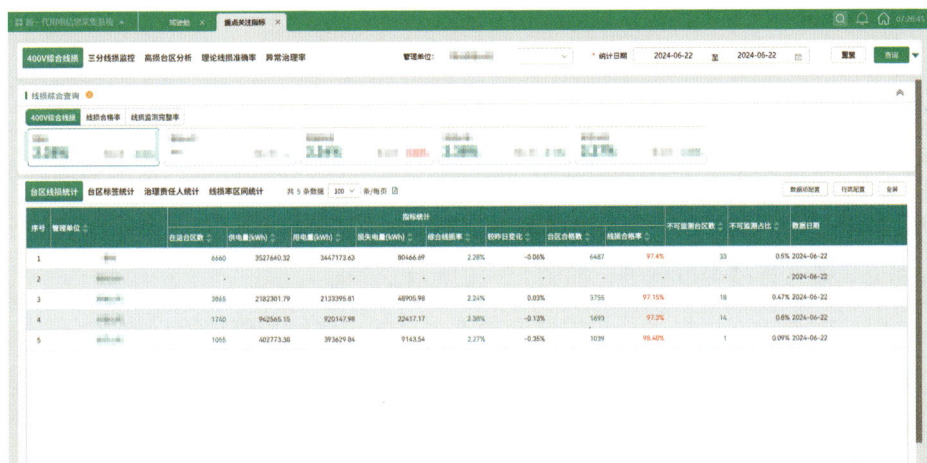

图12-8　400V综合线损率统计

2.采集支撑数据监控

设备安装功能对台区下高频采集设备、整箱计量设备等安装情况进行统计分析。任务配置功能可对不同台区下各类采集数据、重要事件采集任务配置情况进行统计。以台区为维度对台区下各项基础数据采集成功率、完整率进行统计分析；业务流程同步功能可以台区为维度统计分析台区下发生业务变更时，各项流程同步结果（业务流程未及时归档、档案不一致的台区情况等），辅助工作人员研判台区线损计算是否准确；采集支撑数据明细功能统计支撑"三精"管理的设备安装情况，如图12-9所示。

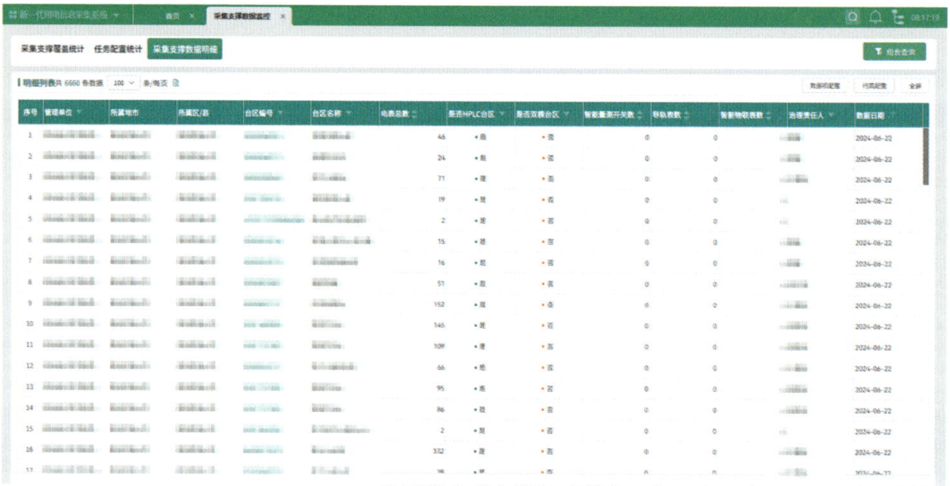

图12-9　采集支撑数据明细

3."一台区一指标"管理

赋值统计功能按照不同理论线损赋值区间，统计台区数量，辅助管理人员分析区域网架是否合理。另外根据不同赋值偏差区间，统计台区数量，支撑分析理论线损计算是否准确等，如图12-10所示。

赋值管理功能根据当月线损情况对下个月的台区线损管理目标值进行维护，发起赋值申诉流程和赋值审批流程。赋值分析功能实现赋值计算明细、赋值过程及赋值异常数据的详细展示，并提供整改建议，如图12-11所示。

图 12-10　赋值区间分布统计

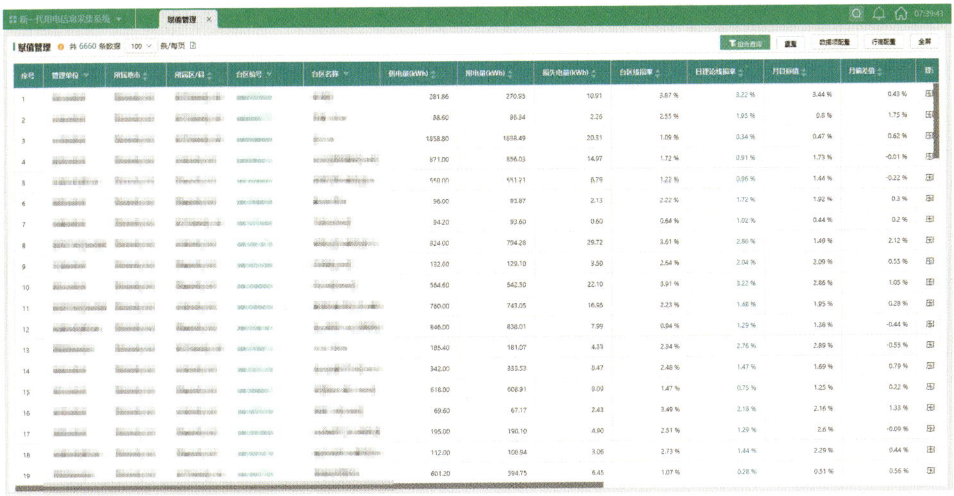

图 12-11　赋值管理

4.线损智能诊断分析

台区线损智能监测功能通过智能诊断算法，对一定时间内台区线损情况进行评价（包括稳定合格、稳定高损、稳定负损、突发高损、突发负损、线损波动、状态不可算），及时了解单台区的历史线损状态变化结果及各阶段的状态影响时间，综合评价台区线损变动情况，如图 12-12 所示。

图 12-12　台区线损智能监测

　　诊断结果统计分析根据单位和时间展示对应条件下档案异常、采集异常、用电异常、违约窃电、技术因素统计结果，并按可降损电量推荐治理优先级，如图 12-13 所示。

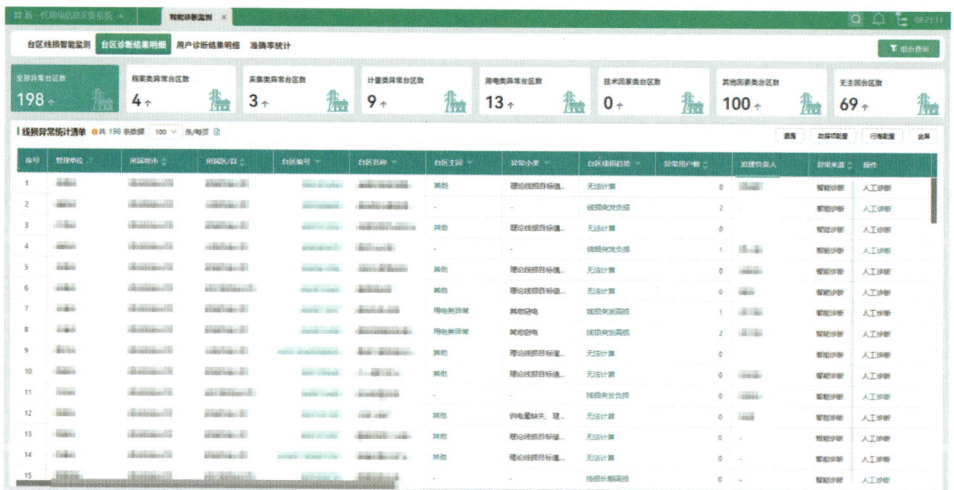

图 12-13　台区诊断结果明细

　　台区线损异常智能诊断以台区为基本单位展示单台区的智能诊断内容，主要包括主因诊断、异动数据、诊断结果明细、历史异常明细、线损治理建议等内容，支持跳转至明细页面、数据召测、电量比对、负荷比对分析等功能，并可发起关联工单。将台区诊断结果以报告形式进行展示，方便治理人员查看，如图12-14所示。

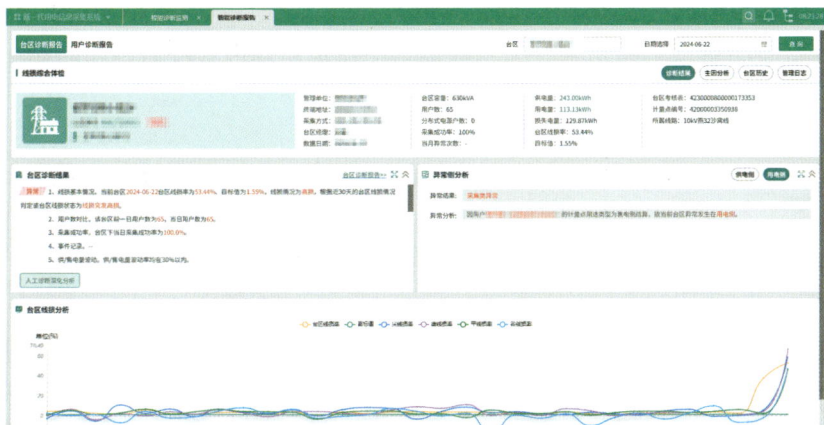

图12-14　台区诊断结果报告

用户异常智能诊断以用户为基本单位展示单用户的智能诊断内容，主要包括异动数据、诊断结果明细、历史异常明细等内容，能够跳转至明细页面、数据召测、电量比对、负荷比对分析等功能，并可发起关联工单。将用户诊断结果以报告形式进行展示，方便治理人员查看，如图12-15所示。

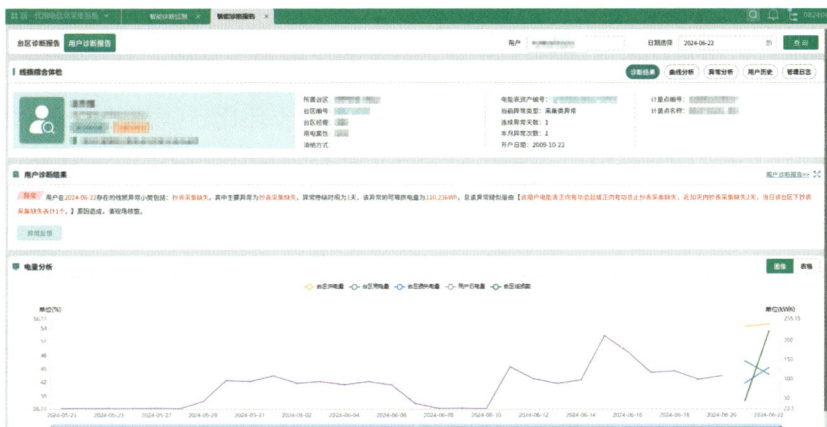

图12-15　用户诊断结果报告

5.线损人工诊断分析

台区线损统计分析以单位为基础单元，对台区日、月线损数据进行展示，详细记录台区关键信息，包括台区档案，电量、用户数等统计信息，赋值、智能诊断结果、标签等业务分析数据，可通过各数据穿透到对应模块，做到线损异常台区异常回溯。展示台区分时、分相、分箱线损计算明细，结合智能诊断，展示多个时间段、不同相别、各个计量箱的线损数据以及疑似存在问题的用户电量，如图 12-16 所示。

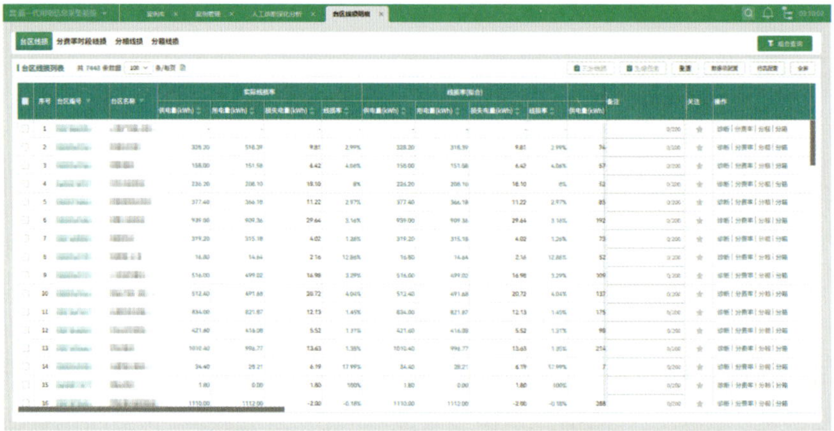

图 12-16　台区日、月线损明细

台区线损综合分析功能以单台区为基础单元，围绕台区下档案、电量、线损、异常信息、诊断结果、模型说明等多项内容进行展示。按照电量类型展示台区下供电、用户的电量明细、倍率、起止度、电量、估算电量。并利用电量变化对用户进行分析，包括电量大小筛选、排序、环比、强相关用户筛选等。可以穿透至用户抄表数据、负荷数据、异常数据的查询。可进行电量补招、召测等操作。方便线损治理人员详细分析异常原因，如图 12-17 所示。

人工诊断深化分析支持选择多个台区进行多指标数据的比对分析。可按用户、按时间分析日用电量与日线损曲线趋势，展示用户日电量曲线与线损电量曲线之间的相关性，诊断分析对线损异常强关联用户，如图 12-18 所示。

台区线损试算通过档案或电量调整，验证异常消缺后线损治理效果。能够通过修改计算模型及电量计算分时、分相、分箱线损。另通过工器具收集的现场数据，依托台区线损排查工具箱功能，手动录入现场实测电量数据，结合录入的台区拓扑关系，计算各级拓扑线路线损，排查定位异常点，如图 12-19 所示。

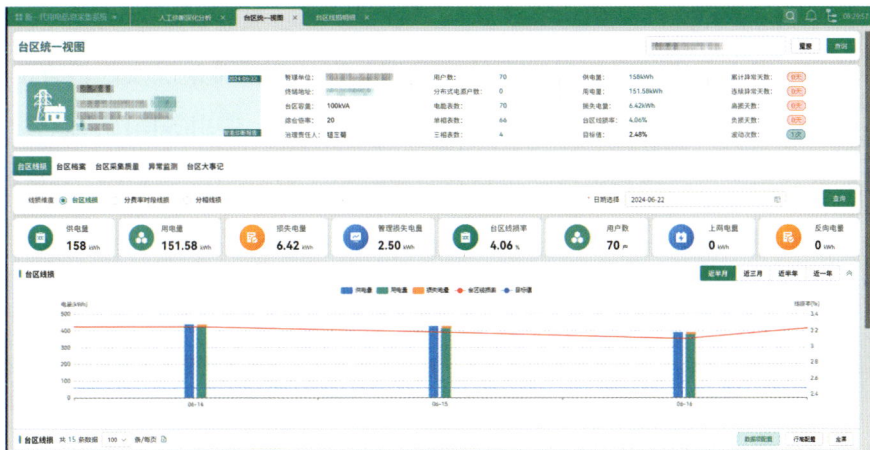

图 12-17　台区统一视图

图 12-18　相邻台区比对分析

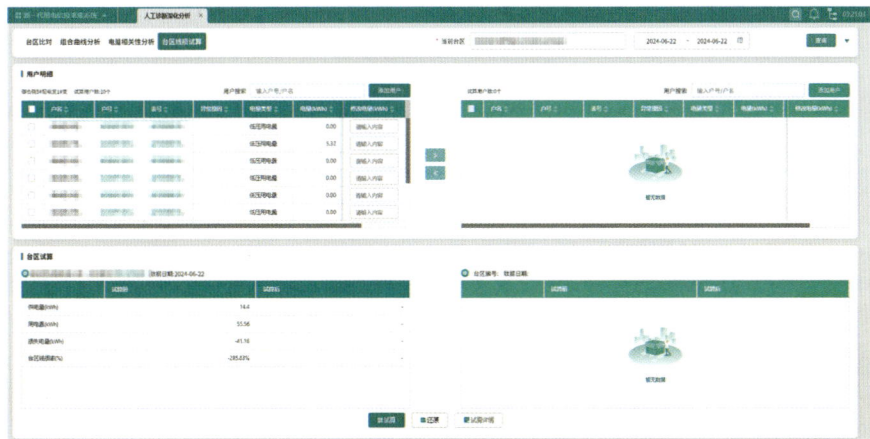

图 12-19　台区线损自定义试算

6.线损线上核查

总部、省级管理人员通过设置核查规则，对疑似异常情况发起核查工单，限期反馈。核查规则可进行查看、新增、删除、修改、停用等操作，能够对核查单的处理情况进行跟踪分析，包括核查单数量、核实率、整改率；可反馈核查结果，支持明细穿透查询，也可按需发起关联工单，查看核查单处理反馈情况，包括核查对象、核查内容、核实结果、整改情况，如图12-20所示。

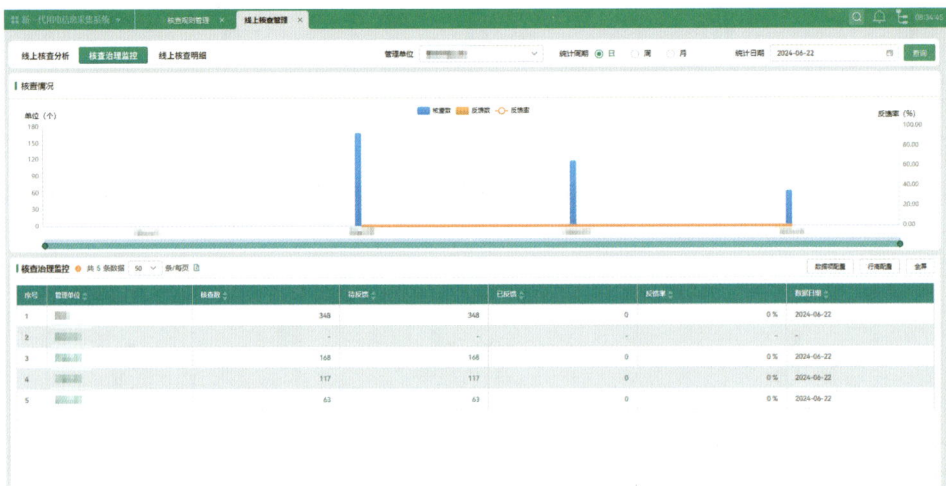

图12-20　核查情况监控

7.线损处置管理

总部、省、市、县管理人员通过系统配置督办和异常提示规则。根据设置的规则生成督办单，相关单位限期整改。督办单规则可以进行查看、新增、删除、修改、停用等操作。对督办单的处理情况进行跟踪分析，包括已发起督办单数、已完成反馈情况、已完成整改情况、未整改情况。反馈异常结果，支持明细查询，也可按需发起关联工单，查看督办单处理情况，包括督办台区信息及线损情况、线损恢复情况、反馈原因、整改措施、预计完成整改时间等，如图12-21所示。

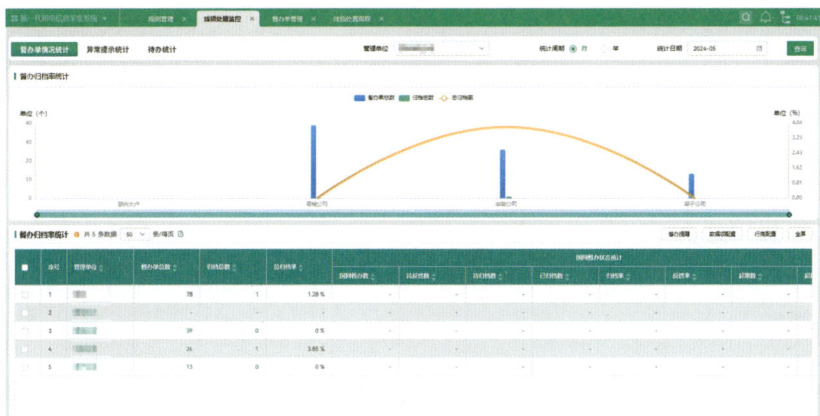

图 12-21　督办工单监控

8.线损管理评价

成效评价功能展示各单位或人员的线损管理以及治理成效指标，包括挽回电量损失、压降率等数据的展示及比对分析。对审核通过的窃电追补或因计量故障追补电量作为工作成效，还原线损指标数据，并展示复原前后的400V综合线损率指标。人员评价功能按管理责任人维度展示各类线损指标数据，支撑对管理责任人线损管理水平的量化评价。按台区治理责任人展示各类线损指标数据，支撑对台区经理线损治理工作的量化评价。专业评价功能则是根据智能诊断结果及现场核实情况，展示不同专业引起的线损异常问题，协同推动相关专业对监控缺位、管理空白等问题的治理，如图12-22所示。

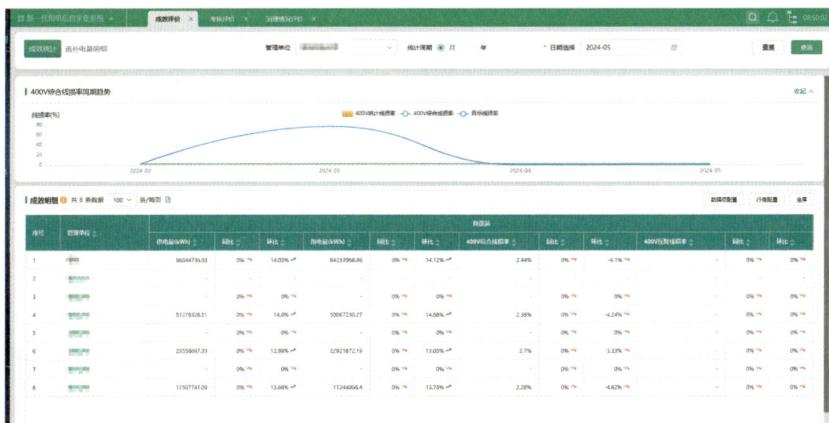

图 12-22　成效统计

9.台区线损责任人管理

责任人维护功能维护每个台区的治理责任人信息，可根据人员变更情况对台区治理责任人及时更新，确保落实台区治理职责。也可根据人员变更情况对单位线损管理责任人及时更新，确保落实线损管理职责。通过线上功能制定每个单位线损管理责任人的线损指标及指标目标值，如图12-23所示。

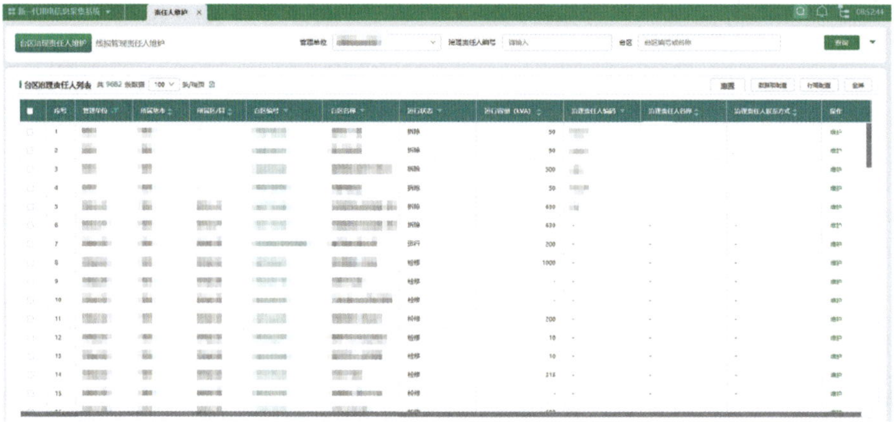

图12-23　台区责任人维护

疑难台区提级功能是台区治理责任人遇到无法治理的台区时，向上级单位提出疑难台区申请，供电所管理人员对提级申请进行审批，审批通过的由上级单位组织专家会诊帮扶完成治理，如图12-24所示。

图12-24　疑难台区提级申请

10.线损月报

线损月报功能结合不同级别需求，按照管理单位在不同阶段内制定的各项重点任务，梳理总结完成情况，提供生成"三精"线损监测精益化月报，如图12-25所示。

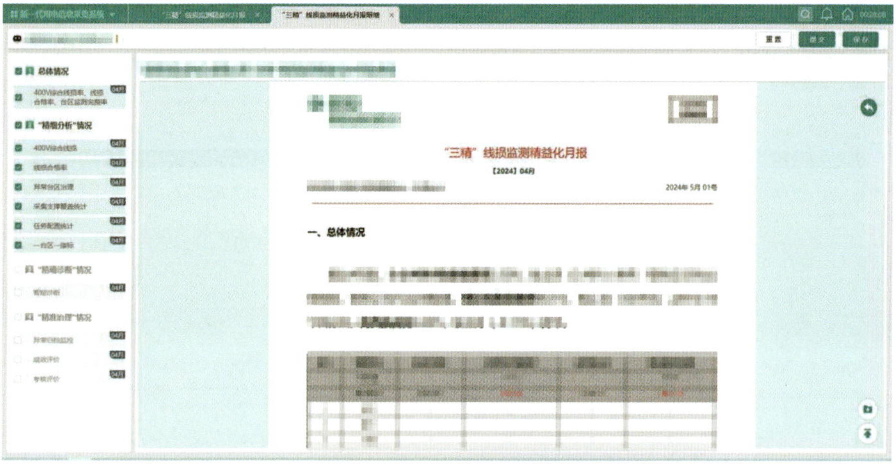

图12-25 线损月报

11.案例库

根据线损治理案例模板，将个人治理线损典型案例上传至系统，形成典型案例库，供分享学习，如图12-26所示。

图12-26 案例库

12.专家库

线损专家登录系统后可从疑难台区提级库中揭榜，对揭榜后的疑难台区进行诊断分析，给出诊断建议；统计线损专家主动解决问题的数量和被派工解决问题的数量，激励专家解决更多的问题，提高线损管理水平；支持维护省、市、县、所专家名录，对专家名录进行滚动更新，如图12-27所示。

图12-27　专家信息维护

13.报表管理

报表管理功能分角色定制化展示线损指标数据，根据管理单位要求配置指标报表，自动输出并更新各类月报的数据，如图12-28所示。

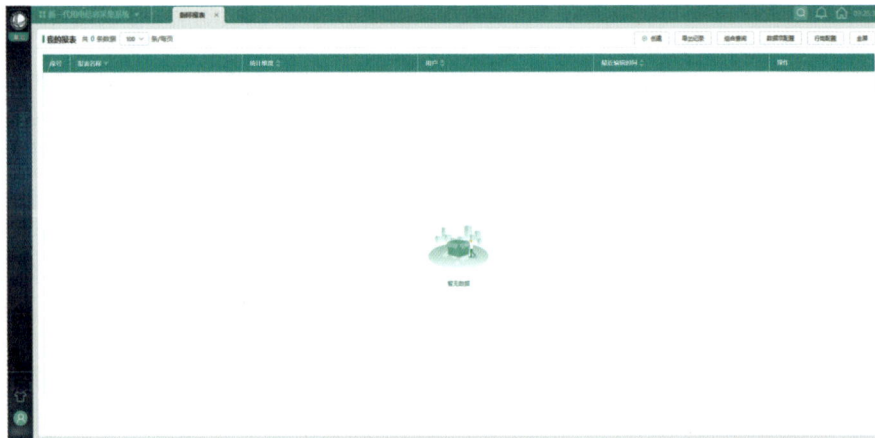

图12-28　指标报表

第四节 移动微应用建设

一、总体介绍

随着营销、采集2.0上线应用、i国网深度开发，营销数字化、智能化水平不断提高，采集成功率大幅提升、运算时间急剧压减、异常问题精准研判、数据信息秒级共享，实现"采、算、控、享"关键能力全面提升，为打造台区线损移动微应用提供重要技术保障。目前台区线损移动微应用已在i国网—营销作业平台完成开发上线，具备我的指标、现场排查、异常信息、随手拍四大模块，实现线损指标移动查看、用户数据全量展示、采集数据实时召测、异常问题智能诊断等功能，有效辅助台区经理实现异常问题排查"精准导航"，有力支撑管理人员开展台区线损指标"移动管控"，全面提升台区线损管理线上化、数字化、移动化水平，打造智能高效的台区线损管理新模式。

二、功能模块

1.我的指标

支持台区经理与管理人员查看400V综合线损率、高损负损台区、波动台区、采集失败补召等15项功能，直观展示换表指数异常、新装光伏异常数据，根据实际需求可个性化定制指标看板，实现省—市—县—所四级线损指标"一键查看"，如图12-29所示。

2.现场排查

现场排查模块可以实现对台区模糊检索，包含基础信息、台区分析、用户诊断及业务监测四大功能。基础信息可以查看台区供、售电量，采集成功率，线损率等数据信息。台区分析可以通过指定时间段查看线损率曲线，分时、分相曲线。用户诊断展示台区用户的异常数据，综合重要程度、影响范围等因素设置三级17类规则，实现异常数据的分类、分级、分台区、分单位多维展示和穿透查询，精确定位异常用户和问题，支撑及时处置，实现异常诊断"一屏统

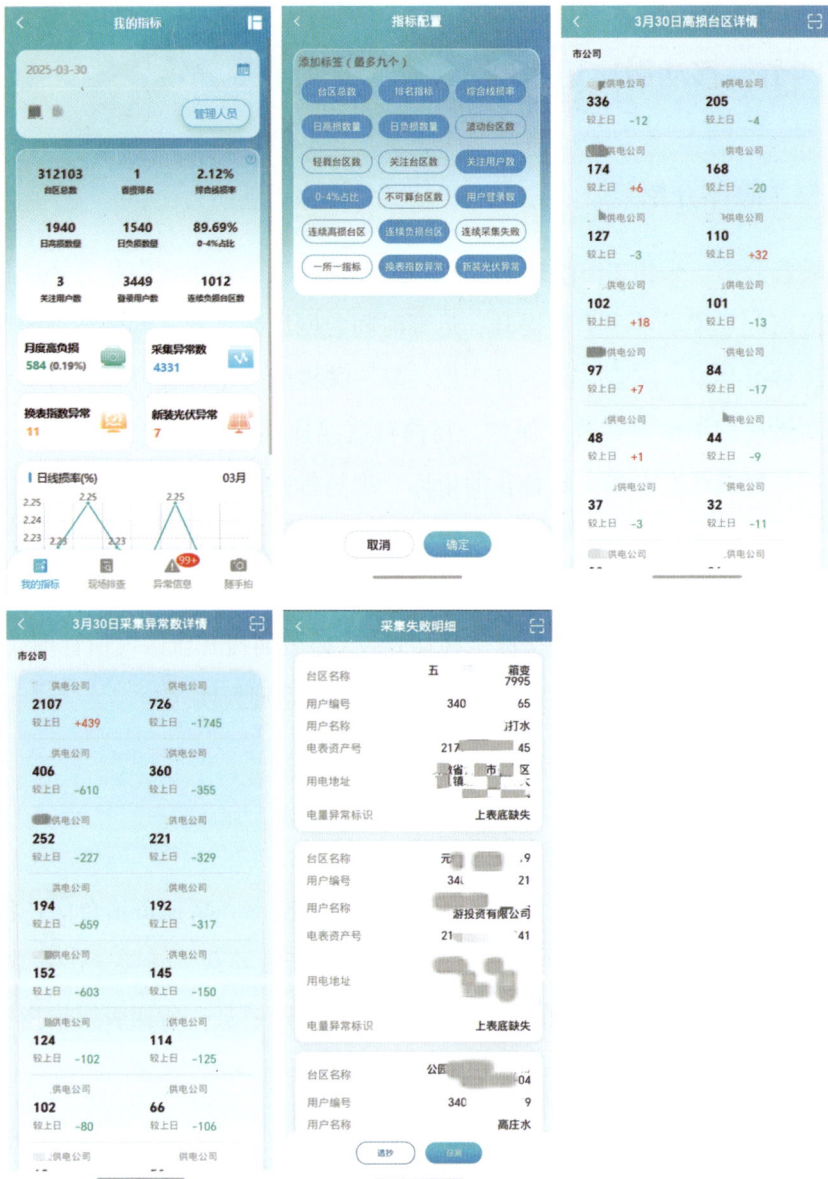

图 12-29 我的指标及指标配置、高负损台区及采集失败展示

揽、掌上定位"。业务监测能够查询台区近期关联的业扩新装和换表流程，动态
跟踪业务流程进度，如图 12-30、图 12-31 所示。

图12-30　台区基础信息展示及分析

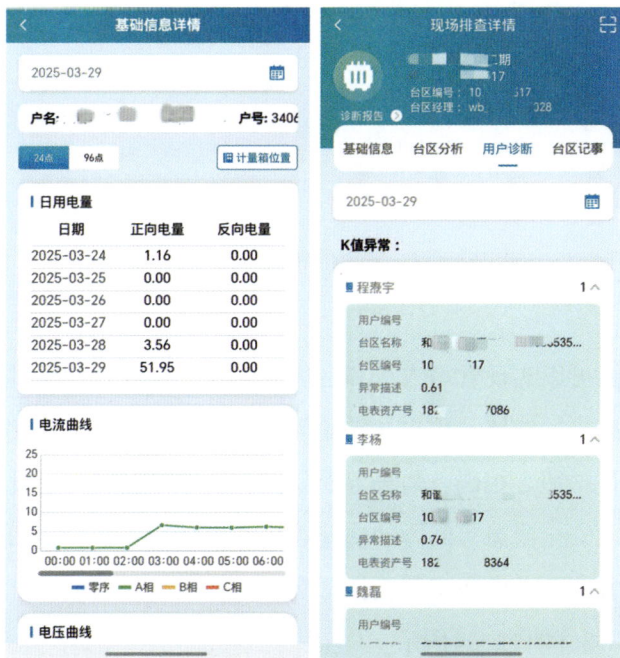

图12-31　用户诊断及电压电流曲线展示

3.异常信息

本界面能够展示各类计量、稽查、反窃电等异常信息，异常信息按照重要性分为等级一、等级二、等级三，直观展示各单位异常数量，穿透展示用户电压断相、电流失流、反向电量等影响线损的异常数据，实现线损管理人员对异常数据了如指掌，如图12-32所示。

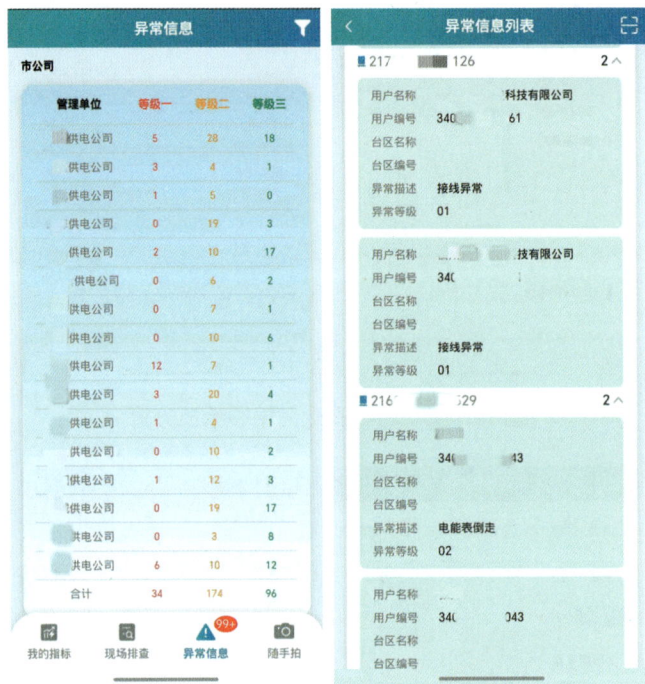

图12-32 异常信息展示及信息列表

4.随手拍

随手拍功能可以实现管理人员和台区经理在工作或者业余时间中遇到的电能表、电流互感器、线路、用户异常等问题，在现场及时拍照发布，并签收闭环处理。仅通过拍照、扫码、勾选等简易操作，即可完成计量设备故障、窃电嫌疑线索、用电安全隐患等问题的快速收集，支持现场情况一拍即传、用户信息一扫即查，并能自动发布定位坐标，实现异常问题全面汇集、信息即时调阅共享，如图12-33、图12-34所示。

图12-33　随手拍界面及异常类型

图12-34　处理结果及应用统计

153

第四部分
治 理 篇

本篇以台区线损治理为视角，系统阐述监测、分析、排查及治理全流程工作内容。依托7类监测模型实现线损波动实时监测，结合5类智能诊断模型与4类人工分析方法，对异常台区深度分析，输出疑似问题清单和智能分析报告，辅助线损人员现场核查。现场核查过程中，线损人员需规范使用排查工器具并做好个人安全防护，按照"源端—线路—用户"流程逐步排查现场情况，找出问题后按相关业务规程实施故障消缺，确保异常台区及时治理，推动台区运行经济高效、安全可靠。

第十三章　线损监测

线损监测是对台区开展全方位的"体检"，主要监测台区线损指标和台区运行管理过程中可能导致线损异动的高风险点，是台区线损治理的"火眼金睛"。线损监测范围点多面广，主要分几大类，如线损指标监测、业务质量监测、计量质量监测、采集质量监测、新型监测等。线损监测分解图，如图13-1所示。

图13-1　线损监测分解图

第一节　线损指标监测

台区线损关键指标主要有400V综合线损率、高损台区、负损台区，线损指标的提升是台区线损治理的目标和结果。由于全网台区建设基础发展不平衡，每年资金投入差异大，因此线损指标监测规则应根据当地台区线损状况和技术改造情况而定。综合线损率方面，应根据当地的历史线损以及经济发展情况，设定降损目标值；高负损台区监测方面，应根据历年存量高负损台区数量以及台区改造计划，设定高负损台区压降目标值。线损指标监测如图13-2所示。

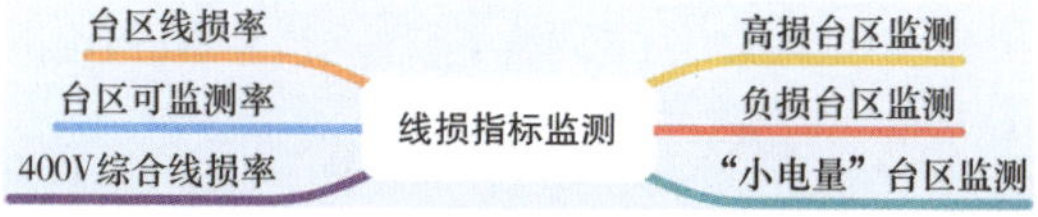

图13-2　线损指标监测分解图

一、台区线损率

定义：指某一统计期内某一台区损耗电量占台区供电量的比例（一般以年、月、日为一个统计周期）。

公式：线损率＝（台区供电量－台区用电量）/台区供电量×100%。

（1）台区供电量＝台区供电考核（正向）电量＋上网关口电量＋用电侧结算（反向）电量＋办公用电（反向）电量；

（2）台区用电量＝用电侧结算（正向）电量＋台区供电考核（反向）电量＋办公用电（正向）电量＋用户定量电量。

二、台区可监测率

定义：指本单位线损可监测台区占运行台区总数的比例。

公式：台区可监测率＝台区线损可监测台区数/本单位运行台区总数×100%。

台区线损可监测的定义：指台区供用电量可统计，且采集成功用户、补全电量占比均满足要求的台区。

三、400V综合线损率

定义：指某一统计期内本单位所有台区总损耗电量占总供电量的比例。

公式：400V综合线损率＝（区域所辖台区供电量－区域所辖台区用电量）/区域所辖台区供电量×100%。

四、高损台区

定义：指某一统计期内（一般为日、月）台区的线损率及损耗电量大于目标上限值。高损台区线损率治理到目标范围后，并持续合格一段时间后视为治理合格。

五、负损台区

定义：指某一统计期内（一般为日、月）台区的线损率小于下限值0%。

六、"小电量"台区

定义：指台区投运后，用电负荷远低于台区变压器额定容量，因台区固有损耗和计量误差，台区线损率不具有考核意义。

第二节 业务质量监测

台区线损是低压台区管理的晴雨表，日常的新装增容、业务变更、批量换表等业务的规范性会直接影响台区线损，因此对台区下各类业务的关键节点进行监测十分必要，业务质量监测如图13-3所示。

图13-3 业务质量监测分解图

一、业务流程监测

获取营销2.0系统低压用户业扩新装、增容、减容等业务流程，获取流程关键时间节点、户变关系等信息，当台区线损率发生波动时，结合业务流程监测数据，精确定位到相关业务流程。

二、装拆流程监测

获取批量换表、故障换表、改类、销户等涉及装拆环节的流程，监测拆表录入止度和采集系统最后一次冻结止度，当监测到两者差异较大时进行风险预警。

三、户变关系监测

通过HPLC户变关系自动识别的结果与营销系统户变档案信息的比对，监测两者的差异性；监测营销系统户变关系变更类流程，实现台区现场档案与系统档案的实时同步监测。

第三节　采集质量监测

采集成功率是台区线损监测的前提，采集失败直接导致线损计算缺少供用电量，造成台区线损率失真，采集质量监测如图13-4所示。

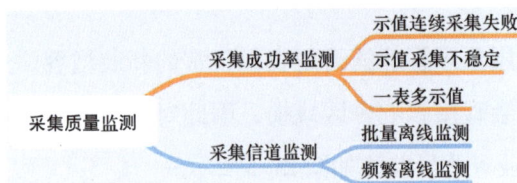

图 13-4　采集质量监测分解图

一、采集成功率监测

1.示值连续采集失败

监测台区下电能表存在连续多天正反向有功示值采集失败。

2.示值采集不稳定

监测台区下电能表最近一个月内发生多次示值采集失败。

3.一表多示值

监测同一电能表日冻结示值多次上报不同的正反向有功电能示值。

4.曲线采集成功率

监测低压用户曲线采集成功率。

二、采集信道监测

1.批量离线监测

短时间内，发生安装某一通信运营商SIM卡的采集终端大批量离线。

2.频繁离线监测

一段时间内，某一采集终端出现频繁登录主站。

第四节　计量质量监测

台区线损监测是对台区下电能量损耗的监测，电能计量的准确与否直接影响台区线损情况，随着HPLC的快速推广，电能表的电压、电流、功率等数据已实现96点采集，可实现15分钟频次计量监测。计量质量监测如图13-5所示。

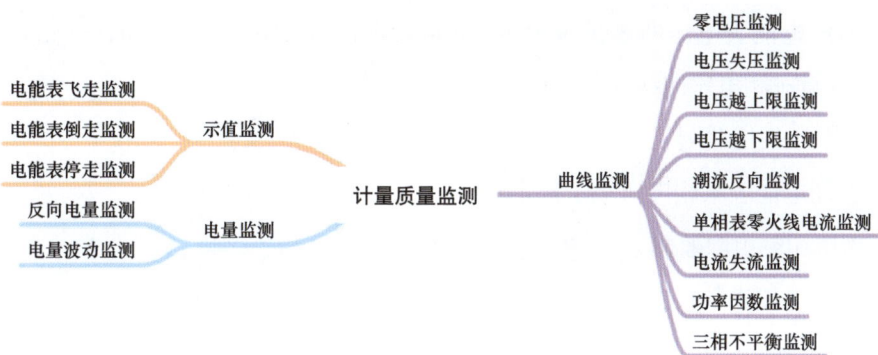

图13-5　计量质量监测分解图

一、示值监测

1.电能表飞走监测

监测电能表计量数据异常增大的情况，日电量明显超出电能表理论日最大电量的，判定为电能表飞走。

2.电能表倒走监测

指电能表正向、反向有功总电能示值较上一日减少。

3.电能表停走监测

电能表连续两日正向/反向有功总电能示值相同，但该时间段内监测到总有功功率有连续多个点示值大于0。

二、电量监测

1.反向电量监测

对非发电性质的电能表反向电量进行监测。

2.电量波动监测

对发生换表、电能表开盖事件后的电能表日用电量进行监测，若与发生前平均用电量差异较大则可能存在异常。

三、曲线数据监测

1.零电压监测

监测电能表电压曲线是否为0。单相表A相曲线电压全部为0，三相表A、B、C任意一相电压曲线全部为0。

2.电压失压监测

监测电能表某相电压小于额定电压的7/10。

3.电压越上限监测

监测电能表某相电压大于1.2倍的额定电压（一般为264V）。

4.电压越下限监测

监测电能表某相电压小于额定电压的9/10（一般为198V）。

5.潮流反向监测

监测电能表某相电流曲线和有功功率曲线连续4个点及以上小于0。

6.单相表零火线电流监测

监测单相表相线电流和中性线电流差异较大的情况。

7.电流失流监测

监测三相四线电能表，三相电流中两相电流正常，另一相和中性线电流接近零的情况。

8.功率因数监测

监测低压用户正常用电的情况下功率因数小于0.5的情况。

9.三相不平衡监测

监测台区中三相线路电流或功率分配的不平衡度的情况。

第五节　低压分布式光伏监测

近年来，随着低压分布式光伏用户的大量接入，光伏已成为影响台区线损的重要因素之一，加强低压分布式光伏的监测尤为必要。低压分布式光伏监测分解如图13-6所示。

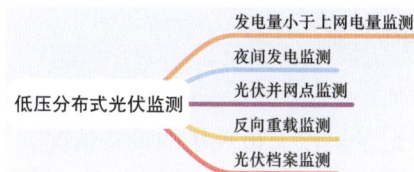

图13-6　低压分布式光伏监测分解图

一、发电量小于上网电量监测

监测余电上网用户，发电量小于上网电量的情况。

二、夜间发电监测

监测光伏用户非发电时间段是否产生连续的上网有功功率。

三、光伏并网点监测

监测余电上网的光伏用户上网电量为0，但是发电负荷大于用电负荷的情况。

四、反向重载监测

反向重载监测通常是指光伏台区总表反向有功功率最大值大于变压器容量的80%。

五、光伏档案监测

监测光伏用户营销系统档案中的计量点主用途类型及电能表示数类型是否准确。

（1）新装全额上网用户。计量点主用途类型为"上网关口"，电能表示数类型应配置为"反向有功（总）"。

（2）自发自用余额上网用户。电能表示数类型计量点主用途类型为"上网关口"，应配置为关联用户电能表"反向有功（总）"。电能表示数类型计量点主用途类型为"发电关口"，应配置为发电户电能表"正向有功（总）"。

第六节　设备事件监测

智能电能表的事件记录可以上报现场的设备情况，如开表盖事件是窃电排查的重点方向，恒定磁场干扰事件和相序异常可以发现现场影响计量准确性的因素，设备事件的监测为线损治理提供方向。设备事件监测如图13-7所示。

一、电能表开表盖监测

监测运行电能表是否发生开表盖事件记录。电能表开表盖可能是用户私自操作，是窃电排查的重点方向。

图13-7　设备事件监测分解图

二、电能表开端钮盖监测

监测运行电能表是否发生开端钮盖事件记录，电能表开端钮盒可能是采集运维人员操作端钮盒或用户私自操作，是窃电排查的重点方向。

三、恒定磁场监测

监测电能表是否产生的恒定磁场干扰事件记录，事件时长大于8小时的判定为恒定磁场干扰。恒定磁场干扰一般是现场存在强磁场环境，是窃电排查的重点方向。

四、相序监测

监测低压三相电能表是否存在相序异常事件记录，相序异常一般是电能表错接线。

五、电池欠压监测

监测单、三相电能表是否存在电池欠压事件，若有则判定为电池欠压。电池欠压一般是由于电能表运行年限较长，时钟电池电能流失和钝化导致，电池欠压后，电能表停电会导致电能表时钟异常。

六、电能表时钟监测

通过采集系统周期性召测电能表时钟，与采集主站标准时钟源进行比对，监测台区下电能表是否存在时钟超差问题。

第七节　新型监测

近年来，随着新型设备的应用、大数据的汇集、新型算法的发展，与台区线损相关的新型监测手段日益增多，如新型设备的使用实现了台区"三分"线损精细化监测，大数据算法的应用实现电能表的运行误差运算，是未来线损监测的方向。新型监测分解图如图13-8所示。

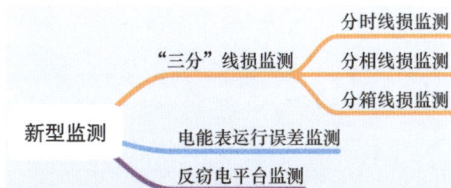

图13-8　新型监测分解图

一、"三分"线损监测

1.分时线损监测

按照不同费率时段或自定义时段进行统计监测，对长期高损、疑难台区开展分时线损统计分析，精确锁定异常时段。

2.分相线损监测

应用大数据等方法识别电能表相位，按月或按日监测异常台区分相线损，精准锁定异常发生相别和日期。

3.分箱线损监测

对已具备整箱计量功能的台区，开展分箱线损监测，将异常监测范围缩小到表箱范围内。

二、电能表运行误差监测

通过电能表运行误差监测系统（失准系统），运用新型大数据算法模型，周期性地计算台区下计量点的运行误差，并对超差电能表输出失准工单开展现场核验。

三、反窃电平台监测

通过反窃电平台，汇聚多系统计量数据和电能表各类记录事件，综合研判窃电高风险计量点。

第十四章　人工分析

台区线损人工分析是基于当前线损现状（高损、负损等），利用系统数据，对可能导致线损异常的原因进行初步分析，筛选出可能存在的问题和排查方向，为下一步现场治理工作提供重要依据。一般情况下，人工分析应根据不同类型的线损表象，按照由大到小、由主到次、由简到繁的顺序开展分析研判。可优先排查管理因素，再排查技术因素，通过管理和技术双维度分析研判实现异常问题"把脉问诊"与"解剖麻雀"，形成问题清单，逐个排查并消缺处理。

第一节　高损台区分析

高损台区是指在某一统计期内台区线损率超过指标要求的异常台区，主要表现为长期高损（指在较长统计期内线损率超过指标要求的异常台区）和突发高损（指台区线损率一直保持平稳，日线损率突然发生较大升幅）两种情况。

一、长期高损

台区线损处于长期高损状态，表明台区下存在较为固定的电量损失点。针对长期高损台区，可按照先管理因素，后技术因素的顺序开展分析，分析的重点应是用电量部分是否存在少计或错计的可能性。

1.长期高损分析

长期高损分析流程如图14-1所示。

2.具体分析流程

（1）采集数据分析。针对电能示值采集失效、电表时钟错误、补全数据异常等进行逐一分析。

1）采集失败分析。通过采集系统分析台区用户电能表长期采集失败，无冻结起止度的情况。

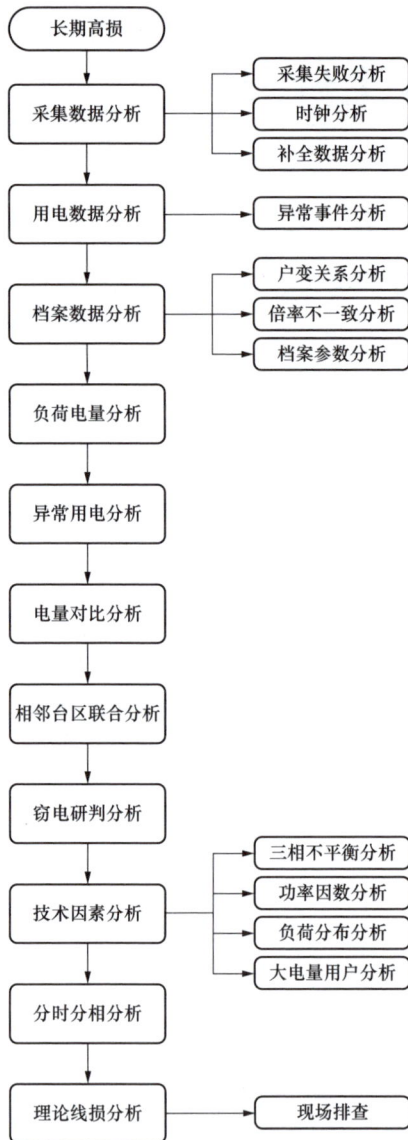

图 14-1　长期高损分析流程图

2）时钟分析。统计分析总表、用电侧电能表与主站时钟偏差，台区总表时钟与用户侧电能表时钟偏差情况，是否存在电能表时钟超差，导致采集数据异常。

3）补全数据分析。对采集失败电能表补全数据进行分析，是否存在不合理情况，影响台区线损统计。

（2）用电数据分析。结合计量装置在线监测与智能诊断模型，开展电能表电量异常、电压电流异常、异常用电、负荷异常等诊断，分析是否存在倒走、飞走、停走、三相电流不平衡、失压、断相、逆相序、电能表故障更换、异常开盖事件。

1）在采集系统中查询或召测电能表A、B、C三相电压数据，查询是否有失压、断相、逆相序等情况，诊断线损异常原因。

2）在采集系统中查询或召测电能表数据，A、B、C三相电流/零序电流/视在功率，查看三相电流是否有失流、零火电流不一致情况。

3）在采集系统查询或召测电能表三相功率因数，两相功率因数偏低，可能存在跨相等接线错误问题，一相功率因数偏低，可能存在接线错误。

（3）档案数据分析。通过比对营销系统与采集系统中的户变关系、台区总表倍率、用户电能表倍率及用户档案参数，分析拓扑关系、倍率一致性和档案参数设置，结合采集终端和智能电能表数据，确保数据准确性和完整性。

1）户变关系一致性分析。开展营销系统、采集系统户变关系一致性比对，分析台区用户档案中电源点、计量点、采集点等拓扑关系与户变关系一致性情况。

结合采集终端、智能电能表的停/上电事件记录、HPLC的自动识别功能，辅助判断户变关系准确性。

2）台区总表综合倍率一致性分析。开展营销系统、采集系统台区总表倍率一致性分析，分析是否存在采集系统倍率未同步更新情况。

3）用户侧电能表倍率一致性分析。开展营销系统、采集系统用户侧电能表倍率一致性分析，分析是否存在采集系统倍率未更新情况。

4）用户档案参数分析。开展营销系统用户档案基础参数分析，检查是否存在用户档案参数设置错误，导致电量未纳入统计，包括用户状态、用户类型、计量点状态、计量点主用途类型等重要参数。

（4）异常负荷电量分析。在采集系统中查询台区内用户侧电能表的日冻结电能示值，分析电量变化情况，并结合用户历史用电趋势和日常用户走访情况，分析是否存在异常用电情况。

（5）电能表异常事件分析。对电能表开盖事件记录，可以结合异常时间的长短、频次，以及最后一次异常记录前后的用电量变化情况进行分析，以排除因电能表质量原因而造成的开盖误动。对停电事件的记录，可以通过与该台区其他用户电能表在同一时间段内是否有类似停电记录进行佐证分析判断。

（6）电量比对分析。开展台区线损率（或损耗电量）与用户侧电能表的电量关联分析，找出关联关系较大的用户，做好重点对象现场排查。

（7）相邻台区线损情况分析。结合高损台区发生时间，对地理位置相邻台区的线损情况进行同期比对分析，核查是否存在户变关系错误现象。

（8）窃电研判分析。通过召测单相电能表电流数据、跟踪窃电用户、排查零电量用户、分析电压电流曲线及电量异常情况，综合判断用户是否存在窃电行为，确保用电数据的准确性和用电行为的合规性。

1）在采集系统中召测单相电能表相线电流及中性线电流数据，核对两者电流值是否一致，避免出现窃电情况。

2）检查台区下是否存在历史窃电户，跟踪窃电用户的后续用电情况，对用电量进行比对分析，避免出现反复窃电情况。

3）筛选排查电量为零的用户，分析比对近期用户用电量情况，并在采集系统中进行召测，避免出现系统原因造成用户用电量为零度的情况。

4）在采集系统中召测电能表电压、电流、电能量示值数据，核实数据是否符合实际用电情况，确定用户是否存在窃电嫌疑。

5）分析电量为零但功率不为零、电费剩余金额与购电记录严重不符、电流不平衡情况、电压不平衡情况、功率曲线全部为零、用电负荷超容量、总功率不等于各相功率之和、电量曲线有负值、功率曲线有负值、中性线与相线反接等其他情况。

（9）技术因素分析。

1）可通过查看台区总表电流趋势，或直接查询台区总表三相不平衡率，来辅助判断台区三相不平衡情况。三相不平衡以出口侧、主干线、分支线、计量箱四级平衡为评价标准。

2）检查台区总表功率因数情况，台区总表功率因数受配电柜无功补偿装置运行情况、投运情况、补偿情况及用户用电情况影响。

3）检查低压用户功率因数，结合功率因数较低的用户电量和线路长度，筛选出影响线损较大的用户清单。

4）结合电网资源管理微应用，查看变压器是否在负荷中心，判断变压器位置选择合理性。

5）筛选用电量较大用户或发电量较大的光伏户，结合电网资源管理微应用判断是否属于台区末端，作为现场技术改造重点关注对象。

（10）分时分相线损分析。针对HPLC电能表全覆盖台区，可通过查询台区分时分相线损结果，辅助判断高损时段或高损相别，缩小排查范围。

（11）理论线损分析。可查看日、月理论线损与实际线损的差距，辅助分析判断管理线损和技术线损影响占比。

二、突发高损

针对突发高损台区，应聚焦线损突变的时间点，将突变前后台区及用户的采集、档案、计量、用电等状态发生变动的地方作为切入口，分析锁定线损异常线索。

1.突发高损分析

突发高损分析流程如图14-2所示。

2.具体分析流程

（1）数据对比分析。将台区下所有用户的明细进行对比分析，筛选出增加或减少的用户（发电户）、电量为零或空的用户、电量突增突减的用户（包含发电户），针对线损突变前后变化幅度明显的用户重点分析。

（2）采集、用电数据分析。通过采集系统与智能诊断模型的结合，可全面监测电能表运行状态，及时发现采集异常、时钟偏差及补全问题，并深入分析线损变化背后的设备故障、电气异常或人为操作因素，为台区计量管理与线损优化提供数据支撑。

1）采集分析。通过采集系统分析台区用户电能表是否存在突发采集失败，是否存在电能表时钟突发偏差，是否存在采集失败电能表电量补全不合理的情况。

2）异常事件分析。结合计量装置在线监测与智能诊断模型，检查线损发生变化当日，是否存在电能表电量异常、电压电流异常、异常用电、负荷异常等

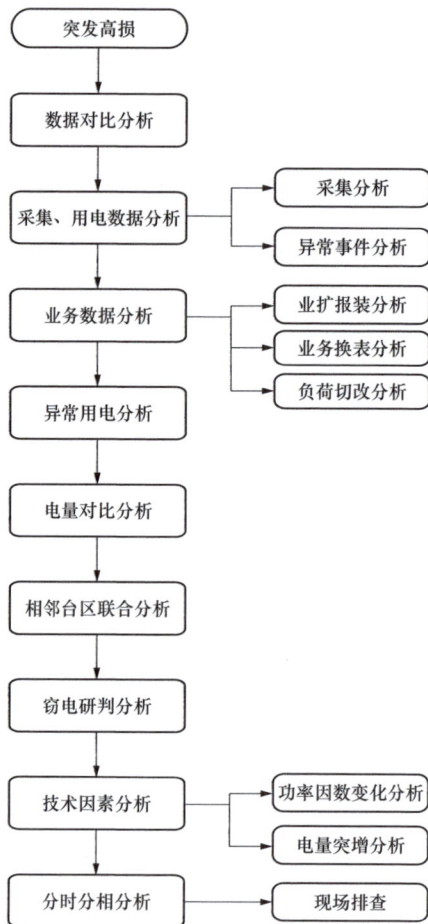

图 14-2 突发高损分析流程图

情况，分析是否存在倒走、飞走、停走、三相电流不平衡、失压、断相、逆相序、电能表故障更换、异常开盖事件。

（3）业务数据分析。

1）业扩报装分析。分析是否在线损突变当日发生了业扩报装业务，检查业务是否正常归档，并计入线损售电量统计，检查档案是否正确完整，并将该户列为重点现场检查对象，避免现场接线异常、现场电流互感器倍率、户变关系与系统录入不一致等情况，造成电量少计。

2）业务换表分析。分析是否在线损突变当日发生了业务换表，检查换表流程是否正常归档，并接入采集系统。检查是否存在换表录错拆表止度，造成线损计算异常。

3）负荷切改分析。分析是否在线损突变当日发生了负荷切改，结合配电作业计划，检查是否存在切改后未及时同步更新营销系统用户基础档案信息，导致电量仍统计在原台区的情况。

（4）负荷电量分析。在采集系统中查询台区内用户电能表的日冻结电能示值，分析线损突变当日所有用户电量变化情况，并结合用户历史用电趋势和日常用户走访情况，分析是否符合实际用电情况。

（5）电能表异常事件分析。对电能表开盖事件记录，可以结合异常时间长短、频次以及最后一次异常记录前后的用电量变化情况进行分析，以排除因电能表质量原因而造成的开盖误动。对停电事件的记录，可以通过与该台区其他用户电能表在同一时间段内是否有类似停电记录进行佐证分析判断。

（6）电量比对分析。通过对台区历史线损合理期间与当前线损率突增期间用户用电量进行比对分析，对电量变化幅度大，突然出现零度户、电能表示值不平、电能表反向电量异常等重点用户进行监控分析，确定台区线损异常原因。

（7）相邻台区用电量情况分析。结合高损台区发生时间，对地理位置相邻台区用的电量情况进行同期比对分析，核查是否存在户变关系错误现象。

（8）窃电研判分析。

1）在采集系统中召测单相电能表相电流及中性线电流数据，核对电流值是否一致，避免出现窃电情况。

2）检查台区下是否存在历史窃电户，跟踪窃电用户的后续用电情况，对用电量进行比对分析，避免出现反复窃电情况。

3）筛选排查电量为零的用户，分析比对近期用户用电量情况，并在采集系统中进行召测，避免出现系统原因造成用户用电量为零度的情况。

4）在采集系统中召测电能表电压、电流曲线、电能量示值数据，核实数据是否符合实际用电情况，确定用户是否存在窃电嫌疑。

5）分析电量为零但功率不为零、电费剩余金额与购电记录严重不符、电流不平衡情况、电压不平衡情况、功率曲线全部为零、用电负荷超容量、总功率不等于各相功率之和、电量曲线有负值、功率曲线有负值、中性线与相线反接等其他情况。

（9）技术因素分析。

1）检查低压用户功率因数情况，判断是否用户侧无功补偿装置损坏，或新增大电量用户未配置无功补偿装置，结合功率因数较低的用户电量和线路长度，筛选出影响线损较大的用户清单。

2）检查是否存在电量突然增大的用户，结合电网资源管理微应用判断是否属于台区末端。

（10）分时分相线损分析。针对HPLC电能表全覆盖台区，可通过查询台区分时分相线损结果，辅助判断高损时段或高损相别，缩小排查范围。

第二节　负损台区分析

负损台区是指采集系统统计期内台区线损率小于0%的异常台区，为一般管理因素导致的，主要表现为长期负损、突发负损。

一、长期负损

针对长期负损台区，可按照先台区总表，后用户侧电能表的顺序开展分析，分析的重点应是供电量或发电量少计。

1.长期负损分析

长期负损流程如图14-3所示。

2.具体分析流程

（1）台区总表曲线分析。

1）在采集系统中查询台区总表A、B、C三相电压数据，查询是否有失压、断相、逆相序等情况。

2）在采集系统中查询台区总表，A、B、C三相电流/零序电流/视在功率，查看三相电流是否有失流、零火电流不一致情况。

3）在采集系统中查询台区总表三相功率因数，两相功率因数偏低，可能存在跨相等接线错误问题，一相功率因数偏低，可能存在接线错误。

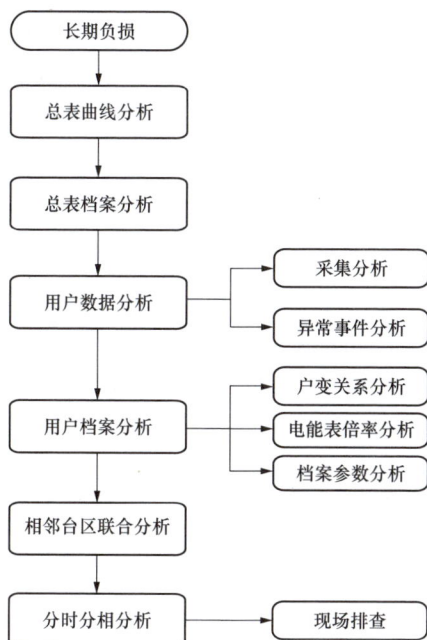

图14-3　长期负损流程图

（2）台区总表档案分析。开展营销系统、采集系统台区总表倍率一致性分析，分析是否存在采集系统倍率未更新情况。

（3）用户数据分析。

1）采集分析。通过采集系统分析台区下光伏用户电能表是否存在采集失败，是否存在电能表时钟偏差情况，是否存在采集失败电能表电量补全不合理情况。

2）异常事件分析。结合计量装置在线监测与智能诊断模型，检查是否存在用户侧电能表电量异常、电压电流异常、异常用电、负荷异常等情况，分析是否存在失压、断相、逆相序、电能表故障更换、异常开盖事件等情况。

（4）用户档案分析。

1）户变关系一致性分析。开展营销系统、采集系统、电网资源管理微应用户变关系一致性比对，分析台区下电源点、计量点、采集点等拓扑关系与户变关系一致性情况。

2）用户电能表倍率一致性分析。开展营销系统、采集系统用户侧电能表倍率一致性分析，分析是否存在采集系统倍率未更新情况。

3）用户档案参数分析。开展营销系统用户档案基础参数分析，重点检查是否存在光伏用户档案参数设置错误，导致电量未纳入统计。

（5）相邻台区用电量情况分析。结合负损台区发生时间，对地理位置相邻台区线损的情况进行同期比对分析，核查是否存在用户（光伏）户变关系错误现象。

（6）分时分相线损分析。针对HPLC电能表全覆盖台区，可通过查询台区分时分相线损结果，辅助判断负损时段或负损相别，缩小排查范围。

二、突发负损

针对突发负损台区，应聚焦线损突变的时间点，将突变前后台区及用户的采集、档案、计量、用电等状态发生变动的地方作为切入口，分析锁定线损异常线索。

1.突发负损分析

突发负损分析流程如图14-4所示。

2.具体分析流程

（1）台区总表曲线分析。

1）在采集系统中查询台区总表A、B、C三相电压数据，分析线损突变当日是否有失压、断相、逆相序等情况。

2）在采集系统中查询线损突变当日台区总表，A、B、C三相电压/电流/零序电流/视在功率，分析三相电流是否有失流情况。

3）在采集系统中查询线损突变当日台区总表三相功率因数，若功率因数异常偏低，则可能存在错接线情况。

（2）台区总表档案分析。查询营销系统关口计量装置是否存在更换互感器或台区总表的流程，检查采集系统台区总表倍率是否与营销系统一致，判断是否存在互感器倍率录入错误等原因造成负损。

（3）采集、用电数据分析。

1）采集分析。通过采集系统分析台区光伏电能表是否存在突发采集失败，是否存在电能表时钟突发偏差，是否存在采集失败电能表电量补全不合理的情况。

2）异常事件分析。结合计量装置在线监测与智能诊断模型，检查线损发生

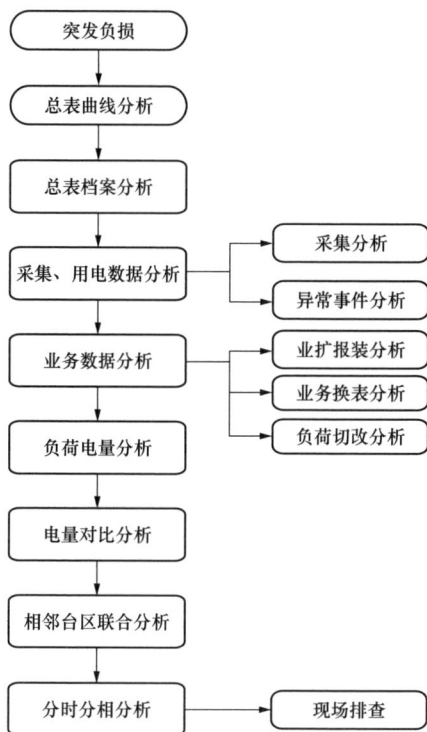

图14-4　突发负损流程图

变化当日，是否存在用户电能表电量异常、电压电流异常、异常用电、负荷异常等情况。

（4）业务数据分析。

1）业扩报装分析。分析是否在线损突变当日发生了业扩报装业务，检查业务是否正常归档，检查档案是否正确完整，并将该户列为重点现场检查对象，避免现场接线异常、现场互感器倍率、户变关系与系统录入不一致等情况，造成电量少计。

2）业务换表分析。分析是否在线损突变当日发生了用户业务换表，检查换表流程是否正常归档，并接入采集系统。检查是否存在换表录错拆表止度，造成线损计算异常。

3）负荷切改分析。分析是否在线损突变当日发生了负荷切改，结合配电作业计划，检查是否存在切改后未及时同步更新营销系统用户基础档案信息，导致电量仍统计在原台区的情况。

（5）负荷电量分析。在采集系统中查询台区内用户电能表的日冻结电能示值，分析线损突变当日所有用户电量变化情况，并结合用户历史用电趋势和日常用户走访情况，分析是否符合实际用电情况。检查台区当日是否存在发电车发电情况，造成电量未纳入供电量统计。

（6）电量比对分析。通过对台区历史线损合理期间与当前线损率突变期间电量进行比对分析，对电量变化幅度大，突然出现零度户、电能表示值不平、电能表反向电量异常等重点用户进行监控分析，确定台区线损异常原因。

（7）相邻台区用电量情况分析。结合负损台区发生时间，对地理位置相邻台区线损的情况进行同期比对分析，核查是否存在户变关系错误现象。

（8）分时分相线损分析。针对HPLC电能表全覆盖台区，可通过查询台区分时分相线损结果，辅助判断负损时段或负损相别，缩小排查范围。

第三节　不可算台区分析

不可算线损台区指统计周期台区因计量故障、采集异常等原因造成供电量为零或空、用电量为空，造成台区线损无法按模型准确计算台区线损率。

一、不可算台区分析

不可算台区分析流程图如图14-5所示。

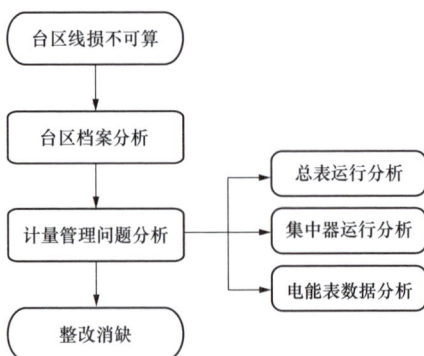

图14-5　不可算台区分析流程图

二、具体分析流程

1.台区档案分析

（1）核查营销系统是否存在台区档案信息变更后，采集系统未同步更新导致系统内无供、用电量数据，无法计算线损。

（2）核查是否存在新增台区营销立档时间与现场用户投运时间不符的情况，若营销系统台区设置过早而现场用户未投用造成供、用电量为空。

2.计量管理分析

（1）分析台区总表运行情况。

1）核对台区是否有台区总表档案，有无终端地址和采集点编号。

2）台区总表档案计量点主用途类型是否选择错误，计量点主用途类型应选择"台区供电考核"。

3）采集系统内台区集中器参数是否成功下发，如未成功须在采集系统内重新下发参数，并确保下发成功。

4）核查台区总表是否有日冻结数据。

5）核查台区总表时钟是否错误，若错误则进行台区总表对时。

（2）分析集中终端运行状况。

1）核查集中终端中电能表参数设置是否自动丢失或与采集系统不一致。

2）核查集中终端是否冻结数据失败或错误。

（3）分析电能表数据。核查电能表是否有日冻结数据，如无，检查采集通道和电能表模块是否正常；如有，则需核对档案或采集关系是否正确。

第十五章 智能诊断

智能诊断依托于采集系统的台区线损异常分析诊断与治理工具，通过接入采集、计量、档案等多专业数据源，结合台区线损实际业务，从档案、电量、负荷、用户用电行为等多维度数据入手，对可能造成台区线损异常的数据进行归集汇总、再处理，利用机器学习等人工智能算法，完成线损异常根因的深度挖掘。本章主要介绍了智能诊断的定义、智能诊断的流程、智能诊断模型以及智能诊断报告应用。

第一节 智能诊断流程

智能诊断是利用大数据平台的分析能力和运算能力，获取采集系统、营销系统、电网资源中台等多方海量数据，从采集到的数据中提取关键信息，包括台区的供用电量、异常特征和异常数据等，并根据事先设定的诊断范围和模型，进行线损异常原因的分析和定位。通过智能诊断实现对异常用户和台区主因的精确锁定，并提供台区线损异常治理推荐和台区线损诊断报告，为台区线损治理提供决策支持和指导，从而减少人工核对和分析的工作量，辅助基层开展线损精准治理工作，提高工作效率。

智能诊断的流程如下：

（1）获取目标台区基本信息以及相关用户信息。

（2）通过调用采集、计量、反窃电以及线损专业的异常结果，测算每类异常影响的电量差，形成台区异常库。

（3）以台区为单位，匹配台区异常库，并对台区线损进行回归试算，判断试算结果是否合理。

（4）若台区线损回归试算合理，则定位台区线损异常主因，直接生成疑似影响线损异常清单，同步生成异常诊断报告。

若台区线损回归试算不合理，调用线损专业模型二次诊断，充实台区异常库，并按照充实后的台区异常库重新进行线损回归试算。试算结果合理，生成疑似影响线损异常的清单，同步生成异常诊断报告；试算结果仍然不合理，线损异常无法智能诊断，输出数据异常清单和诊断报告，辅助用于人工诊断。

智能诊断流程如图15-1所示。

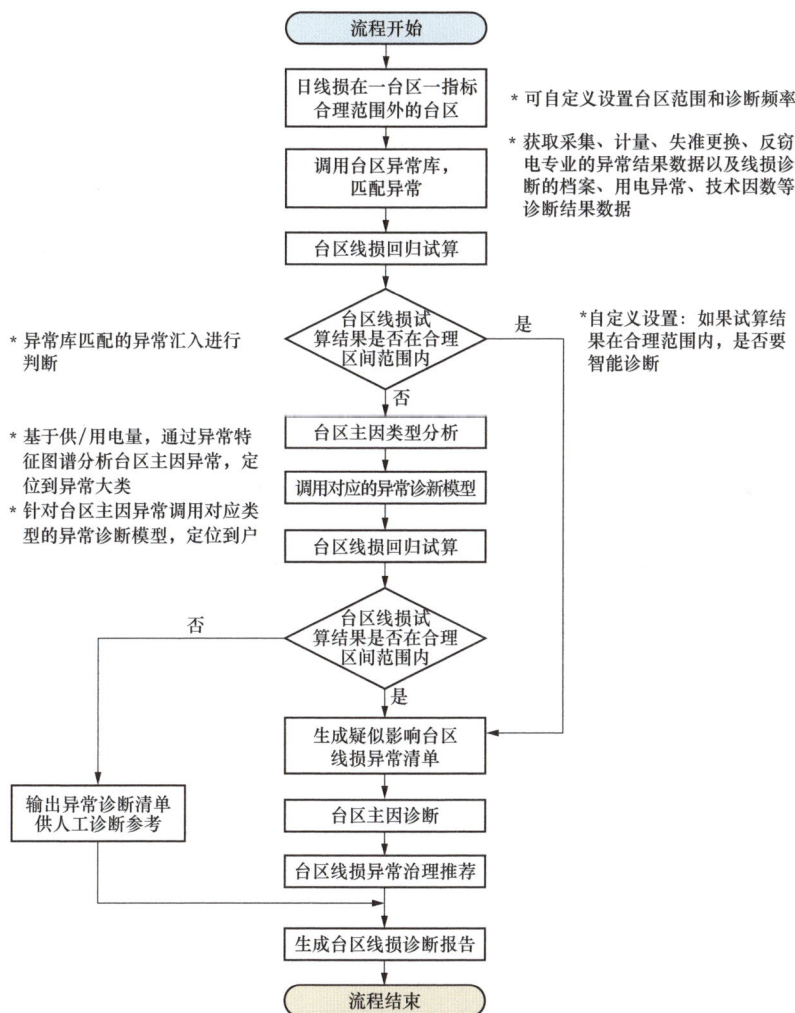

图15-1 智能诊断流程

第二节 智能诊断模型

通过模型的方式将线损分析工作中涉及的计算、查询、对比等流程及结果输出实现自动化。台区线损异常智能诊断模型包括：档案类异常诊断模型、用电类异常诊断模型、技术因素类异常诊断模型、采集类异常诊断模型以及计量类异常诊断模型共计五大类模型。智能诊断模型分类如图15-2所示。

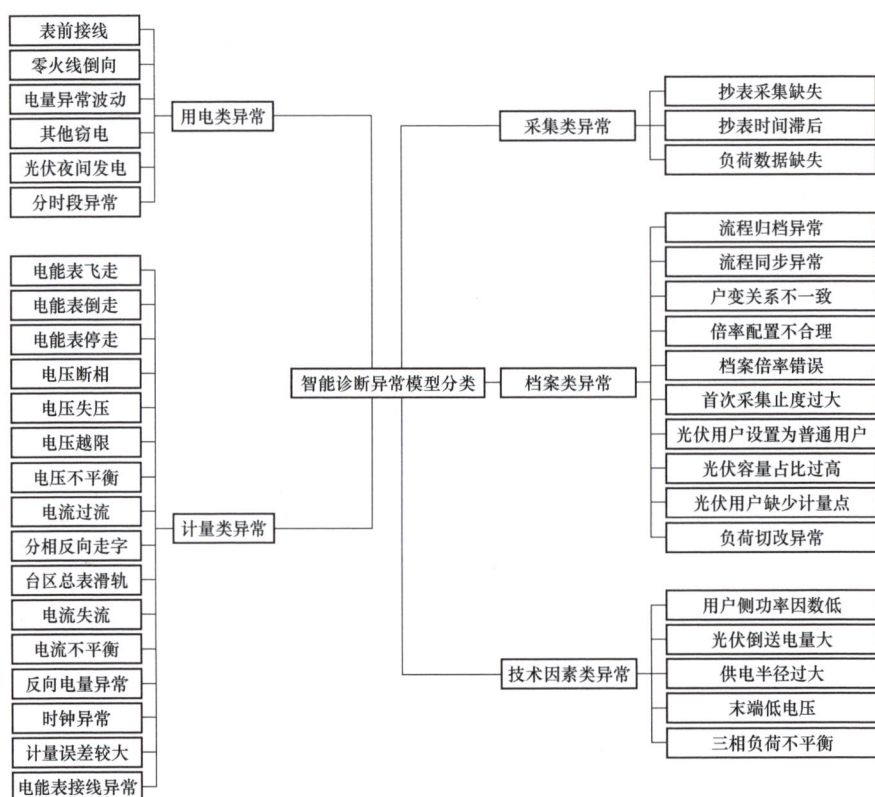

图15-2 智能诊断模型分类

一、档案类异常诊断模型

档案类异常诊断模型对系统端因档案异常导致的线损异常进行诊断，包含对流程归档及时性、现场账实一致性等进行核查。通过对比营销采集档案、用

182

户电量波动与台区线损率关联性、物理地址、逻辑地址、压降合理性等多类信息，识别出档案关系存在异常的用户，包括台区内存在新增、消失、换表和台区变更的用户，再通过对嫌疑用户影响电量的量化分析，试算线损率合理性，确认异常用户，并输出档案类异常诊断结果。档案类异常诊断模型包含：流程归档异常、流程同步异常、户变异常识别、倍率配置不合理、档案倍率错误、首次采集止度过大、光伏用户设置为普通用户、光伏容量占比过高、光伏用户缺少计量点以及负荷切改异常共计十个模型。

1.流程归档异常

通过对营销系统台区下用户新装、更换、销户等工单各环节流程时间节点与线损关系比对，识别出现场电能表的装拆等情况。流程归档一般是因营销系统流程未归档，使得营销系统变更数据未及时同步到采集系统，导致的电能表采集失败或采集系统未同步建档引起的台区线损统计异常。

2.流程同步异常

通过对营销系统台区下用户新装、更换、销户等工单各环节流程时间节点与线损关系比对，识别出营销系统流程归档情况。流程同步异常一般是因系统间交互异常，使得营销系统变更数据未准确同步到采集系统，导致营销系统与采集系统计量点信息不一致引起的台区线损统计异常。

3.台户异常识别

通过基于网络结构的台户关系识别模型，识别出偏离台区以及台区下其他用户的离散用户；通过停电分析法的台户关系识别模型，识别出台区停电时电能表仍然运行的用户；通过基于距离判别法的台户关系识别模型，利用定位或结构化地址，识别出物理地址远离本台区的用户；通过基于HPLC的台区关系识别模型，识别出HPLC电能表被其他台区集中器获取的用户；通过基于线损异常波动法的台户关系识别模型，识别出相邻台区线损电量波动与用户电量强关联的用户；通过基于电压相关性识别法的台户关系识别模型，识别出用户电压波动关系与台区电压相关性低的用户；通过基于脉动检测的台户关系识别模型，计算台区总表与用户向量夹角关系，识别用电脉动规律异常的用户。根据上述模型识别出的异常用户，对台户关系进行综合评价，识别出用户台户关系不一致导致的线损统计异常。台户异常识别流程如图15-3所示。

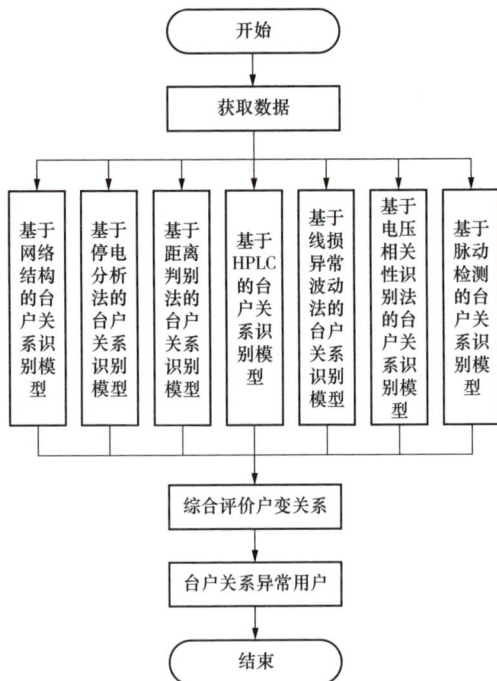

图 15-3 台户异常识别流程

4.倍率配置不合理

通过对用户侧电能表或台区总表电流互感器二次额定电流与实际电流进行比对，识别出因电流互感器变比配置不合理造成计量误差超差，导致台区线损异常。

5.档案倍率错误

针对台区总表和用户电能表的互感器倍率数据，经过营销系统与采集系统的档案对比、线损试算等方法来计算台区总表和用户电能表的综合倍率，识别出营销系统与采集系统或系统与现场互感器倍率不一致导致的台区线损异常。档案倍率错误研判流程如图15-4所示。

6.首次采集止度过大

通过对营销系统电能表起度与首次采集止度差值进行判断，当差值超出用户正常日用电量范围，结合营销系统业扩流程与采集系统自下而上装接流程时间，识别出公变、低压用户流程时间滞后安装时间，首次采集止度为多天电量

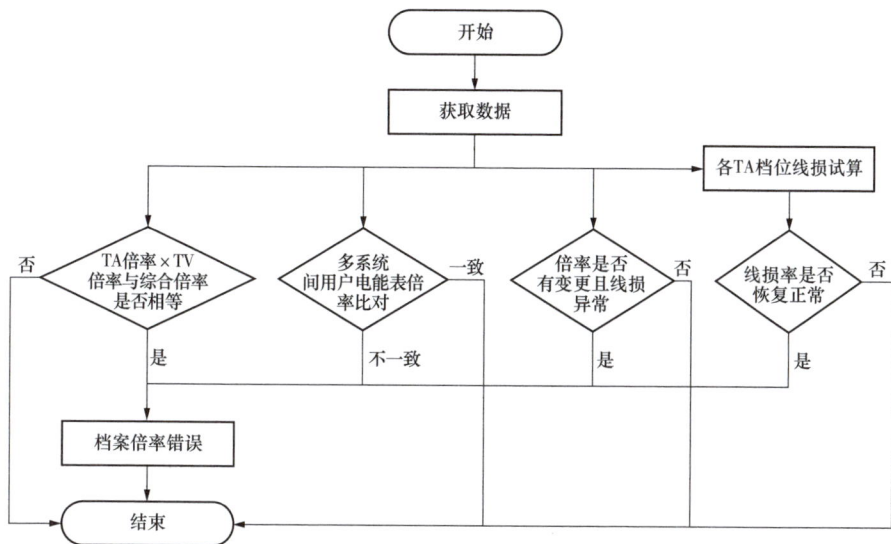

图15-4 档案倍率错误研判流程

数据，导致的台区线损计算异常。

7.光伏用户设置为普通用户

通过对余电上网光伏用户的负荷曲线数据与光伏各时段出力情况、用户用电情况的分析，计算普通用户负荷曲线与光伏出力曲线的相关系数，识别出系统档案为普通用户，但负荷行为表现为光伏的用户，导致光伏上网电量未计供电量造成台区线损异常。光伏用户设置为普通用户研判流程如图15-5所示。

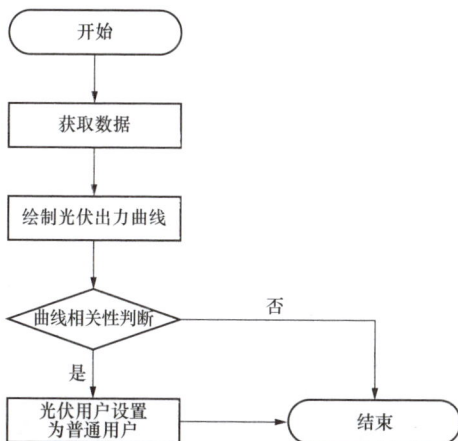

图15-5 光伏用户设置为普通用户研判流程

8.光伏容量占比过高

通过对台区档案数据、用户档案数据、用电量及发电量进行分析，计算台区下光伏用户容量占比及光伏上网电量就地消纳情况，识别出台区下光伏容量占比过高导致的台区线损异常。

9.光伏用户缺少计量点

通过对营销系统与采集系统光伏用户计量点进行比对，判断其是否一致，识别出采集系统光伏用户计量点缺失导致台区线损计算异常。

10.负荷切改异常

通过台区网络模型，根据10kV线路电压波动趋势，获取与当前台区相邻的台区集合。通过电量波动检测模型，对台区历史线损数据进行分析，识别用电量异常突变的台区，并在相邻台区集合中，匹配用电量变化趋势相反的台区，若电量还原试算后，两个台区线损均趋于好转，即判定为负荷切改。识别出因台区之间用户切改未在营销系统及时迁改导致台区线损计算异常。负荷切改流程如图15-6所示。

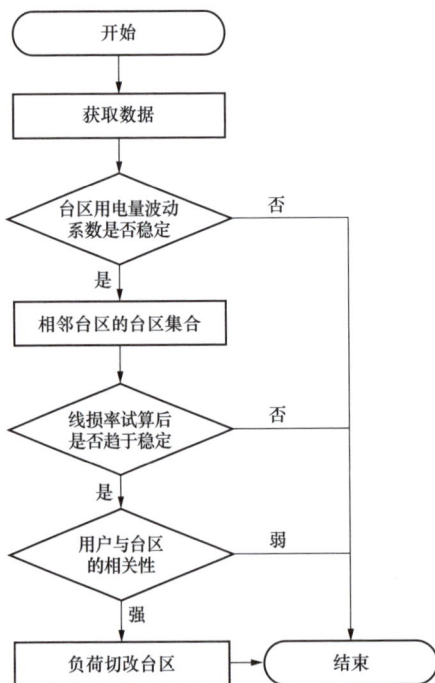

图15-6 负荷切改流程

二、计量类异常诊断模型

构建计量类异常诊断模型的目的是对电能表无法准确计量电量的情况进行诊断分析。计量类异常诊断模型集成了计量在线监测结果数据,并结合部分数据异常预警算法,同时考虑异常持续时间、用电行为、异常量化、线损相关性等多种数据,对异常用户进行分类分析,量化异常的线损影响情况,最终输出计量类异常诊断结果。通过对系统内由于计量数据导致的线损率异常情况进行归纳总结,并依托大数据算法实现计量类因素的诊断分析。计量类异常诊断模型包含:电能表飞走、电能表倒走、电能表停走、电压断相、电压失压、电压越限、电压不平衡、电流过流、分相反向走字、台区总表滑轨、电流失流、电流不平衡、反向电量异常、时钟异常、计量误差较大、电能表接线异常共计16个模型。

1.电能表飞走

获取电能表近几日的正向有功总示值和分析日的正向有功总示值,通过计量类异常模型和MK突变检测模型,筛选出正向有功总示值突增的电能表,并对电能表进行透抄,排除采集类异常,识别出由于电能表飞走导致当日正向有功总示值异常突增引起的台区线损计算异常。电能表飞走判断流程如图15-7所示。

2.电能表倒走

通过对比电量及负荷数据中正向有功总止度与正向有功总起度数据,判断是否存在正向有功总止度小于正向有功总起度的电能表,并结合计量类异常模型,识别出电能表倒走导致的台区线损异常。电能表倒走判断流程如图15-8所示。

3.电能表停走

通过对电能表止度数据与负荷数据进行关联性分析,判断是否存在电流正常,但时刻点正向有功总示值不变的情况,结合计量类异常模型,识别出因电能表停走导致的台区线损异常。电能表停走判断流程如图15-9所示。

4.电压断相

通过分析用户的历史负荷用电行为,调用常用电相别分析模型识别电能表正常用电的相别,对存在正向用电的相别进行判断,若出现任意一相电压断相,

図15-7 電能表飞走判断流程

図15-8 電能表倒走判断流程

図15-9 電能表停走判断流程

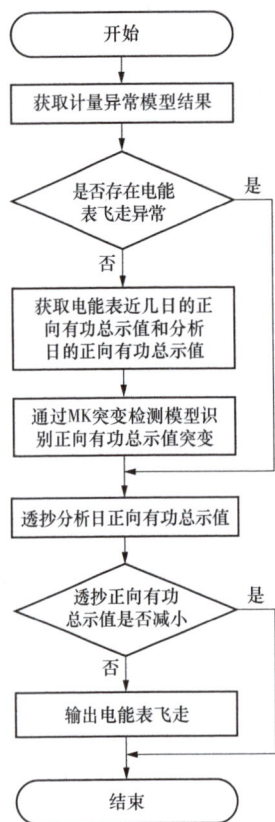

图15-7 电能表飞走
判断流程

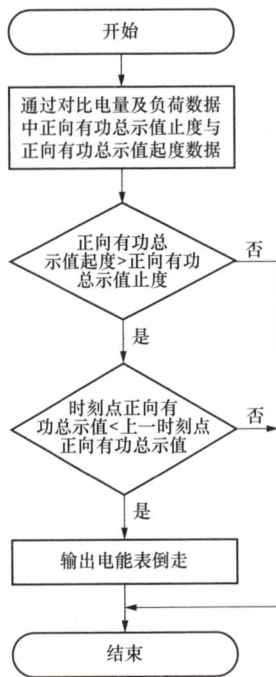

图15-8 电能表倒走
判断流程

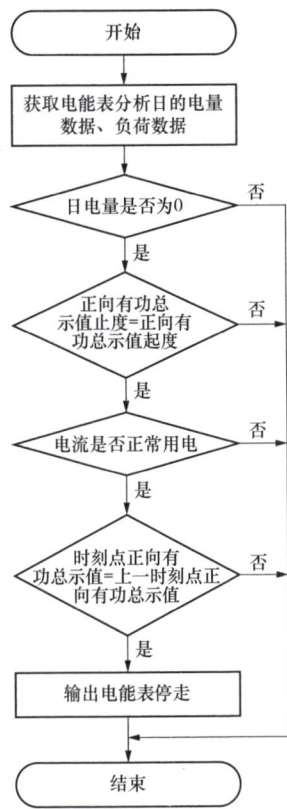

图15-9 电能表停走
判断流程

则判断为电压断相，并结合计量类异常诊断模型，识别出用电相电压断相导致的台区线损异常。电压断相判断流程如图15-10所示。

5.电压失压

通过分析用户的历史负荷用电行为，调用常用电相模型识别电能表正常用电的相别，对正常用电的相别进行判断，若出现任意一相电压小于额定电压，且当日内满足模型设定的次数条件，则判断为电压失压，并结合计量异常模型，识别出电能表用电相电压失压导致的台区线损异常。电压失压判断流程如图15-11所示。

6.电压越限

通过分析用户的历史负荷用电行为，调用常用电相模型识别电能表正常用电的相别，对电能表正常用电的相别进行判断，若存在任意相电压大于电压上

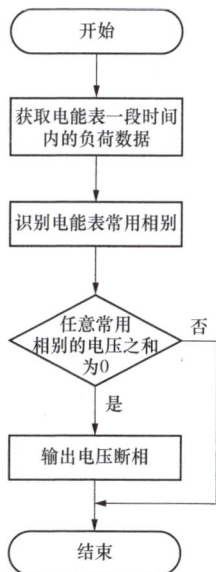

图 15-10 电压断相
判断流程

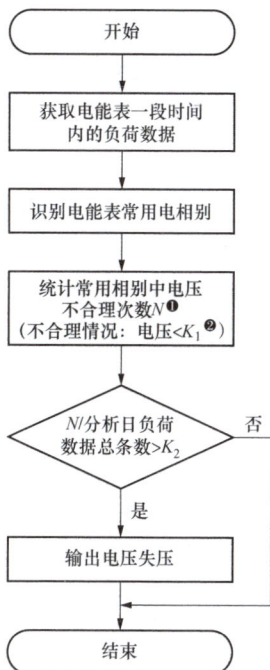

图 15-11 电压失压
判断流程

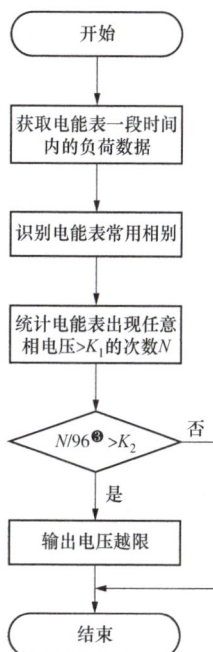

图 15-12 电压越限
判断流程

限,则判断为电压越限,并结合计量异常模型,识别出由于电能表用电相电压越限导致的台区线损异常,电压越限判断流程如图15-12所示。

7.电压不平衡

通过大数据算法,计算出台区线损正常期间以及线损异常期间的三相电压不平衡度,计算两个不平衡度的变化率,不平衡变化度超过一定比值判定为三相不平衡,并结合计量异常模型,识别出三相电压不平衡导致的台区线损异常。电压不平衡判断流程如图15-13所示。

8.电流过流

通过对台区下电能表负荷数据以及电能表档案数据分析,判断任意相电流

---

❶ N为统计值。余图同理。

❷ K_i为可支配置阈值,$i=1,2,3$。余图同理。

❸ 96指一天的负荷总条数。余图同理。

大于量程，且当日出现次数占比超出正常范围，则判定为电流过流，结合计量异常，识别出由于电能表实际运行电流超过额定电流导致的台区线损异常。电流过流判断流程如图15-14所示。

9.分相反向走字

通过对电能表负荷数据计算分析，计算出A、B、C三相反向有功电量，若满足任意一相大于正常范围，且反向有功电量大于同一相位正向有功电量，则判断为分相反向走字，结合计量异常，识别出由于电能表任意一相电流存在反向走字导致的台区线损异常。分相反向走字判断流程如图15-15所示。

10.台区总表滑轨

通过对比透抄台区总表零点日冻结正向有功总示值与采集系统上报的零点日冻结正向有功总示值，来判断台区总表是否滑轨。若台区总表冻结值与终端采集上报值不一致，则判断为滑轨，结合计量异常，识别出由于台区总表日冻结与采集日获取冻结不一致导致的台区线损异常。台区总表滑轨判断流程如图

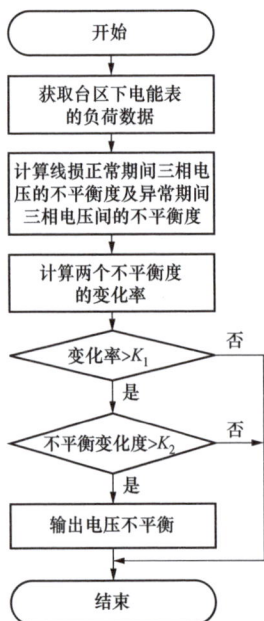

图15-13　电压不平衡判断流程

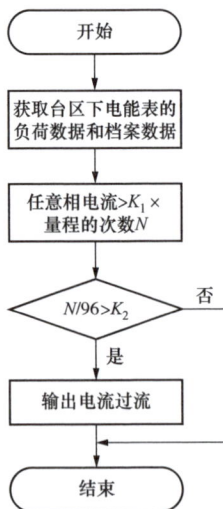

图15-14　电流过流判断流程

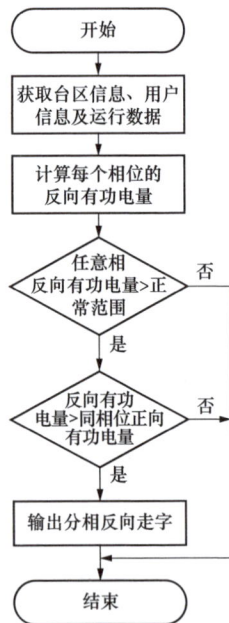

图15-15　分相反向走字判断流程

15-16所示。

11.电流失流

根据历史电流数据以及用户用电习惯，通过MK突变监测模型识别出电流锐减的突变点，根据电能表开盖事件记录排除电能表开盖窃电异常，再判断是否存在A、B、C三相任意相电流发生突变的情况，结合计量异常，识别出A、B、C三相任意相电流发生骤降导致出现计量误差而产生的台区线损异常情况。电流失流判断流程如图15-17所示。

12.电流不平衡

通过相关性识别模型，计算线损正常时期以及异常当日三相电流比值，若对比比值变化率超过正常范围，且三相电流不平衡度大于限定值，则判断为电流不平衡，结合计量异常，识别出电能表运行过程中，出现A、B、C三相之间电流波动不平衡、负荷电流相差过大而导致的台区线损异常。电流不平衡判断流程如图15-18所示。

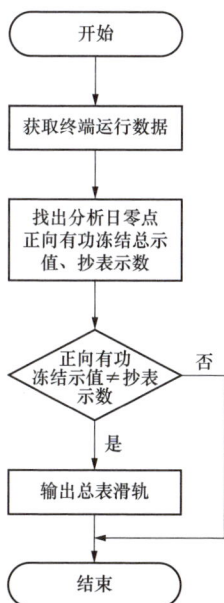

图15-16　台区总表滑轨判断流程

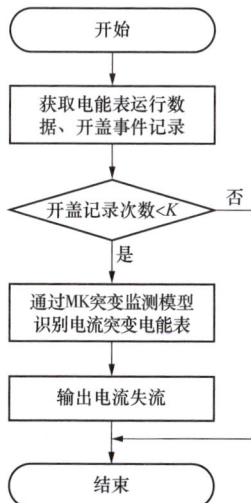

图15-17　电流失流判断流程

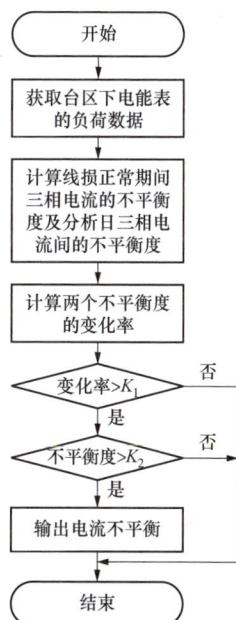

图15-18　电流不平衡判断流程

13.反向电量异常

通过筛选非光伏存在反向电量，判断出用户反向电量异常；通过筛选台区下光伏用户上网电量之和小于台区总表的反向电量，判断台区总表反向电量异常；通过筛选台区下光伏用户发电表计量点电量小于上网表计量点电量，判断上网计量点异常。结合上述异常和计量异常，识别出台区下用户反向电量异常导致的台区线损异常。反向电量异常判断流程如图15-19所示。

14.时钟异常

通过比对电能表运行时钟与采集任务下发时间，若判断出实际用电时刻与电能表日冻结数据时刻存在误差，结合计量异常，识别出时钟异常导致的台区线损异常。

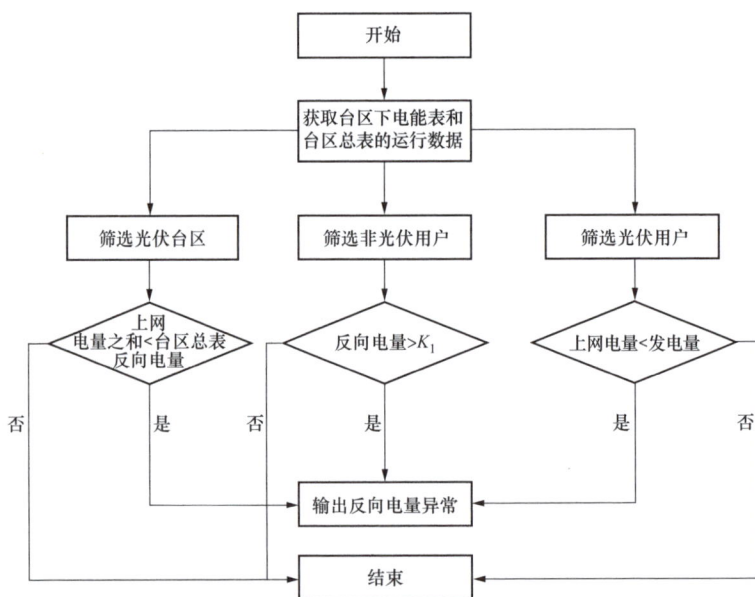

图15-19　反向电量异常判断流程

15.计量误差较大

通过调用计量专业失准模型计算结果，判断电能表计量误差较大的情况，识别出电能表计量误差较大导致的台区线损异常。

16.电能表接线异常

通过调用反窃电专业的模型识别规则，识别电能表电流计量值的正负情况与实际值不符，以此判断是否为电流反接；识别计算电能表电压和电流是否存在相位差，以此判断是否为电压电流不同相；通过计算电能表A、B、C三相各相电压之间的相位差异是否超出正常范围，以此判断是否为相位角异常。结合上述异常与计量异常模型输出结果，识别出电流反接、电压电流不同相、相位角异常类错接线导致的台区线损异常。电能表接线异常判断流程如图15-20所示。

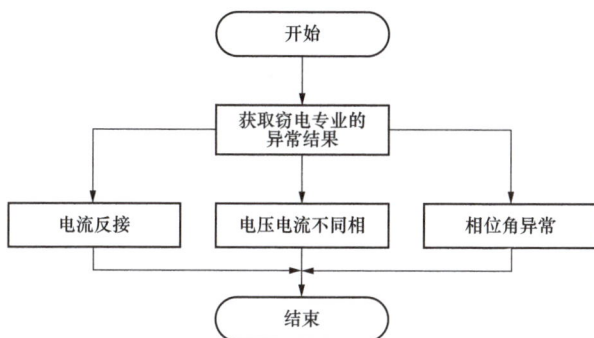

图15-20 电能表接线异常判断流程

三、采集类异常诊断模型

构建采集类异常诊断模型，对采集缺失、负荷缺失等导致的计算线损异常进行诊断，采集类异常诊断模型的主要目标是识别由于采集装置和通信问题导致采集的电量数据异常，包括数据不正确或数据缺失等情况，识别突变、缺失、波动的电量数据。基于用户的历史用电数据、用电习惯对用户进行归类分析，在此基础上结合采集电量预测模型，对异常数据进行估算与量化分析，确认异常用户，并输出采集类异常诊断结果。对系统内由于采集因素导致的线损异常情况进行归纳总结，并依托大数据算法实现采集类因素的诊断分析。采集类异常诊断模型包含：抄表采集缺失、抄表时间滞后、负荷数据采集缺失共计三项模型。

1.抄表采集缺失

通过对电能表正向有功总数据、停/上电事件数据分析，判断是否存在未上报停、上电事件，且正向/反向有功总示值是否为空值，结合采集异常模型结果，识别出由于电能表正向有功总起度或总止度采集数据为空而引起的台区线损计算异常。抄表采集缺失判断流程如图15-21所示。

2. 抄表时间滞后

通过对电能表抄表数据入库时间进行分析，将抄表时间以及入库时间进行对比，通过判断抄表时间是否超过 15：00，或入库时间是否晚于抄表时间 2h，识别由于抄表入库时间滞后导致的台区线损异常情况。抄表时间滞后判断流程如图 15-22 所示。

3. 负荷数据采集缺失

通过统计分析日用户电能表负荷数据的记录数，对电能表负荷数据进行透抄，若记录数小于正常范围或者透抄负荷数据为空，则判断负荷数据采集缺失引起的理论线损计算异常。负荷数据采集缺失流程如图 15-23 所示。

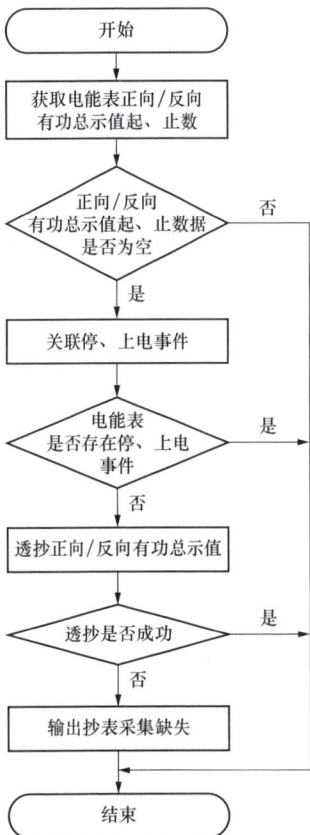

图 15-21　抄表采集缺失判断流程

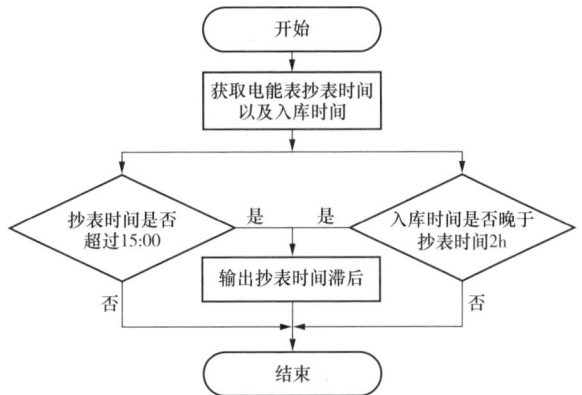

图 15-22　抄表时间滞后判断流程

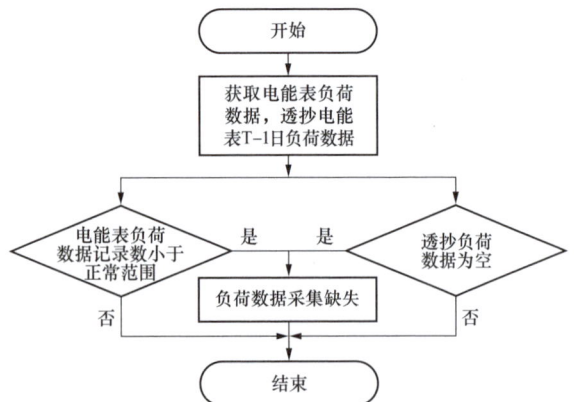

图 15-23　负荷数据采集缺失流程

四、用电类异常诊断模型

用电类异常诊断模型对有窃电嫌疑用户与线损电量的关联关系进行诊断，通过基于反窃电系统对现有的计量自动化系统和营销系统实时数据进行监测，通过获取反窃电系统中的异常用电事件及异常数据（如线损、电流、电压、功率因数）等多维度的实时数据，结合异常用电用户的用电特征，对用户进行异常分析诊断，最终输出用电类异常诊断结果。用电类异常诊断模型包含：表前接线、电能表运行误差诊断中性线与相线错位、电量波动与线损强相关性分析、其他窃电、光伏夜间发电、费率时段异常共计六项模型。

1.错接线异常

通过调用反窃电系统生成的错接线异常，结合线损电量波动情况，判断用户疑似存在表前用电行为，识别出存在疑似表前接电导致的台区线损异常。

2.中性线与相线错位

通过核算中性线与相线电流均值并计算电流平衡度，进行电流均值分析，判断出中性线电流显著大于相线电流，识别出疑似中性线与相线错接导致的台区线损异常。

3.电量波动与线损强相关性分析

通过大数据分析用户电量变化和线损变化情况，计算用户用电量与台区线损电量相关性，判断出用户电量波动与线损强相关情况，识别出未被其他异常识别但是电量波动与台区线损强相关导致的台区线损异常。

4.其他窃电

通过计算台区线损率和用户用电量的相关系数，剔除台区线损电量与用户电量存在强相关的台区后，在一定时间范围内，台区用电量无明显变化，但由于台区总表电流和台区线损电量皆呈上升趋势，则判断为台区存在无表窃电行为。

5.光伏夜间发电

通过筛选夜间存在发电量且发电量大于一定值的光伏用户，则判定为光伏夜间发电，识别出由于光伏用户电能表夜间存在发电行为导致的台区线损异常。

6.费率时段异常

通过分析用户在各费率时段的用电行为，并与分析日当日数据进行拟合，若尖峰平谷各时间段内存在用电量突变，且变化趋势相反，则判定为费率时段异常，识别出电能表费率时段异常导致的分时段台区线损异常。

五、技术因素类异常诊断模型

技术因素类异常诊断模型通过分析台区下设备的性能、规格、安装、运行管理等方面的数据，对导致线损异常的技术因素进行诊断，最终输出技术因素类诊断结果。技术因素类异常诊断模型包含：用户侧功率因数低、台区光伏倒送电量大、供电半径过大、末端低电压、三相负荷不平衡共计五个模型。

1.用户侧功率因数低

通过获取用户电能表功率因数数据，判断用户侧功率因数是否低于正常值，识别用户侧功率因数低引起的无功损耗过高和导致的台区线损异常。

2.台区光伏倒送电量大

通过计算光伏用户发电量情况在台区总表反向电量中的占比，利用光伏上网电流识别模型，判断台区光伏倒送电流是否过大且无法就地消纳，识别出由于台区光伏倒送电量大导致的台区线损异常。

3.供电半径过大

通过获取PMS系统中的供电半径数据，判断供电半径是否超过合理值，识别出因供电半径过大导致的台区线损异常。

4.末端低电压

通过计算用户用电量占台区供电量的比例，计算用户电压与台区总表电压的差值，若用户与台区总表电压差值大，且用户电量占台区供电量比例大，则判断为末端低电压用户，识别出由于末端电压导致的台区线损异常。末端低电压流程如图15-24所示。

5.三相负荷不平衡

计算电能表三相电流平衡度，若电流平衡度超过正常范围，则判断为三相负荷配置不合理引起中性点偏移，识别出由于三相负荷不平衡导致的台区线损异常。三相负荷不平衡流程如图15-25所示。

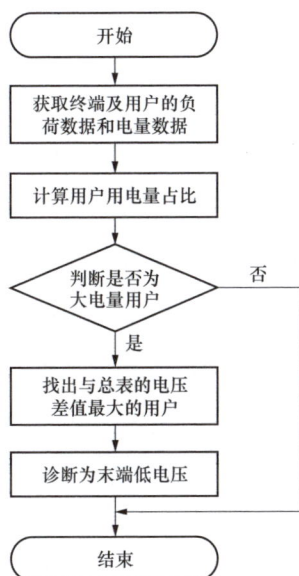

```
                    开始

          获取终端及用户的负
          荷数据和电量数据

          计算用户用电量占比

          判断是否为          否
          大电量用户  ────────┐
                是           │
          找出与总表的电压      │
          差值最大的用户       │
                            │
          诊断为末端低电压      │
                ←───────────┘
                    结束
```

图15-24　末端低电压流程

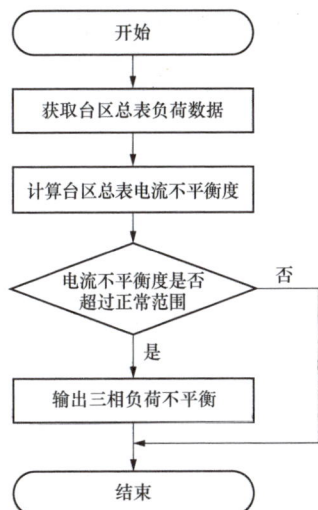

```
                    开始

          获取台区总表负荷数据

          计算台区总表电流不平衡度

          电流不平衡度是否      否
          超过正常范围  ───────┐
                是           │
          输出三相负荷不平衡     │
                ←───────────┘
                    结束
```

图15-25　三相负荷不平衡流程

第三节　智能诊断报告应用

一、台区诊断报告

台区诊断报告，作为采集系统智能诊断报告模块的核心内容之一，主要用于输出台区线损智能诊断结果，为处置人员提供详细的台区历史以来的异常分析以及当前线损异常的诊断报告。由诊断结果、主因分析、台区历史和管理日志四个模块组成，实现台区智能诊断结果明细、台区线损主因分析过程、台区历史事件记录以及台区管理日志等详细信息的展示，支持台区诊断报告的导出应用。通过台区诊断报告，辅助基层人员完成台区线损异常精准定位，指导台区线损治理工作针对性开展。台区诊断报告模块如图15-26所示，台区诊断报告导出如图15-27所示。

诊断结果模块主要展示台区的基础档案信息、智能诊断的分析过程及结果、供/用电侧异常以及台区线损数据分析，通过诊断结果模块，可直接获取台区线损异常主因，定位异常发生侧，锁定造成台区线损异常的具体用户。当对诊断结果存有疑问时，也可利用台区线损分析曲线进行初步分析，通过人工诊断入

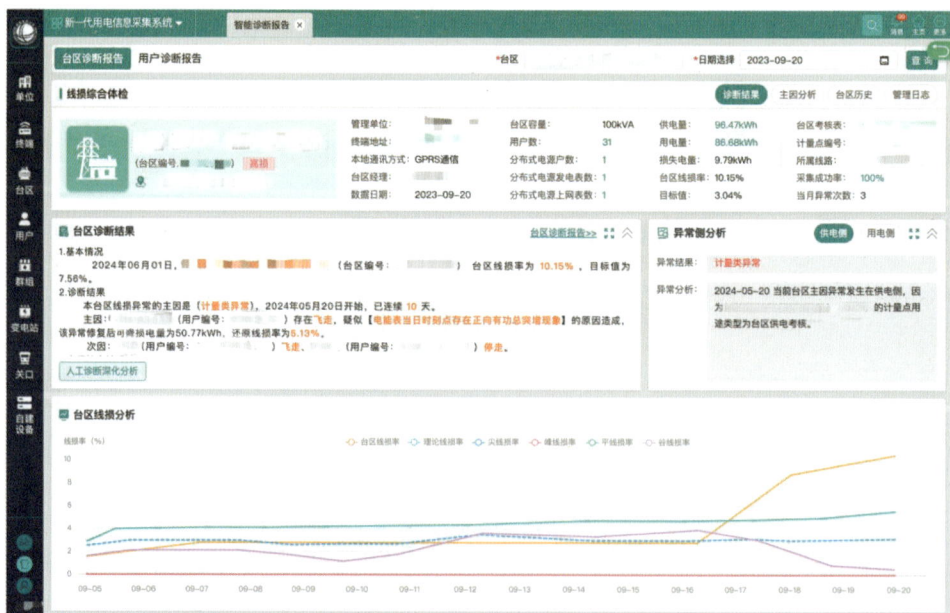

图15-26　台区诊断报告模块

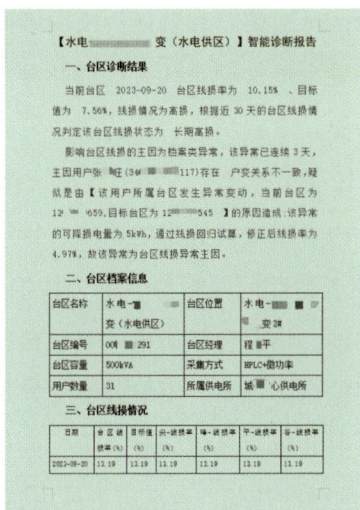

图15-27　台区诊断报告导出

口获取线损相关的详细数据进行深入分析。

主因分析模块主要展示异常智能诊断分析详情、台区诊断主因及对应降损方案、各类异常明细（包括异常用户、表记信息、持续时间等信息），通过主因分析模块了解智能诊断分析过程，查看台区线损异常明细及台区降损治理方案，开展台区线损治理工作。主因分析模块如图15-28所示。

图15-28　主因分析模块

台区历史模块包括台区历史信息和台区历史明细两个部分：台区历史信息汇总了台区自投运以来的重大事件记录和智能诊断异常结果等关键信息，线损管理人员通过查看台区历史，掌握所选台区的历史发生事件和历史智能诊断结果信息，宏观分析台区的长期运行状态，帮助线损管理人员识别台区发展趋势；台区历史明细记录了台区内每项线损异常的原因、持续时间、处理措施等详细信息，提供微观视角，便于追踪问题根源，助力线损管理人员迅速定位问题，发现台区潜在的规律性问题。结合台区历史信息和台区历史明细，线损管理人员能够获得从宏观到微观的全面视角，不仅能够更好地理解台区的整体表现和发展趋势，也能够精准掌握并解决具体问题，为台区线损智能化管理、预测性维护和决策支持提供丰富的数据基础，台区历史模块如图15-29所示。

图15-29　台区历史模块

管理日志模块主要是对台区运维及管理活动进行记录和跟踪，包括台区管理日志和台区日志历史两个部分，共同确保了台区管理活动的透明度、可追溯性和高效性。台区管理日志为线损管理人员提供台区管理信息手工录入工具，完成台区相关管理活动的记录创建、更新和保存等操作，同时线损管理人员可通过台区日志历史集中查看台区所有过往的管理日志记录及详细情况，通过使用台区管理日志模块，实现台区管理数据的积累和分析，能够有效提升台区运维的规范化和科学化水平，助力台区线损管理决策优化。管理日志模块如图15-30所示。

图15-30　管理日志模块

二、用户诊断报告

　　用户诊断报告，主要展示单用户的线损异常诊断结果数据并对异常数据进行分析汇总，直观展示历史状况。用户诊断报告的主要内容包括诊断结果、曲线分析、异常分析、用户历史及管理日志五个模块，通过对用户侧的电能损失情况进行深入分析和评估，实现用户智能诊断结果、电能及负荷数据变化趋势、用户线损异常明细、用户历史异常事件记录及管理日志等信息的可视化展示，同时支持以纸质报告的形式进行导出，方便线损管理人员查看以及备案。用户诊断报告旨在为线损管理人员提供一个全面、详细的用户异常诊断视图，帮助线损管理人员识别并解决线损问题，为线损管理人员开展用户异常溯源和治理工作提供参考方向。

　　诊断结果模块包括用户基础档案信息、用户诊断结果以及电量分析三个部分，通过诊断结果，可快速掌握用户存在的异常情况，同时提供用户历史电量变化趋势分析图表，直观展示用户异常与台区线损的关联性，帮助线损管理人员迅速获取用户异常分析和治理线损相关信息。诊断结果模块如图15-31所示。

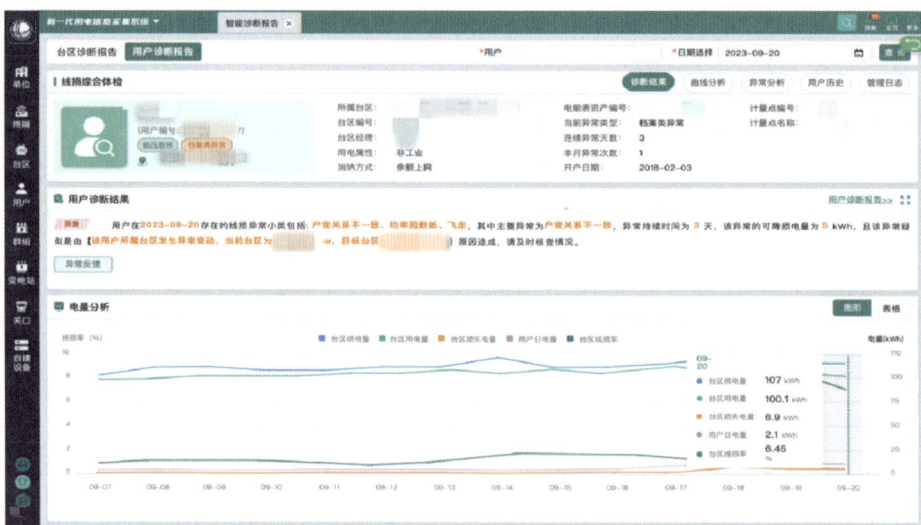

图 15-31　诊断结果模块

　　曲线分析模块主要是展示用户的负荷数据分析情况，通过收集用户电压数据、电流数据以及功率数据，生成对应的实时负荷变化曲线，线损管理人员通过查看负荷变化曲线以及具体明细数据，可以直观识别用户用电模式中的任何不规律或者异常行为，定位用户异常发生时段。曲线分析模块如图15-32所示。

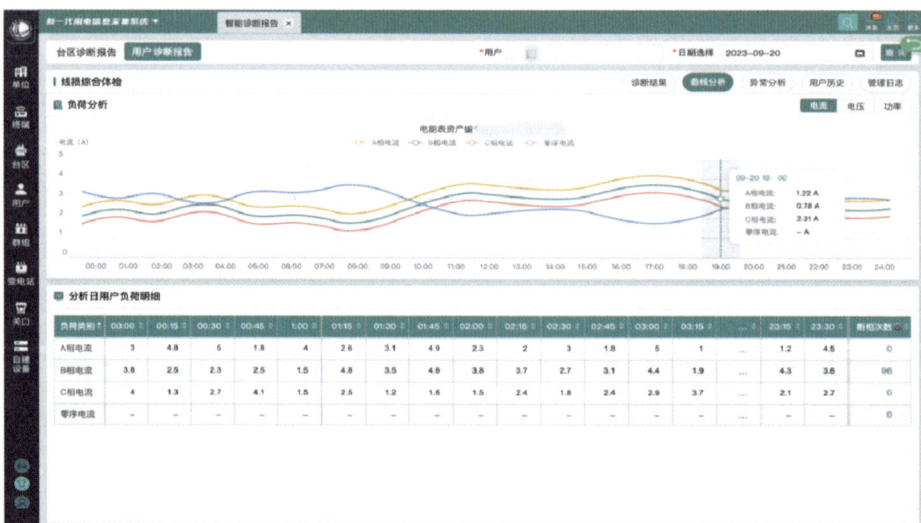

图 15-32　曲线分析模块

　　异常分析模块包括异常治理建议和用户异常分析两个部分，主要是基于智能诊断系统输出的结果数据，按照异常类型枚举用户存在的异常，通过异常描述、异常持续情况等异常特征信息，帮助线损管理人员准确把握用户的异常发生情况，并提出有针对性的用户异常治理建议，辅助线损管理人员开展线损治理工作。异常分析模块如图15-33所示。

图15-33　异常分析模块

　　用户历史模块主要是全面回顾并记录用户的过往重要事件及历次智能诊断结果，为后续的用户行为分析、需求预测及异常处理提供翔实的历史依据。用户历史信息通过整合时间序列数据，展现用户历史发生事件以及历史诊断结果，支撑线损管理人员对用户线损异常发生情况溯源分析。同时线损管理人员可通过用户历史明细查看用户异常的详细信息。用户历史模块如图15-34所示。

　　管理日志模块包括用户管理日志及用户日志历史两个部分。线损管理人员可通过用户管理日志实时记录用户侧线损管理工作信息。而用户日志历史则是通过整理前期人工录入的信息，展示台区运营与维护过程中的关键备注与操作细节，了解台区实时线损状态变化及台区经理的管理决策与跟进情况，为台区线损管理工作溯源分析提供数据支持。管理日志模块如图15-35所示。

图15-34　用户历史模块

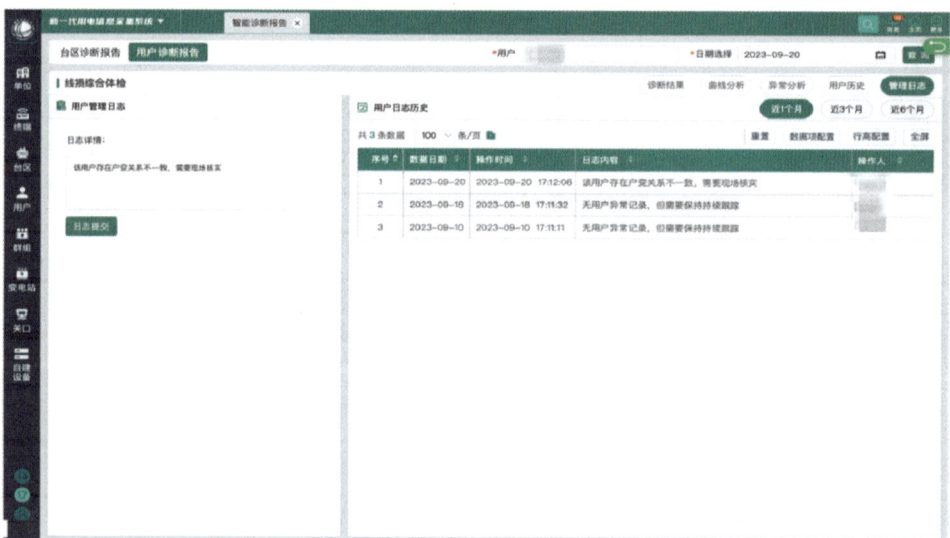

图15-35　管理日志模块

第十六章 排查治理

　　排查治理即工作人员深入现场检查并解决潜在的问题与隐患，此项工作需要根据人工分析和智能诊断成果确定排查内容和治理方法，确保线损问题治理有序高效。排查治理过程中工作人员不仅要精通专业技能，还要熟练使用各类安全工器具如安全帽、绝缘梯等，和辅助排查工具如钳形电流表、台区识别仪等，以提升排查效率，保证作业安全。在同类问题中提炼共性、总结经验，形成标准化、规范化的治理方法，构建起预防为主、综合治理的台区线损管理体系。

第一节　排查内容

　　台区线损现场排查应遵循源端—线路—用户的顺序，即先总表后分表，先主干后分支，并结合人工分析和智能诊断初步研判结果，按照可能性从高到低开展排查，确保从源头（如变压器、台区总表）逐级向下到各级分线、用户（分表、支线）均能细致检查，以实现有序和高效地识别并解决线损问题。排查流程如图16-1所示。

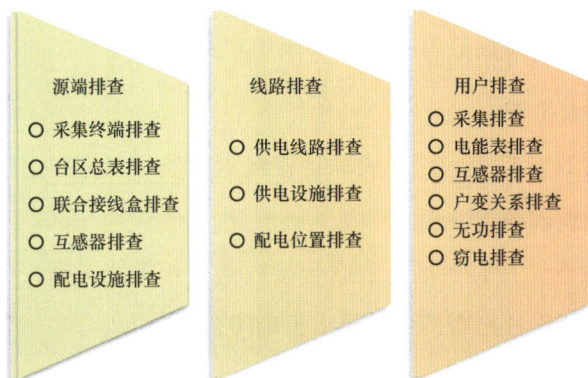

图16-1　排查流程

一、源端排查

1.采集终端排查

（1）外观检查。查看终端是否正常运行、三相电源是否正确接入；查看无线公网信号强度，如终端上行信号不良，适当调整天线或终端位置，保证信号强度。

（2）参数设置检查。查看终端时钟、终端地址、APN、区划码等档案信息设置是否正确；查看终端是否无档案或档案信息不全。

（3）硬件检查。查看通信模块是否供电稳定；无线通信模块及通信卡是否正常安装。

（4）接口检查。检查终端电压线、中性线是否存在虚接、松动等情况；查看和分析终端的日志记录，了解其运行过程中出现的各种事件和错误信息，以便找到问题根源。

（5）环境检查。检查终端周围是否存在电磁干扰、温度过高或过低等影响其正常工作的因素。

2.台区总表排查

（1）外观检查。检查台区总表是否存在外观破损、开裂或接线端子烧毁等情况；台区总表液晶显示屏上显示的时钟超差，台区总表实时电压数值、电流数值、电压电流相位角及功率因数是否显示异常或失准。

（2）接线检查。利用相位伏安表、钳形电流表检测是否存在计量装置故障、接线错误及接线不良等情况。

3.联合接线盒排查

（1）外观检查。检查台区总表联合接线盒螺丝是否存在虚接、锈蚀，外观是否有裂痕、烧毁现象。

（2）接线检查。检查台区总表联合接线盒是否接线正确，电压连片是否处于闭合状态，电流连片是否按计量要求正确闭合。

4.互感器排查

（1）外观检查。互感器外观是否有裂痕、烧毁现象。

（2）接线检测。对综合倍率进行仪器检测，核查现场测量数据、铭牌信息与系统是否一致，精度是否达到0.5S级；若是穿心式互感器则要核对穿心匝数与铭牌倍率匝数标识是否一致，确认与各系统综合倍率一致；对三相不平衡、失压、失流、断相、逆相序现象进行排查，检查是否存在超流运行、接线错误及接线不良等情况。

（3）环境检查。互感器周围环境是否存在大量灰尘、腐蚀性气体等可能影响互感器正常运行的因素。

5.配电设备排查

（1）核对台区总漏电保护器是否退出运行或未配置。可用钳形电流表测量台区低压进线（或出线）电缆（或变压器中性点接地扁铁）的电流，用大卡口钳形电流表直接卡在中性线上，若有电流则说明有漏电现象，造成高损。

（2）检查变压器中性点接地电阻是否合格，以防发生漏电会造成台区高损情况，同时还会造成台区计量箱、构架、接地极因接地电阻分压而带电，造成安全隐患。

（3）检查台区总表前是否存在跨越供电情况、地理位置相邻台区是否存在低压联络供电情况、台区是否存在漏电现象等，对影响线路的树木、拆迁后无负荷线路和老旧计量装置进行清除。

二、线路排查

1.供电线路排查

（1）外观检查。观察供电线路是否存在绞线、断线、接地等情况，检查供电线路绝缘层是否存在灼烧、风化破损等情况。

（2）测温检查。利用红外测温仪检查供电线路是否存在异常高温情况。

（3）环境检查。观察供电线路周围是否存在树障、鸟巢等影响供电安全的隐患。

（4）窃电检查。检查配电线路是否存在挂钩窃电等违约用电行为。

2.供电设施排查

（1）外观检查。检查杆塔部件是否有裂纹、开焊、绑线断裂或松动；检查水泥杆是否出现裂纹、脱落等现象；检查拉线及部件是否存在锈蚀、松弛、断股抽筋、张力分配不均等现象；检查杆塔及拉线的基础是否变异，周围土壤突起或沉陷等情况。

（2）安全检查。检查避雷器、避雷针等防雷装置和其他设备的连接、固定情况；检查地线、接地引下线、接地装置、连续接地线间的连接、固定以及锈蚀情况。

（3）现场检查。检查现场是否与临近台区存在互联互供现象。

3.配电位置排查

（1）线路走向检查。观察供电线路曲折程度是否符合要求，是否存在迂回供电等加大供电半径的现象。

（2）用户接入检查。观察用户接入供电网络的相别，是否存在三相接入不平衡的现象。

（3）配电位置检查。观察用户区域密集程度以及大用户位置，是否存在变压器不在负荷中心等现象。

三、用户排查

1.户变关系排查

（1）档案核对。借助营销系统、采集系统等的诊断结果，全面核对台区内用户档案资料，涵盖用户名称、地址、电能表编号等；通过用户与终端的挂接关系比对，排查疑似跨台区用户，并到现场进一步确认。

（2）现场核对。操作台区识别仪现场逐户校对电能表户变关系，将其与系统记录进行细致比对。认真核实用户电能表地址与台区的对应关系。台区识别仪识别户变关系如图16-2所示。

（3）线路走向。通过台区下分支供电线路排布，沿着供电线路进行深入排查，仔细查看线路的实际走向和连接情况，与台区规划进行认真对照。

2.用户电能表排查

（1）外观检查。检查电能表的外壳是否有明显的裂缝、破损或撞击痕迹，这可能会影响其内部结构和性能；检查封印是否完整且未被破坏，若封印缺失

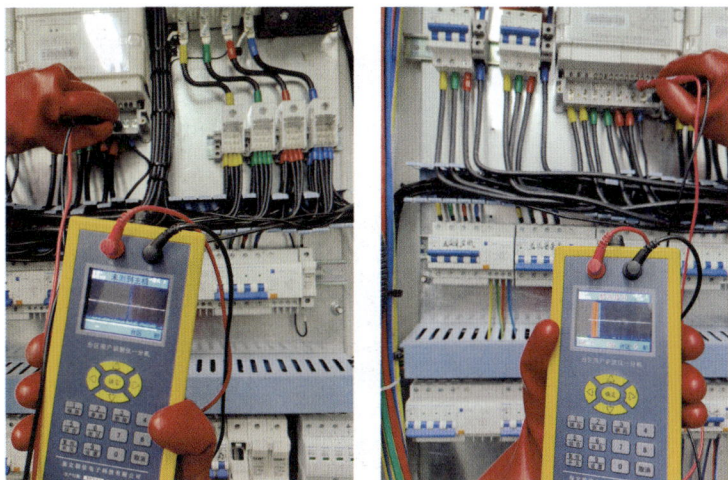

图 16-2 台区识别仪识别户变关系

或损坏意味着存在人为干扰的可能；观察表壳上的标识和铭牌是否清晰完整。

（2）接线检查。重点对系统有开盖记录、零度户或存在三相不平衡、失压、断相、逆相序的异常电能表进行核查。检查电压接线是否存在虚接，造成一相或多相无电压；检查电压电流线是否相序接反、电流电压不同相，进出线反接，电压回路、中性线是否虚接；检查电流互感器二次线经联合接线盒后，连片未按计量接线要求闭合，或电流回路有 U 型环等异常接线，造成人为分流等现象；检查邻近用户接线情况，确认是否存在重复计量。

（3）计量检查。利用钳形电流表、万用表分别测量电能表输入端的电压值和电流值，查看电压是否在正常的额定范围内波动，电流值是否符合实际负载情况，有无异常偏高或偏低的现象；结合已知的电压和电流数据进行计算验证，检查电能表计量功能是否正常。

（4）精度检查。利用电能表校验仪校验电能表实际误差是否在允许的误差范围内。电能表校验仪如图 16-3 所示。

（5）显示检查。检查电能表显示屏显示的数字、字符是否清晰完整，是否存在缺失、模糊或闪烁的情况；检查各项数据是否能正常切换和显示，如电量、电压、电流等不同参数的显示是否正常；检查电能表时钟是否与主站时间一致；检查电能表错误代码情况。错误代码对照表如表 16-1 所示。

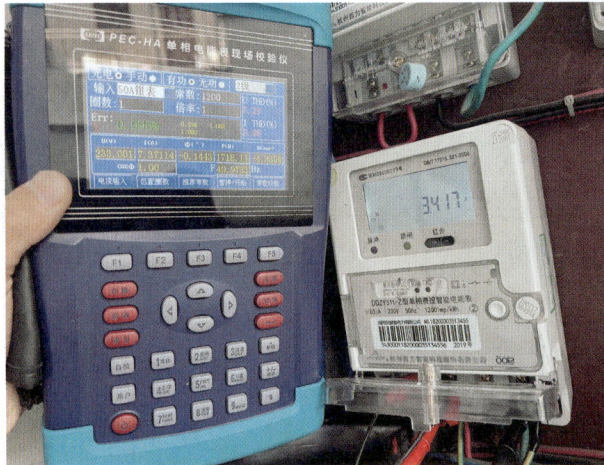

图16-3　电能表校验仪

表16-1　　　　　　　　　　　错误代码对照表

错误代码	错误类型
Err-01	控制回路错误
Err-02	ESAM错误
Err-04	时钟电池电压低
Err-06	存储器故障或损坏
Err-51	过载（1.2I_{max} 60S）
Err-56	有功电能方向改变
Err-52	电流严重不平衡（90% 60S）
Err-53	过压（1.2U_n 60S）
Err-54	功率因数超限（0.3 60S）

（6）环境检查。电能表周围是否存在强磁场源，如大型变压器、电动机等，强磁场可能会干扰电能表的正常工作；检查环境温度和湿度是否在电能表允许的范围内，过高或过低的温度湿度都可能会影响其性能和寿命。

3.互感器排查

（1）外观检查。检查互感器接线是否正常、互感器外观是否有裂痕、烧毁现象。

（2）接线检测。对综合倍率进行仪器检测，核查现场测量数据、铭牌、系统是否一致、精度是否达到0.5S级；若是穿心式互感器则要核对穿心匝数与铭牌倍率匝数标识是否一致，确认与各系统综合倍率一致；对三相不平衡、失压、失流、断相、逆相序现象进行排查，是否存在超流运行、接线错误及接线不良等情况。

（3）环境检查。互感器周围环境是否存在大量灰尘、腐蚀性气体等可能影响互感器正常运行的因素。

4.无功排查

（1）电能表核对。检查电能表功率因数示数是否低于0.8或高于0.98。

（2）现场核对。检查用户有无无功补偿装置，若有无功补偿装置则看有无随电动机开关同步的投切退出装置，无功补偿装置外观有无鼓包或漏油等异常。

5.窃电排查

通过仪器检查法，如利用电流表、电压表、相位表、电能表现场校验仪、倍率测试仪、台区线损分析仪等进行检查；采用直观检查法，如问、闻、视、听，着重痕迹检查（封印、封签、胶印、外壳、视窗等）；通过同型号电能表称重等方式进行检查，具体可见第七章窃电防治相关内容。

第二节　排查工具

经过台区异常问题的分析和诊断后，工作人员需要到现场开展排查确认具体原因和相关取证，其中工器具作为保障生命安全和辅助排查的重要一环，正确掌握使用方法是工作人员的必备技能。台区现场排查的工器具分为安全工器具和检查工器具。

一、安全工器具

安全工器具作为防止触电、灼伤、坠落、摔跌等事故和保障工作人员人身安全的各种专用工具和器具，在现场排查工作中起着至关重要的作用。安全工器具及用法简介如表16-2所示。

表16-2 安全工器具及用法简介

适用专业	器具名称	用法简介	器具图示
营销类各种现场作业	安全帽	保护头部防止高空坠物或物体打击的伤害，任何人员开展现场排查工作前必须正确佩戴安全帽，将帽箍扣调整到合适的位置，锁紧下颚带，防止工作中前倾后仰或其他原因造成滑落	
	绝缘手套	绝缘手套可使人的手部与带电物绝缘，防止工作人员同时触及不同极性带电体而导致触电，绝缘手套在使用前必须进行充气检验，发现有任何破损则不能使用。外观检查时如发现有发黏、裂纹、破口（漏气）、气泡、发脆等损坏时禁止使用。进行台区排查时应戴绝缘手套，同时务必将上衣袖口套入绝缘手套筒口内	
	护目镜	防止电器炸裂及其他飞溅物造成眼睛伤害，在进行台区排查时应正确佩戴护目镜	
	绝缘梯	一种供人上下移动的安全防护工具，是登高作业常用的工具。绝缘梯使用前应观察梯子外观、零配件等是否存在裂纹、严重的磨损及影响安全的损伤。梯子应放置稳固，梯脚要有防滑装置。使用前，应先进行试登，确认可靠后方可使用。有人员在梯子上工作时，梯子应有人扶持和监护。梯子与地面的夹角应为60°左右，工作人员必须在距梯顶1m以下的梯蹬上工作。靠在管子上、导线上使用梯子时，其上端需用挂钩挂住或用绳索绑牢。在通道上使用梯子时，应设监护人或设置临时围栏。梯子不准放在门前使用，必要时采取防止门突然开启的措施。严禁人在梯子上时移动梯子，严禁上下抛递工具、材料。搬动梯子时，应放倒两人搬运，并与带电部分保持安全距离	

二、检查工器具

检查工器具作为辅助排查、识别、测量现场设备精度，定位异常原因的工具，是现场排查工作不可或缺的一部分。检查工器具及用法简介如表16-3所示。

表16-3   检查工器具及用法简介

适用专业	器具名称	用法简介	器具图示
营销类各种 现场作业	现场作业 终端	在现场作业终端上登录相关APP，接收内网传输过来的工单数据，并根据工单提示，通过现场作业终端，与现场计量设备通过红外、RS-485线等途径开展信息数据交互，完成各类营销现场作业操作	
	验电笔	验电笔使用前应用清洁的干布擦拭干净，使表面干燥、清洁，并采取三步验电法确认验电笔良好。用验电笔验电时，操作人员应保持操作稳定，不能将笔端同时接触被测的两线，以免因误碰、误触而造成短路伤人。 （1）直接测量法：验电笔的探头直接接触被测物来判断是否带电。 （2）感应测量法：验电笔的探头接近但不接触被测物，利用电压感应判断被测物是否带电	
	钳形电流表	测量前先估计被测电流大小，选择合适的量程，测量时钳形电流表的钳口应紧密闭合	
	万用表	（1）测量电压：开关旋至电压挡，并选择合适量程，注意万用表并联在被测线路上。 （2）测量电流：开关旋至电流挡，并选择合适量程，注意万用表串联在被测线路上。 （3）测量电阻：开关旋至欧姆挡，电笔并联在电阻的两端。测量电阻时，被测电阻不能处在带电状态	
	强光电筒	用于排查人员夜间工作照明	
	供电服务 记录仪	打开供电服务记录仪开关键，根据需求点击录音键、拍照键、摄像键	
计量专业校 验、检测	互感器变比 测试仪	分别在电流互感器的一次侧、二次侧测量电流，掌机会计算电流互感器实际变比。表前表后电流测试方法一致	

适用专业	器具名称	用法简介	器具图示
计量专业校验、检测	单、三相表校验仪	接入电能表计量回路，测量各类计量参数，判断电能表计量是否准确	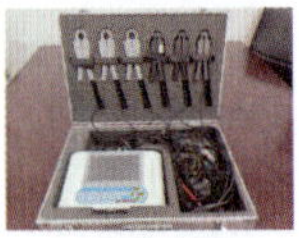
	相位伏安表	通过相位伏安表测量电能表数据，可以辅助发现电能表接线错误	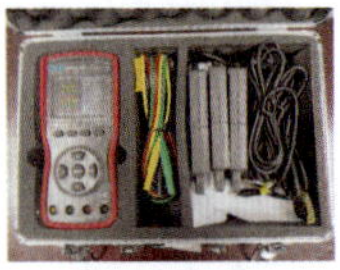
反窃电检查	反窃电掌机	输入实测进线电流，掌机可显示窃电判断，超过60分即判断为疑似窃电	
	无人机	用于快速巡线确定故障点	
线损分析、治理	台区识别仪	一只安装在台区总表处，一只安装在分表处，发送信号检测是否接收到，确定是否同属一个配变下	
	台区线路分支识别仪	主、分机形式，采用低频数据通信技术进行结果判定，6秒内识别台区属性及相别，测量电压、电流等各种电参数，具备相序判别、谐波及向量图显示，传输距离3km以上，通过WIFI与手机连接，进行数据上传	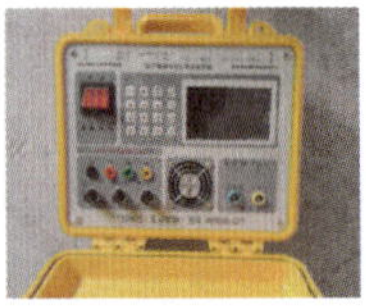
	台区末端感知单元	通过电流电压互感器实时监测，实现电流电压越限上报、低电压主动预警、台区三相不平衡治理，窃电行为可自动分析主动判断，设备从属关系可自动生成，台区故障可精准定位	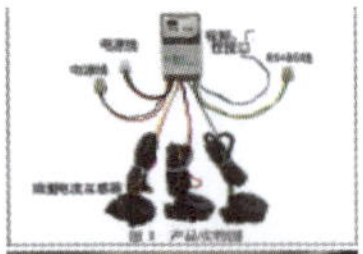 

续表

适用专业	器具名称	用法简介	器具图示
线损分析、治理	现场检查仪	将设备连接线分别接入电流互感器一次侧P1/P2A端主线母排上用于输出电源信号；设备直接连接在电能表侧（电流回路串联计量二次回路，电压并联到电能表）可形成模拟计量回路，进行测试，获取数据，一般用于新建台区竣工投运前判断二次回路接线和互感器变比的正确性	
	台区智能管理单元	直连台区采集终端，针对疑似电能表进行多维度、高频次的及时计算与分析，弥补后端数据不全、不及时等问题，实现端边云一体化的异常诊断模式，可有效提升对户变关系、异常用电、计量异常等识别的准确性	
	台区线损综合分析仪	6路输入，3路电压，3路电流，支持三相四线和三相三线接线方式，实时同屏显示电压和电流有效值、相位、频率、功率、功率因数等参数，测量结果以向量图、幅值、相位、一次等多种方式显示	
	低压台区智能管理终端	通过RS-485接口与台区采集终端连接，读取电能表事件信息以及电压、电流数值，判断计量接线错误、窃电等情况，还可以采取短时停电，依据上电时间核查户变关系	
设备专业线路检查、检测	漏电检测仪	夹在整个回路上，显示为零则无漏电，显示电流值，则存在漏电	
	电缆寻踪仪	电缆寻踪仪通过发射信号、检测电磁场分布及利用信号反射，实现了对地下电缆路径的追踪和故障定位，广泛应用于电力、通信等领域的电缆维护工作	

第三节　治理方法

台区异常主要分为高损、负损两种状态，而造成台区异常状态的常见因素一般分为档案、采集、计量、技术、用电检查五个方面。经过系统和现场排查诊断定位台区异常因素后，工作人员应立即开展针对性治理，及时消除故障影响，恢复台区正常运行。

一、高损常见故障类别及原因

（1）档案类高损常见故障及原因如表16-4所示。

表16-4　　　　　　　　　档案类高损常见故障及原因

故障现象	故障原因
户变关系不一致	现场户变关系变更而系统未同步变更；营销或采集系统台区下档案信息与现场不一致；营销系统档案用户数量与现场实际用户数量不相符；电网资源管理微应用挂接计量箱错误、营配调异动接口未启用
用户电流互感器档案倍率与现场不一致	现场业务变更后业务人员数据录入不及时或不准确，造成营销系统数据与现场不一致
用户计量点档案与现场不一致	计量点变更时，营销系统中未及时完成业务流程流转，无法及时更正用户计量点状态，造成用户信息采集失败；用户报装容量与现场不一致，用电量超过协议约定容量，导致线损异常
台区未安装总表或台区下无用户电能表档案，造成系统无法建模计算线损	公变台区改造完成后未及时完成关口表安装及低压用户档案调整
无表用电电量未统计	（1）居民公用区域零散设备无表用电，如广电及通信运营商设备、小区监控及公用照明、小型商业服务设施等。 （2）社会公共区域零散设备无表用电，如治安监控、交通信号及违章监控、零散路灯等。 （3）临时性、突发性社会活动短时用电无表，如抢险救灾、社会突发事件等紧急短时用电等
流程归档不同步	新建台区营销系统归档时间与现场情况不一致，而现场用户未及时投运或投运后未建立采集关系，造成线损不可计算；营销系统档案信息变更后，采集系统调试工单未按时归档，造成供电量计入台区总表，但用电量未统计

续表

故障现象	故障原因
光伏发电用户档案设置错误	光伏发电用户档案设置错误；业务流程中将计量点分类和主用途类型选错

（2）采集类高损常见故障及原因如表16-5所示。

表16-5　　　　　　　　采集类高损常见故障及原因

故障现象	故障原因
终端离线	终端因停电，运营商网络信号差，参数设置错误，通信卡欠费、丢失或故障等原因造成终端离线，导致采集失败
数据采集失败，但透抄电能表实时数据成功	电能表因终端任务错误、时钟错误、终端故障等原因造成采集失败
数据采集失败，且透抄电能表实时数据失败	电能表因终端参数设置错误或未下发、终端任务设置错误或未下发、载波模块故障等原因造成采集失败
电能示值冻结异常	电能表日期紊乱，数据冻结错误；采集入库数据不是冻结数；集中器与电能表下行通信通道信号不良；集中器参数下发错误；集中器版本过低使用时间过长或所带用户过多，导致数据紊乱
台区跨零点停电	台区或台区所在线路检修停电时间在零点左右，与电能表冻结时间、集中器抄表时间重合；台区供电设施在零点左右故障

（3）计量类高损常见故障及原因如表16-6所示。

表16-6　　　　　　　　计量类高损常见故障及原因

故障现象	故障原因
电能表电压连片未按规范连接	装表接电人员业务不熟悉，现场验收人员验收把关不严造成电能表电压连片未闭合或松动
电能表错接线	装表接电人员业务不熟悉，现场验收人员验收把关不严造成电能表电流回路进出线接反
电能表电流、电压相别不一致	装表接电人员业务不熟悉，现场验收人员验收把关不严造成接入电能表同一组计量元件的电流、电压来自不同相别引起电能表不计量或少计量
用户侧计量装置故障	用户电能表、互感器等计量装置因外力或自身损坏等原因出现故障，如发生电能表飞走、停走、失压、计量超差等情况，导致台区高损；电能表因电压、电流计量等超过电能表基本误差限导致计量失准

续表

故障现象	故障原因
电流互感器二次回路进出线接反	装表接电人员业务不熟悉，现场验收人员验收把关不严造成电流互感器二次回路进出线接反
电流互感器损坏	设备运行时间过长、自身质量不达标、匝间短路等造成电流互感器故障、开裂、烧毁
电能表超流运行	用户超容量用电或互感器配置不合理等造成电流互感器二次回路负荷超过额定负荷
电流互感器实际变比与标称铭牌不符	工程验收把关不严或系统录入错误造成现场电流互感器一、二次回路测得的电流明显与标称铭牌不相符合
电流互感器配置不合理	互感器配置不合理、季节性用电、小电量轻载台区等造成电流互感器倍率过大，导致二次回路电流小于电能表启动电流，无法正确计量
用户侧联合接线盒连片异常	装表接电人员业务不熟悉，工作不认真，验收把关不严造成联合接线盒电流、电压回路连片位置错误、松动或脱落引起电能表失流、失压；螺丝压接式连接点导线绝缘层未完全剥除，导致螺丝与导体接触不良，引起过热造成计量偏差
分布式电源计量接线错误	装表接电人员业务技能不足，未按接线要求规范接线造成上网电量与自用电量计反
电压回路中性线异常	新建台区验收把关不严或线路老化造成电压回路中性线断开或中性线电阻过大，引起计量电压偏差

（4）技术类高损常见故障及原因如表16-7所示。

表16-7　　　　　　　　技术类高损常见故障及原因

故障现象	故障原因
台区供电区域供电半径过大	个别台区用户过于分散，以及农业用电持续延伸，造成台区供电半径过大，电压降过大
配变位置不合理	台区新建时未考虑到用电负荷情况，导致配电变压器未在负荷中心，或配电出线存在迂回供电等情况
低压线路导线线径过细	台区设计建设标准低、投运时间长、线路老化改造进度慢，跟不上台区用户负荷增长需要造成低压线路导线线径过细，不满足正常负荷载流量的要求，引起导线发热，进而产生损耗
三相负荷不平衡	台区三相负荷分配不均匀或单相光伏过多形成三相负荷不平衡现象，导致出现较大零序电流，产生额外损耗，从而造成台区高损

故障现象	故障原因
功率因数低	用户侧无功补偿不足、设备老化等需要从公网吸取无功电量，造成台区高损
台区供电设施老旧	台区供电设施使用多年未升级改造，绝缘能力减弱
台区末端光伏发电量较大	光伏发电量较大无法就地消纳，反送至变压器造成线路损耗增加
供电设施存在绞线、漏电等故障	因恶劣天气等原因造成台区线路发生绞线等故障，或因台区计量箱破损等隐患未消除发生漏电造成台区电量流失

（5）用电检查类高损常见故障及原因如表16-8所示。

表16-8　　　　　　用电检查类高损常见故障及原因

故障现象	故障原因
用户窃电	用户利用欠压窃电、欠流窃电、移相窃电、扩差窃电和无表窃电等方法窃电

二、负损常见故障类别及原因

（1）档案类负损常见故障及原因如表16-9所示。

表16-9　　　　　　档案类负损常见故障及原因

故障现象	故障原因
台区总表电流互感器档案倍率与现场不一致	由于营配业务数据存在于多个系统内，系统间尚未实现数据实时同步机制；现场业务变更后业务人员数据录入不及时或不准确，造成营销系统、采集系统间数据不一致，或系统与现场不一致
户变关系不一致	现场户变关系变更而系统未同步变更；档案信息更新滞后于现场变动；营销或采集系统台区下档案信息与现场不一致；营销系统档案用户数量与现场实际用户数量不相符；电网资源管理微应用挂接计量箱错误；营配调动接口未启用
光伏发电用户档案设置错误	光伏发电用户档案设置错误；业务流程中将计量点分类和主用途类型选错

（2）采集类负损常见故障及原因如表16-10所示。

表16-10   **采集类负损常见故障及原因**

故障现象	故障原因
采集失败用人工数据补全不合格	由于在采集系统中存在使用经验算法对未采集到的用户电能止度进行系统补全，补全过程中会发生补全数据大于现场数据的情况，导致台区负损
电能表时钟超差	在采集系统中召测电能表时钟，并与主站时间进行对比，若表现为供用电量冻结数据不同期、台区总表数据先于用户电能表数据冻结，则供电量少计，导致台区负损
光伏用户采集失败	光伏用户采集失败造成上网电量未纳入台区线损计算，则供电量少计，导致台区负损

（3）计量类负损常见故障及原因如表16-11所示。

表16-11   **计量类负损常见故障及原因**

故障现象	故障原因
台区总表计量装置故障	台区总表和互感器等计量装置故障或烧毁、台区总表电压略低于变压器低压侧电压（部分柱上变二次侧电压线直接压接在低压桩头，长时间铜铝过渡裸露运行造成接触电阻增大，台区总表电压低，此类问题较难发现）、失流失压断相、台区总表二次电流越限等原因造成台区总表少计供电量，导致台区负损
台区总表错接线	台区总表表前接线，台区总表三相电流线与电压线接线不同相、中性线公用、电流出线互串、三相电流互感器S2互连、电能表三相电流出线互连、电流极性接反、二次电压线虚接引起台区总表少计电量，导致台区负损
台区总表与集中器电流回路并接	装表接电人员业务不熟悉，现场验收人员验收把关不严造成电能表电流回路与集中器电流回路并接引起分流
台区内用户电量重复统计	现场接线错误导致用户电量重复统计，即用户A的出线为用户B的进线，导致用户B电量重复统计，造成台区负损
分布式电源用户计量错接线	光伏用户接线错误或未使用双向电能表以及光伏用户私自并网但未配置光伏模型，造成光伏上网电量无法参与线损计算，导致台区负损
用户侧计量装置故障	用户电能表、互感器等计量装置因外力或自身损坏等原因出现故障，如发生电能表倒走、电能表计量超差等情况，导致台区负损
台区总表侧互感器配置不合理	台区总表电流互感器根据变压器容量进行配置，但现场运行负荷达不到配置要求，计量回路电流低于电能表启动电流，采集系统中台区供电量少计，导致台区负损

续表

故障现象	故障原因
台区内用户受电点在台区总表之前	正常用户或临时用户在台区总表前接电，导致该部分供电量未计入台区总表，导致台区负损；人为干预线损指标，导致台区负损

（4）技术类负损常见故障及原因如表16-12所示。

表16-12　　　　　　　　**技术类负损常见故障及原因**

故障现象	故障原因
三相负荷不平衡	查看采集系统中的配变三相平衡情况，表现为统计期内台区总表某相电流超过额定值达到饱和状态或三相不平衡率远大于标准值（标准值为15%），导致台区负损
台区总表二次负载较大	现场检查台区总表，发现接线截面积小、装设位置不合理、连接节点松动等现象，引起采集系统台区供电量少计，导致台区负损
低载台区无功补偿过高	低载台区无功补偿过补全产生微弱的反向电流造成台区总表产生反向电量，因台区总表反向电量被统计为售电量，故会造成台区售电量异常增加引起台区小负损
电梯专用电能回馈器回送电量	现在大部分电梯配备具备节电回馈功能，电梯下降过程中会产生反向电流，引起总电能表入反向电量，售电量多计，导致台区负损
发电车保供电未经台区总表	当故障停电时，采取发电车发电临时供电保障居民正常用电，但因受限于现场发电线路未经过台区总表导致供电量缺失，引起台区负损

三、常见异常故障治理措施

（1）档案类因素常见故障及治理措施如表16-13所示。

表16-13　　　　　　　　**档案类因素常见故障及治理措施**

故障现象	治理措施
台区总表电流互感器档案倍率与现场不一致	组织开展现场参数核查，并依据现场参数对营销系统档案数据进行比对，对错误数据进行修改
用户电流互感器档案倍率与现场不一致	组织开展现场参数核查，并依据现场参数对营销系统档案数据进行比对，对错误数据进行修改

故障现象	治理措施
用户计量点档案与现场不一致	根据现场情况，发起计量点变更流程，并对在途销户流程按时完成流程流转
台区未安装总表或台区下无用户电能表档案，造成系统无法建模计算线损	对无台区总表的台区完成台区总表的安装，对未挂接低压用户的台区在电网资源管理微应用中完成台区用户的挂接，对不具备安装台区总表、挂接低压用户的台区进行停运处理，并在PMS中完成该台区的停运处理
无表用电电量未统计	（1）健全无表用电管理体系，抓好新装增容业务与变更业务现场勘查、供电方案编制及全流程管控，确保新装增容用户原则上全部装表计量。 （2）有序推动存量用户整改，综合制定存量无表用电用户改造计划，落实"一户一策"编制改造方案
户变关系不一致	通过使用台区识别仪、更换HPLC模块、加装智能感知设备等方法进行现场排查，依据排查结果完成电网资源管理微应用图形修正，并启用营配调异动接口，实现采集系统户变关系的更新
流程归档不同步	严格规范业务流程时限管理，在台区新建（变更）或台区下用户变更时，营销系统内业务流程要与现场工作同步进行，及时将变动信息完整归档
光伏发电用户档案设置错误	根据现场实际情况，及时变更光伏用户档案，在营销系统中全额上网用户的并网（发电）计量点分类和余电上网用户的并网计量点分类选择为发电上网关口，主用途类型选择为上网关口

（2）采集类因素常见故障及治理措施如表16-14所示。

表16-14   **采集类因素常见故障及治理措施**

故障现象	治理措施
终端离线	（1）若因停电引起终端离线，则需待供电恢复后跟踪终端在线情况。 （2）若因终端所属网络非正常运行离线，则联系相应运营商进行处理。 （3）若因终端外观出现黑屏、烧毁等现象，则更换终端；若终端电源未接入，需接入电源；若终端死机或拨号异常，则将终端重启上线。 （4）若因参数设置不正确，需正确设置参数。 （5）若因现场无线信号覆盖较差，则可考虑更换无线通信方案，若更换其他运营商通信模块后，信号强度仍不足，则需通过加装天线、信号放大器等方式，增强信号强度，或联系运营商寻求进一步解决。

故障现象	治理措施
终端离线	（6）若因终端无线通信模块及通信卡非正常安装离线，则需重新安装或更换模块；若模块针脚发生弯曲，直接更换模块；若通信卡丢失、损坏或接触不良，重新安装或更换通信卡。 （7）若因终端故障离线，终端远程通信模块接口输出电压值不在3.8～4.2V内，更换终端
数据采集失败，但透抄电能表实时数据成功	（1）若终端任务设置错误或未下发（低压采集点通常配置电能表日冻结任务，公、专变采集点还应配置电压、电流、功率曲线等任务），则需正确设置并重新下发。 （2）通过主站对时钟偏差在5分钟内的电能表进行远程校时，对时钟偏差超过5分钟的电能表进行现场校时。若校时仍不成功，则更换电能表，终端时钟偏差可通过主站远程校时。 （3）若终端故障，则升级或更换终端
电能示值冻结异常	（1）对日期错误的电能表进行现场或远程对时，对无法冻结数据的电能表进行更换。 （2）调整集中器抄表时间，或调整集中器抄表路由。对于户数较多的台区考虑增加集中器或采集器。 （3）更换电能表或载波模块。 （4）通过采集系统重新下发参数。 （5）对版本过低的集中器进行版本升级或更换集中器
数据采集失败，且透抄电能表实时数据失败	（1）若终端参数设置错误或未下发（包括表地址、波特率、通信规约、通信端口号、序号、用户大/小类号等），则需正确设置并重新下发。 （2）若终端任务设置错误或未下发（低压采集点通常配置电能表日冻结任务，公变采集点还应配置电压、电流、功率曲线等任务），则需正确设置并重新下发。 （3）若终端电源线存在缺相或虚接，则需正确连接电源线。 （4）若终端载波模块故障，则更换载波模块。 （5）通过主站对时钟偏差在5分钟内的电能表进行远程校时，对时钟偏差超过5分钟的电能表可进行现场校时。若校时仍不成功，则更换电能表，终端时钟偏差可通过主站远程校时。 （6）若终端故障，则升级或更换终端
台区跨零点停电	（1）统筹计划检修，避开零点整停电，推广带电作业。 （2）加强设备运维，减少故障停电。 （3）调整采集主站抄电计划，或在台区复电后及时安排数据补抄

（3）计量类因素常见故障及治理措施如表16-15所示。

表16-15　　　　　　　　计量类因素常见故障及治理措施

故障现象	治理措施
电能表电压连片未按规范连接	（1）下发营销计量装置故障流程，恢复电压连片连接状态。 （2）加强电能表校验及安装竣工验收管理，杜绝此类问题发生。 （3）加强日常计量现场巡视，解决存量异常。 （4）开展计量装置在线监测，及时发现故障并发起异常工单处置
电能表或台区总表错接线	（1）下发营销计量装置故障流程，对现场错误接线进行更正。 （2）利用采集系统开展用户投运前的线上诊断验收，杜绝此类问题发生。 （3）开展计量装置在线监测，及时发现此类故障并发起异常工单处置
台区总表与集中器电流回路并接	（1）下发营销计量装置故障流程，对现场错误接线进行更正，将原先的并联改为串联。 （2）加强日常计量现场巡视，解决存量异常。 （3）加强采集工程竣工验收管理，杜绝此类问题发生
电能表电流、电压相别对应错误	（1）下发营销计量装置故障流程，对现场错误接线进行更正。 （2）利用采集系统开展用户投运前的线上诊断验收，杜绝此类问题发生。 （3）加强计量装置在线监测，及时发现并解决存量异常
台区总表或用户侧计量装置故障	（1）下发营销计量装置故障流程，对故障电能表进行更换。 （2）加强计量装置在线监测，及时发现并解决存量异常。 （3）对计量失准的电能表进行更换处理。 （4）落实设备主人制，加强巡视
电流互感器二次回路进出线接反	（1）下发营销计量装置故障流程，对现场错误接线进行更正。 （2）利用采集系统开展用户投运前的线上诊断验收，杜绝此类问题发生。 （3）加强计量装置在线监测，及时发现并解决存量异常
电流互感器损坏	（1）发起营销计量装置故障流程，调换故障电流互感器。 （2）加强计量装置在线监测，及时发现并解决存量异常。 （3）定期对台区总表及三相电能表用户互感器进行检定，排除相关异常
电能表超流运行	（1）查明引起超流的原因，对异常设备进行更换。 （2）加强计量装置在线监测，及时发现并解决存量异常。 （3）开展研判分析，对配置不合理互感器进行更换处理

故障现象	治理措施
电流互感器实际变比与标称铭牌不符	（1）对异常电流互感器进行更换。 （2）加强对新投运设备的验收把关，杜绝此类异常的重复出现。 （3）对系统录入错误的，及时修改系统内互感器变比
台区总表或用户侧电流互感器配置不合理	及时根据用户及台区负荷变化情况调换倍率合理的电流互感器
联合接线盒连片异常	（1）对位置错误的连片进行修正，对松动或脱落部位进行紧固，对接触不良的位置进行修复。 （2）加强现场验收把关。 （3）加强计量装置在线监测，及时发现并解决存量异常
分布式电源计量接线错误	（1）下发营销计量装置故障流程，按照分布式光伏接入配电系统典型设计方案工作要求对自发自用余电上网和全额上网用户重新接线。 （2）加强现场验收把关。 （3）落实设备主人制，加强巡视
台区内用户受电点在台区总表之前	（1）加强用电检查，防止在台区总表前接电。 （2）加强配电工程监管，防止施工时在台区总表前接电
电压回路中性线异常	（1）修复、调换中性线。 （2）加强现场验收把关
台区内用户电量重复统计	（1）根据现场情况重新更正两个用户的接线方式，确保计量接线正确。 （2）根据重复计量电量情况，与用户协商解决电费问题。 （3）加强现场验收把关，落实设备主人制，加强巡视

（4）技术类因素常见故障及治理措施如表16-16所示。

表16-16　　　　技术类因素常见故障及治理措施

故障现象	治理措施
台区供电区域供电半径过大	改造台区低压供电线路，按照A+、A类供电区域供电半径不宜超过150m，B类不宜超过250m，C类不宜超过400m，D类不宜超过500m，E类按照4%压降计算核定的标准对电网进行升级改造
配变位置不合理	（1）低压电网负荷中心应按照科学方法计算确定，不宜偏离负荷中心。当负荷密度高、供电范围大时，通过经济技术比较可采用两点或多点布置。 （2）低压出线利用新技术优选路径方案，降低到户的供电曲折系数。到户的低压线路曲折系数不宜过大

故障现象	治理措施
低压线路导线线径过细	（1）根据线路负载、供电线路允许的压降、低压线路电压损失系数、线路长度计算选用合适的线径，调换线径过细的低压导线。 （2）低压电网应有较强的适应性，主干线截面积应按远期规划一次选定。 （3）接户线若采用低压铜芯电缆进线时，单相接户电缆导线截面积不宜小于 $10mm^2$，三相小容量接户电缆导线截面积不宜小于 $16mm^2$，三相大容量接户电缆导线截面积宜采用 $35mm^2$，多表位计量箱接户电缆导线截面积不宜小于 $50mm^2$；若采用架空绝缘导线进线时，单相接户线导线截面积宜采用 $16mm^2$，三相小容量接户线导线截面积宜采用 $35mm^2$，三相大容量接户线导线截面积宜采用 $70mm^2$
三相负荷不平衡	（1）查看采集系统三相不平衡数值，对长期三相不平衡现象采用HLPC高频采集技术计算出最佳的负荷调整策略，并开展现场负荷调整，减少人为判断的迟滞和误差。 （2）配电网进行科学合理规划，在设计阶段应经三相四级平衡优化设计，使各级中性线电流趋零，避免配电网建设无序、扇形供电和迂回供电，同时在低压配电网中性线采用多点接地，降低中性线电能损耗。 （3）严控业扩接入台区相序，避免负荷偏相。三相四线延伸至多表位计量箱或分支箱。 （4）分布式电源、电动汽车充换电设施、电化学储能系统应尽量采取三相接入，并按照就近消纳原则接入低压电网
功率因数低	根据现场实际情况采取集中式或随机式合理配置无功补偿装置
台区供电设施老旧	（1）将老旧台区纳入技改储备，实施升级改造，应用绝缘导线和耐老化材料，提高设备技术水平。 （2）及时对影响线路运行的超高树木进行砍伐。 （3）加强台区巡视，及时制止线下修房等违规行为
台区末端光伏发电量较大	（1）按照"短半径"原则，新增配变，尽量将光伏发电用户纳入负荷中心。 （2）加装储能装置，应用光储一体化和自动控制设备，引导用户通过调节或移时方式针对可控负荷实现光伏台区削峰填谷，通过技术与管理手段促进光伏台区上网电量本地消纳
供电设施存在绞线、漏电等故障	（1）勘查现场故障范围，做好安全防护措施以防电击伤人。 （2）按照故障消缺工作要求，及时消缺。 （3）加强台区设备巡视，对隐患设备及时运维

故障现象	治理措施
发电车保供电未经台区总表	（1）加强设备运维，减少故障停电。 （2）加快故障消缺速度，尽快实现正常供电

（5）用电检查类因素常见故障及治理措施如表16-17所示。

表16-17　　　　　　用电检查类因素常见故障及治理措施

故障现象	治理措施
用户窃电	（1）现场人员应对窃电现场合法取证，收集与事件相关的用电营业资料、用电用户的产品生产资料，保存好照片、摄像、录音等资料。 （2）做好现场谈话记录并按规定向窃电用户开具《用电检查通知书》，请用户签字确认。 （3）根据《供电营业规则》等相关法规，规范处理违约用电行为。 （4）纠正窃电行为，并在用户承担了相应的违约责任后，按规定及时恢复供电，按照"三封一锁"要求加强计量封印

第十七章　直流配电网线损管理探索

　　直流配电网是指电能以直流形式实现电源、负荷和储能的互联及调节，由直流配电设备向终端用户分配电能的电力网络。其在输送容量、可控性及提高供电质量、减少线路损耗、隔离交直流故障以及可再生能源灵活、便捷接入等方面具有比交流更好的性能，可以有效提高电能质量、降低电能损耗和运行成本。与此同时，近年来随着风能、光伏等分布式电源和电动汽车等直流负荷的大规模出现，相比交流配电，采用直流配电技术不存在相位和频率同步问题，降低了并网的难度。所以发展直流配电网既能实现电网的降损增效，也能助力国家"双碳"目标落地。

第一节　直流配电网特征

一、直流配电网优势

　　（1）直流配电网的线损小。直流输电因不涉及相位、频率和无功补偿等问题，不用考虑频率稳定性、无功功率引起的网络损耗，以及集肤效应产生的损耗等问题。

　　（2）直流配电网供电可靠性高。交流配电一般采用三相四线或五线制，而直流配电只有正负两极，两根输电线路即可，线路的可靠性比相同电压等级的交流线路要高。

　　（3）直流配电网适应性强。因光伏发出的是直流电，储能装置如蓄电池、超级电容器及作为分布式储能单元的电动汽车充电站等也是以直流电形式工作，直流配电网可以实现分布式电源并网发电及储能等接口设备的简单接入。

　　（4）直流配电网具有环保优势。直流线路的"空间电荷效应"使电晕损耗和无线电干扰都比交流线路小，产生的电磁辐射也小，具有环保优势。

二、直流配电网劣势

（1）直流配电网技术待优化。直流配电网采用的电压源换流器和直流变压器，一般采用基于绝缘栅双极晶体管（Insulated Gate Bipolar Transistor，简称IGBT）的脉宽调制技术，因此通态损耗和开关损耗较大，不适合短途输电。

（2）直流配电网市场需求不足。目前市场对于直流输电技术的需求相对较低，如果需要建造新的直流输电系统，需要进行大量的投资，而且其收益相对较少。

第二节　直流配电网损耗

一、IGBT损耗

IGBT的损耗可以分为三部分：开通损耗、导通损耗和关断损耗。其中当开关频率很高时，开通损耗和关断损耗合并成的开关损耗将占IGBT损耗的大部分，在高频下将大大超过导通损耗。

二、换流变压器损耗

换流变压器损耗一般可分为换流变压器空载损耗和换流变压器负载损耗。

换流变压器空载损耗是指空载运行时变压器所消耗的能量，它包括铁心损耗和空载电流流过变压器一次绕组时产生的欧姆损耗。

换流变压器负载损耗是指谐波电流在绕组中的直流电阻所引起的热损耗（直流损耗）和谐波、漏磁场等引起的额外损耗。

三、直流输电线路损耗

直流输电时，电流经过直流配电线路上的电阻损耗。

四、三相逆变器损耗

电动机分为直流电动机和交流电动机，当下电力系统的电动机大部分是交流电动机，其定子侧绕组需要通入交流电产生旋转磁场才能正常启动，因此直流配电网中需要三相逆变器将直流电逆变为交流电才能使得电动机正常运转。其中三相逆变器在转换过程会造成电量的损耗。

第三节　直流配电网计量

一、直流电能表技术规范

直流电能表应符合IEC（国际电工委员会）的国际标准和我国电力标准GB/T 33708—2017《静止式直流电能表》、JJG 842—2017《电子式直流电能表检定规程》、DL/T 698.45—2017《电能信息采集与管理系统　第4-5部分：通信协议—面向对象的数据交换协议》、Q/GDW 1365—2013《智能电能表信息交换安全认证技术规范》等设计制造。

直流电能表应集计量、监控、报警、显示、冻结、RS-485通信、红外通信功能于一身，实现充电桩直流计量和用电信息采集存储。

二、直流电能表计量单元

直流电能表计量单元分别为分流器和直流电能表，两者组合使用实现直流电量的计量。

分流器是可以通过大电流的精确电阻与输电线路串联，当电流流过分流器时，在它的两端就会出现一个毫伏级电压，可用毫伏电压表测量，一般满度值75mV，再将这个电压换算成电流 I。分流器如图17-1所示。

通过毫伏电压表换算出电流 I，数字电压表测量出来电压 U。

根据电功率公式 $P=UI$，即可算出当前用电功率。

再根据 $W=Pt$，即可算出用电量。

三、直流电能表接线方式

直流电能表外观如图17-2所示，直流电能表端子接线图如图17-3所示，直流电能表端子功能对照表如表17-1所示。

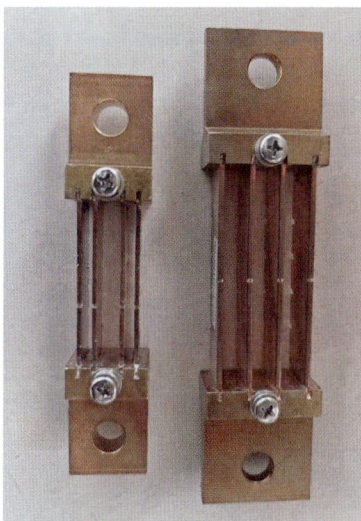

图 17-1　分流器外观

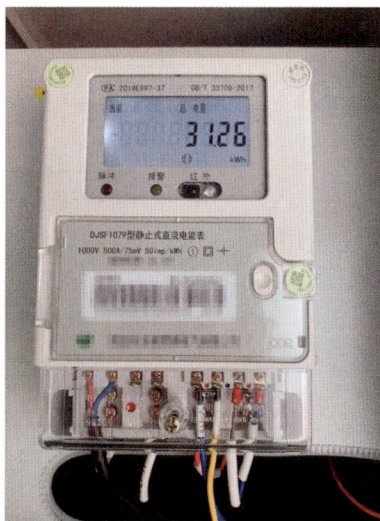

图 17-2　直流电能表外观

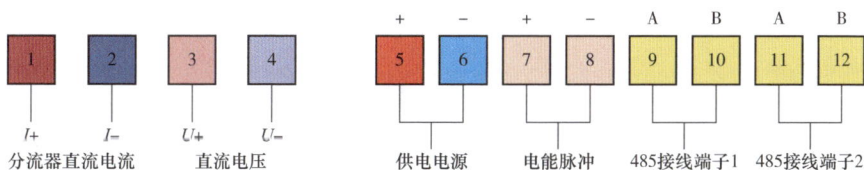

图 17-3　直流电能表端子接线图

表 17-1　　　　　　　　　　直流电能表端子功能

序号	端子名称	序号	端子名称
1	分流器信号正输入接线端子	7	电能脉冲/秒脉冲接线端子
2	分流器信号负输入接线端子	8	电能脉冲/秒脉冲接线端子
3	直流电压正输入接线端子	9	RS-485 A1 接线端子
4	直流电压负输入接线端子	10	RS-485 B1 接线端子
5	供电电源接线端子	11	RS-485 A2 接线端子
6	供电电源接线端子	12	RS-485 B2 接线端子

　　分流器接线分正、负极接入，分流器正极接入式接线图如图 17-4 所示，分流器负极接入式接线图如图 17-5 所示。

231

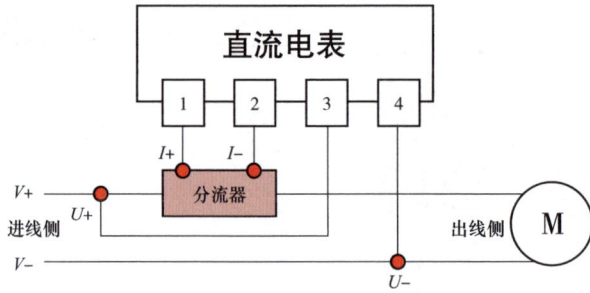

图 17-4　分流器正极接入式接线图

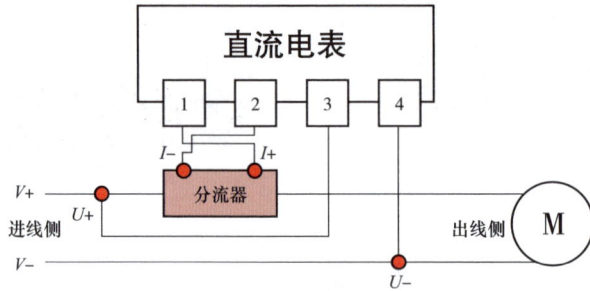

图 17-5　分流器负极接入式接线图

直流电流表接线时注意事项如下：

（1）必须严格按照标牌上标明的电压等级接入电压。

（2）安装时应将接线端子拧紧，并将电能表挂牢在坚固耐火、不易振动的屏上。电能表下视时显示效果最佳，故应垂直安装，高度以 1.8m 为宜。

（3）接线后应将端盖铅封，建议将表的上盖加铅封。

（4）电能表应存放在温度为 −40～70℃，湿度小于 85% 的环境中。

第四节　直流配电网线损模型探索

一、单源直流配电网

单源直流配电网指由配电公网提供单一电源供电的直流配电网。

（1）供电量＝台区供电考核（正向）电量＋用电侧结算反向电量＋办公用电（自用电）反向电量。

（2）用电量＝用电侧结算正向电量＋办公用电（自用电）正向电量＋台区供电考核（反向）电量。

（3）损耗电量＝供电量－用电量。

（4）台区线损率＝（台区供电量－台区用电量）/台区供电量×100%。

二、多源直流配电网

多源直流配电网指以配电公网为主，多个发电源共同接入的直流配电网。

（1）供电量＝台区供电考核（正向）电量＋交流用户上网关口电量（含光伏、储能等输出电量）＋用电侧结算反向电量＋办公用电（自用电）反向电量。

（2）用电量＝用电侧结算正向电量＋办公用电（自用电）正向电量＋台区供电考核（反向）电量（含光伏、储能等输入电量）。

（3）损耗电量＝供电量－用电量。

（4）台区线损率＝（台区供电量－台区用电量）/台区供电量×100%。

三、单个交直流互联配电系统

单个交直流互联配电系统指单个交流电网与单个直流电网互联供用电的电力系统。单个交直流互联配电系统如图17-6所示。

（1）供电量＝台区供电考核（正向）电量＋交直流用户上网关口电量（含光伏、储能等输出电量）＋用电侧结算反向电量＋办公用电（自用电）反向电量。

（2）用电量＝用电侧结算正向电量＋办公用电（自用电）正向电量＋台区供电考核（反向）电量（含光伏、储能等输入电量）。

（3）损耗电量＝供电量－用电量。

（4）台区线损率＝（台区供电量－台区用电量）/台区供电量×100%。

四、柔性交直流互联配电网

柔性交直流互联配电网指多个交流配电网与直流配电网通过柔性互济装置互相供用电的电力系统。此时电网线损应分为交流配电网线损和直流配电网线损两部分。柔性交直流互联配电网如图17-7所示。

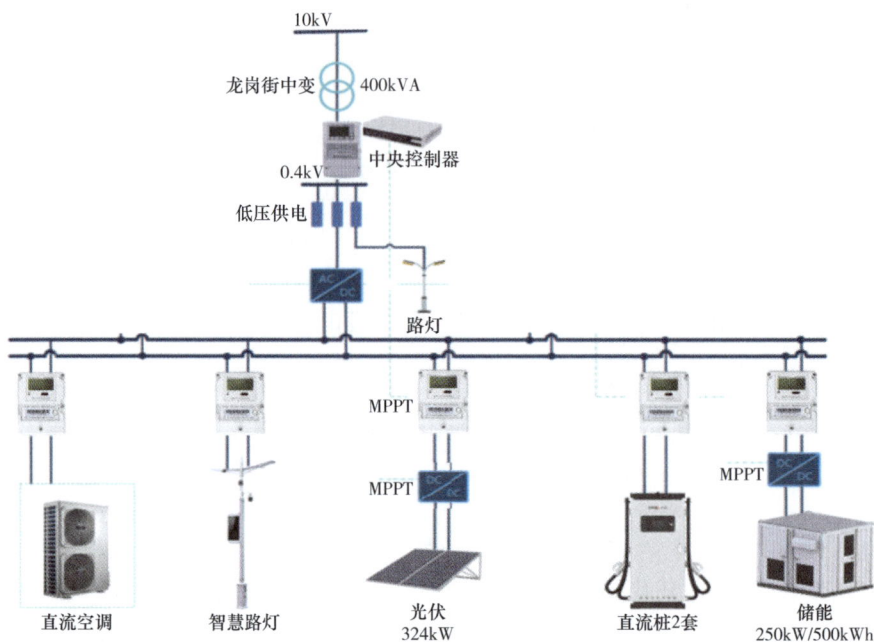

图17-6　单个交直流互联配电系统

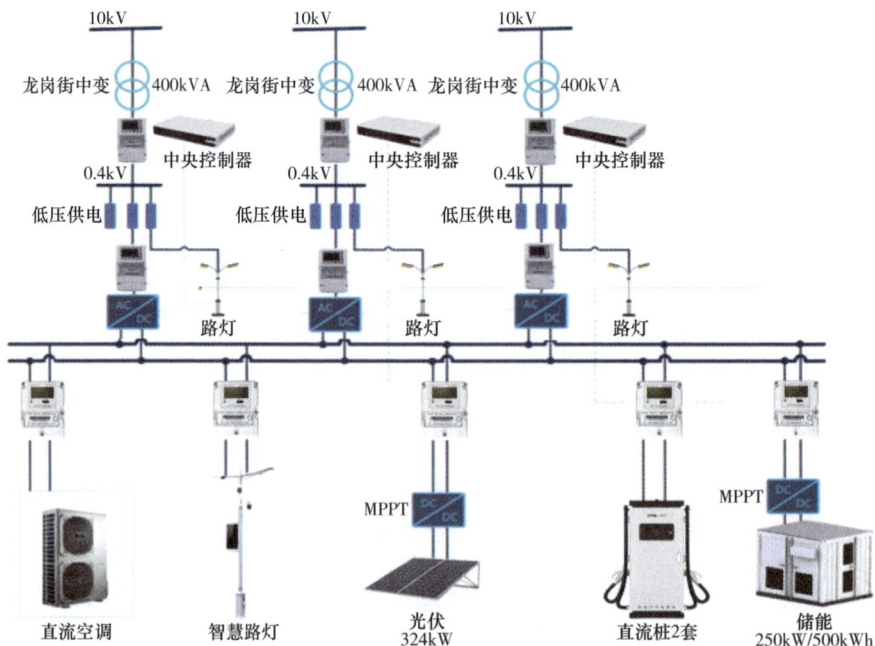

图17-7　柔性交直流互联配电网

1.交流配电网

（1）供电量＝台区供电考核（正向）电量+直流供电考核（反向）电量+交流用户上网关口电量（含光伏、储能等输出电量）+用电侧结算反向电量+办公用电（自用电）反向电量。

（2）用电量＝用电侧结算正向电量+办公用电（自用电）正向电量+台区供电考核（反向）电量（含光伏、储能等输入电量）+直流供电考核（正向）电量。

（3）损耗电量＝供电量−用电量。

（4）台区线损率＝（台区供电量−台区用电量）/台区供电量×100%。

2.直流配电网

（1）供电量＝台区供电考核（正向）电量+直流用户上网关口电量（含光伏、储能等输出电量）+用电侧结算反向电量+办公用电（自用电）反向电量。

（2）用电量＝用电侧结算正向电量+办公用电（自用电）正向电量+直流用户上网关口电量（含光伏、储能等输入电量）+直流供电考核（反向）电量。

（3）损耗电量＝供电量−用电量。

（4）台区线损率＝（台区供电量−台区用电量）/台区供电量×100%。

第五部分
案　例　篇

　　在电力管理领域，台区线损精益管理的实践应用至关重要。本篇精心选取了各类典型案例，从档案因素、计量因素、采集因素、用电异常以及技术因素等多方面进行呈现。这些案例涵盖了实际工作中可能出现的各种情况，旨在通过真实的案例分析，为相关工作人员提供丰富的实践参考，助力其更深入地理解并有效应用台区线损精益管理的理念与方法，以进一步提升线损管理水平。

第十八章　档案因素

案例1　新装光伏用户录错造成台区负损

【案例描述】

某A台区日线损率在0%～2.2%范围内，日均损耗电量在40kWh以内。自5月17日起，该台区线损率突降至-22.8%，日损耗电量达到-358.68kWh，台区突发负损，如图18-1、图18-2所示。

序号	数据日期	供电量（kWh）	用电量（kWh）	损耗电量（kWh）	同期线损率	理论线损率
23	2024-05-09	1743	1707.74	35.26	2.02	1.76
24	2024-05-10	1810	1773.69	36.31	2.01	1.73
25	2024-05-11	1790	1755.15	34.85	1.95	1.66
26	2024-05-12	1799	1762.64	36.36	2.02	1.65
27	2024-05-13	1833	1796.39	36.61	2	1.69
28	2024-05-14	1844	1806.31	37.69	2.04	1.66
29	2024-05-15	1817	1781.76	35.24	1.94	1.68
30	2024-05-16	1848	1809.77	38.23	2.07	1.77
31	2024-05-17	1573	1931.68	-358.68	-22.8	3.17

图18-1　A台区日线损情况

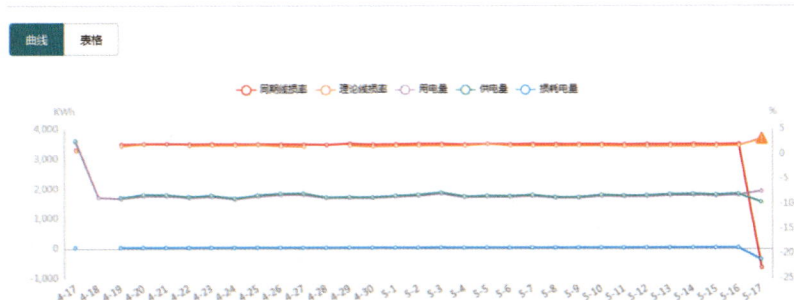

图18-2　A台区日线损曲线

【分析研判】

（1）从采集系统数据分析：台区线损变化前后用户数量未发生变化，且采集覆盖率100%，采集成功率100%，未发现采集因素影响台区线损的问题，如图18-3所示。

图18-3　A台区日采集情况

（2）从档案数据方面分析：该台区近期无新装用户，无用户切改流程，排除户变关系错误。

（3）从计量数据方面分析：在分析台区供电量和用电量时，发现该台区总表反向电量大于该台区所有光伏表上网电量之和，疑似存在光伏电量异常。

（4）临近台区关联分析：工作人员查询比对突发高损台区，发现某B台区在相同时间段突发高损，且该台区日损耗电量与A台区日负损电量相符，损耗电量为430.29kWh。经查询营销系统，5月16日并网1户光伏用户，如图18-4、图18-5所示。

图18-4　B台区线损率波动情况

图18-5　新上光伏用户业务流程

　　综上初步研判，A台区与B台区可能存在新装光伏户变关系录入错误，需进一步现场核实。

【现场核查】

　　经现场核查，该光伏用户实际在A台区，工作人员误将该光伏用户挂接到B台区，导致2个台区线损率异常，表现为一个高损、一个负损。

【整改及成效】

　　确认问题后，工作人员完成了户变关系修正。

　　5月18日，A台区线损率恢复至2.15%，B台区线损率恢复至2.52%，2个台区的线损均恢复至合理范围内，如图18-6～图18-8所示。

【总结和建议】

　　（1）在光伏并网接入环节，需加强户变关系的核查，必要时使用台区线损治理工器具，如台区识别仪等，避免相邻台区户变关系错误，从业务源头防范线损异常。

曲线 表格

序号	数据日期	供电量 (kWh)	用电量 (kWh)	损耗电量 (kWh)	同期线损率	理论线损率
24	2024-05-11	1790	1755.15	34.85	1.95	1.66
25	2024-05-12	1799	1762.64	36.36	2.02	1.65
26	2024-05-13	1833	1796.39	36.61	2	1.69
27	2024-05-14	1844	1806.31	37.69	2.04	1.66
28	2024-05-15	1817	1781.76	35.24	1.94	1.68
29	2024-05-16	1848	1809.77	38.23	2.07	1.77
30	2024-05-17	1573	1931.60	358.60	22.8	3.17
31	2024-05-18	2250	2201.73	48.27	2.15	1.69

图 18-6　A 台区 5 月 18 日线损情况

曲线 表格

序号	数据日期	供电量 (kWh)	用电量 (kWh)	损耗电量 (kWh)	同期线损率	理论线损率
24	2024-05-11	955.65	957.93	-2.28	-0.24	4.08
25	2024-05-12	1967	1876.02	90.98	4.63	3.1
26	2024-05-13	2107.82	2015.99	91.83	4.36	2.72
27	2024-05-14	2065.06	2011.51	53.55	2.59	1.67
28	2024-05-15	2000.21	1930.03	70.18	3.51	1.55
29	2024-05-16	2024.45	1978.06	46.39	2.29	1.52
30	2024-05-17	1961.78	1531.49	430.29	21.93	2.18
31	2024-05-18	2053.77	2002.04	51.73	2.52	2.26

图 18-7　B 台区 5 月 18 日线损情况

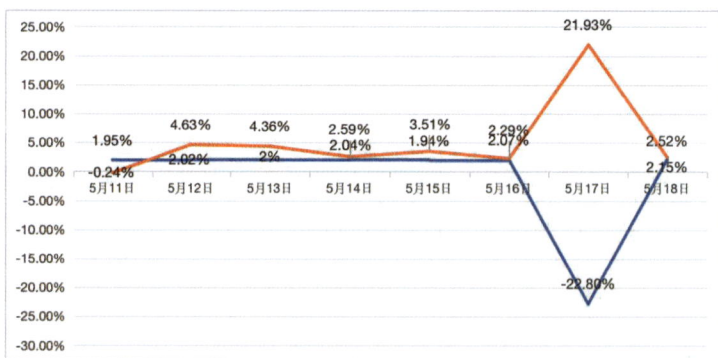

图 18-8　A、B 台区 5 月 18 日线损情况

242

（2）针对成对突发的高负损台区，加强相邻台区联动分析的意识，如近期有业扩新装、光伏新装，从户变关系核查入手，提高现场排查的效率。

案例2　存量用户户变关系不对应造成台区高损

【案例描述】

某A台区，供电用户32户，日供电量1500～2000kWh，线损率长期稳定在2%左右。2024年1月5日，线损率突然增大，达到5.36%，日线损电量达284.68kWh，如图18-9所示。

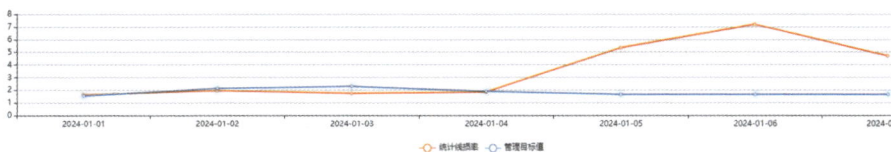

图18-9　A台区1月线损情况

【分析研判】

经核实，该台区近日无换表、新装及增容等业务。

随后，工作人员又查看了台区户变关系，再结合突发负损的台区进行用户与电量比对，检查发现该台区存在户变关系不对应，并导致台区高损，如图18-10、图18-11所示。

根据突发负损台区清单，导出对应台区用电量清单，再根据用户户名和用电地址，发现B台区和C台区2个负损台区用户清单中各有1个用户实际属于A台区，这2户在用电量小的时候对台区线损影响较小，不易发现异常，当用户用电量增加以后，引起台区线损明显波动。

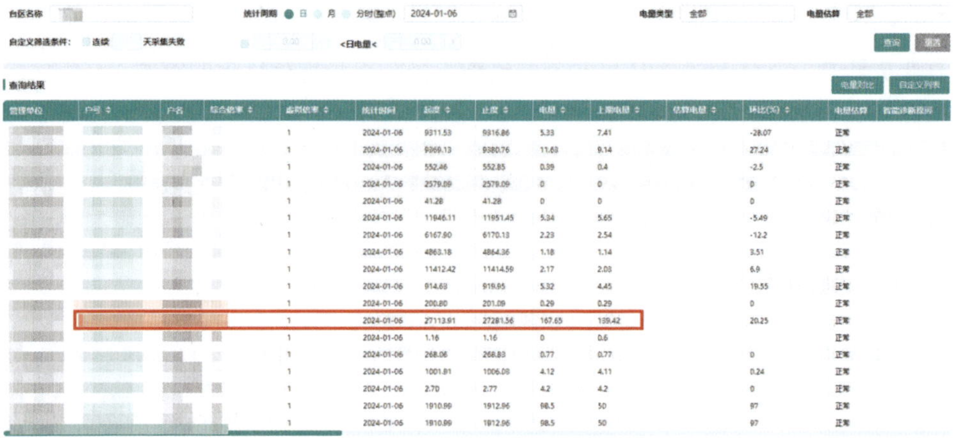

台区名称　　统计周期 日 月 分时(整点) 2024-01-06　　电量类型 全部　　电量估算 全部

自定义筛选条件：连续　天采集失败　<日电量<　查询　重置

查询结果　　电量对比　自定义列表

管理单位	户号	户名	综合倍率	虚拟倍率	统计时间	起度	止度	电量	上期电量	估算电量	环比(%)	电量估算	智能诊断报告
				1	2024-01-06	9311.53	9316.86	5.33	7.41		-28.07	正常	
				1	2024-01-06	9369.13	9380.76	11.63	9.14		27.24	正常	
				1	2024-01-06	552.46	552.85	0.39	0.4		-2.5	正常	
				1	2024-01-06	2579.09	2579.09	0	0		0	正常	
				1	2024-01-06	41.28	41.28	0	0		0	正常	
				1	2024-01-06	11946.11	11951.45	5.34	5.65		-5.49	正常	
				1	2024-01-06	6167.90	6170.13	2.23	2.54		-12.2	正常	
				1	2024-01-06	4863.18	4864.36	1.18	1.14		3.51	正常	
				1	2024-01-06	11412.42	11414.59	2.17	2.03		6.9	正常	
				1	2024-01-06	914.63	919.95	5.32	4.45		19.55	正常	
				1	2024-01-06	200.80	201.09	0.29	0.29		0	正常	
				1	2024-01-06	27113.91	27281.56	167.65	139.42		20.25	正常	
				1	2024-01-06	1.16	1.16	0	0.6			正常	
				1	2024-01-06	268.06	268.83	0.77	0.77		0	正常	
				1	2024-01-06	1001.91	1006.03	4.12	4.11		0.24	正常	
				1	2024-01-06	2.70	2.77	4.2	4.2		0	正常	
				1	2024-01-06	1910.99	1912.96	98.5	50		97	正常	
				1	2024-01-06	1910.99	1912.96	98.5	50		97	正常	

图 18-10　B 台区用电量数据

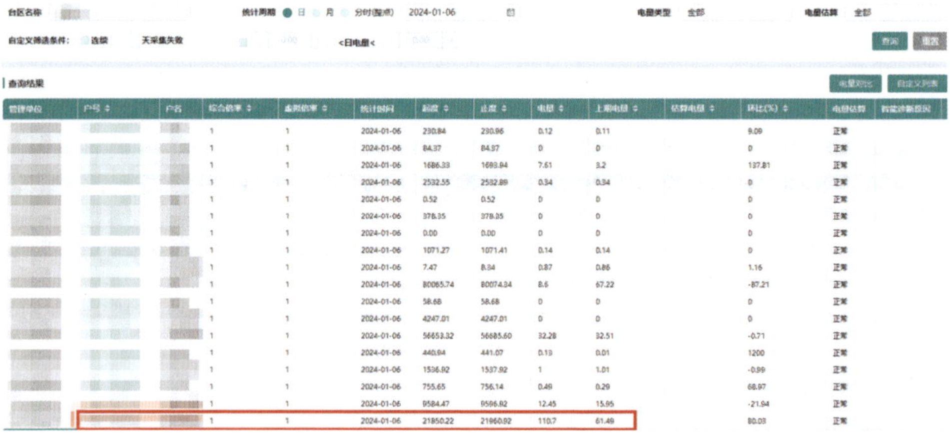

台区名称　　统计周期 日 月 分时(整点) 2024-01-06　　电量类型 全部　　电量估算 全部

自定义筛选条件：连续　天采集失败　<日电量<　查询　重置

查询结果　　电量对比　自定义列表

管理单位	户号	户名	综合倍率	虚拟倍率	统计时间	起度	止度	电量	上期电量	估算电量	环比(%)	电量估算	智能诊断报告
			1	1	2024-01-06	230.84	230.96	0.12	0.11		9.09	正常	
			1	1	2024-01-06	84.37	84.37	0	0		0	正常	
			1	1	2024-01-06	1686.33	1693.94	7.61	3.2		137.81	正常	
			1	1	2024-01-06	2532.55	2532.89	0.34	0.34		0	正常	
			1	1	2024-01-06	0.52	0.52	0	0		0	正常	
			1	1	2024-01-06	378.35	378.35	0	0		0	正常	
			1	1	2024-01-06	0.00	0.00	0	0		0	正常	
			1	1	2024-01-06	1071.27	1071.41	0.14	0.14		0	正常	
			1	1	2024-01-06	7.47	8.34	0.87	0.86		1.16	正常	
			1	1	2024-01-06	80065.74	80074.34	8.6	67.22		-87.21	正常	
			1	1	2024-01-06	58.68	58.68	0	0		0	正常	
			1	1	2024-01-06	4247.01	4247.01	0	0		0	正常	
			1	1	2024-01-06	56653.32	56685.60	32.28	32.51		-0.71	正常	
			1	1	2024-01-06	440.94	441.07	0.13	0.01		1200	正常	
			1	1	2024-01-06	1536.92	1537.92	1	1.01		-0.99	正常	
			1	1	2024-01-06	755.65	756.14	0.49	0.29		68.97	正常	
			1	1	2024-01-06	9584.47	9596.92	12.45	15.95		-21.94	正常	
			1	1	2024-01-06	21850.22	21960.92	110.7	61.49		80.03	正常	

图 18-11　C 台区用电量数据

【现场核查】

工作人员对这2个用户立即开展户变关系核查，确认实际属于A台区。

【整改及成效】

工作人员当天完成2个用户的户变关系调整，如图18-12所示。

户变关系正确以后，该台区的线损也恢复正常，线损降至2%左右，如图18-13所示。

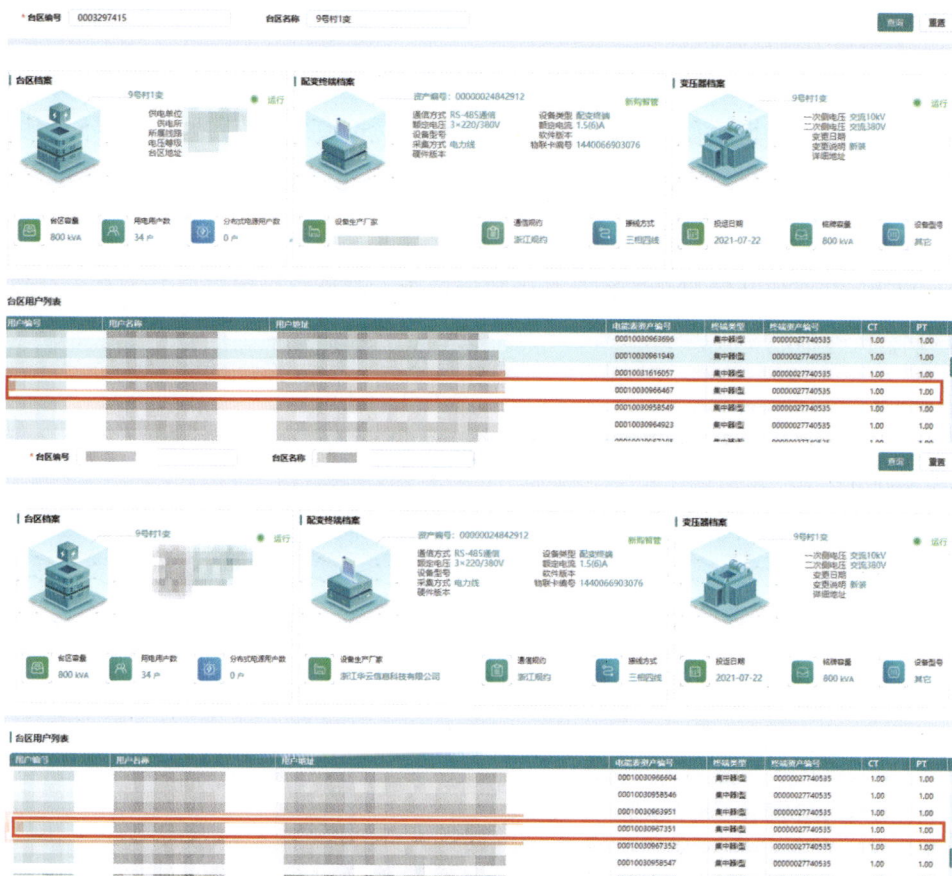

图18-12　用户调整回正确台区

图18-13　户变关系调整后台区线损情况恢复正常

【总结和建议】

（1）台区线损核查和治理，必须高度重视高负损突发的时间点，以此为切入点，首先分析台区的户变对应关系，然后立即开展现场实际的对应关系核查，线损异常原因可快速定位和消缺。

（2）常态化开展户变关系等基础数据核查，避免存量用户户变关系不一致影响台区线损。

案例3 业扩新装户变关系错误造成台区负损

【案例描述】

工作人员在6月9日监测台区线损时，发现某A台区在6月7日、8日突发负损，该台区7日线损率为−439.20%，日线损电量−376.83kWh；8日线损率为−548.29%，日线损电量−358.58kWh，连续2日台区线损率处于大负损状态，如图18-14所示。

台区编号	台区名称	抄表日期	台区总电量(kWh)	用户总电量(kWh)	线损电量(kWh)	线损率(%)
		2024-06-01	104.40	101.05	3.35	3.21
		2024-06-02	100.80	97.84	2.96	2.94
		2024-06-03	224.40	219.52	4.88	2.17
		2024-06-04	167.40	163.53	3.87	2.31
		2024-06-05	114.60	110.99	3.61	3.15
		2024-06-06	99.00	95.93	3.07	3.10
		2024-06-07	85.80	462.63	−376.83	−439.20
		2024-06-08	65.40	423.98	−358.58	−548.29

图18-14 A台区6月7日、8日线损率变化情况

【分析研判】

（1）从采集系统数据查看，台区线损变化前后用户数量未发生变化，且采集覆盖率100%，采集成功率100%，未发现采集异常影响台区线损计算的问题。

（2）台区线损率突然变为负损，用户户变关系异常和重复计量的概率较大，需重点核查。台区供电量没有明显变化且系统内台区下无光伏用户，但6月7日

台区总表反向电量352.8kWh，可以初步研判为台区因光伏档案异常引起台区负损，如图18-15所示。

图18-15　A台区6月7日供电量

（3）因台区负损电量较大，日波动幅度超过376.83kWh，发现相邻B台区新增2个光伏用户，且B台区6月7日、8日出现高损，日线损率高达70%以上。初步研判，2个光伏用户业扩新装档案与现场安装台区不一致导致户变关系错误，造成台区负损，如图18-16、图18-17所示。

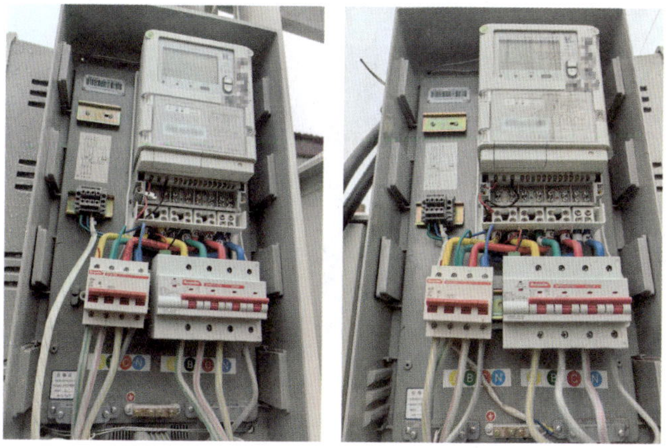

图18-16　光伏电能表现场照片

台区编号	台区名称	数据日期	台区总电量(kWh)	用户总电量(kWh)	线损电量(kWh)	线损率(%)
		2024-06-01	117.60	113.72	3.88	3.30
		2024-06-02	111.00	107.00	4.00	3.60
		2024-06-03	134.10	130.14	3.96	2.95
		2024-06-04	120.90	117.33	3.57	2.95
		2024-06-05	132.90	128.71	4.19	3.15
		2024-06-06	117.60	113.82	3.78	3.21
		2024-06-07	501.85	112.99	388.96	77.49
		2024-06-08	496.31	127.15	369.16	74.38
		2024-06-09	141.60	137.44	4.16	2.94
		2024-06-10	163.50	158.68	4.82	2.95

图18-17　B台区线损情况

【现场核查】

（1）6月8日，工作人员前往台区现场，检查台区总表电流互感器状态和联合接线盒接线均运行正常，不存在错接线问题。再对用户电流进行分析，比对台区用户日用电量的前后情况，未发现明显变化。

（2）核查2个光伏用户和所属台区，确认实际安装在A台区，如图18-18所示，导致A台区6月7日、8日出现负损，B台区出现高损。

图18-18　现场治理情况

【整改及成效】

工作人员当天完成该光伏用户的户变关系调整，2024年6月9日A台区线损率恢复至2%左右，B台区线损率恢复至3%左右，如图18-19所示。

			2024-06-07	85.80	462.63	-376.83	-439.20
			2024-06-08	65.40	423.98	-358.58	-548.29
			2024-06-09	129.60	126.18	3.42	2.64
			2024-06-10	181.80	177.49	4.31	2.37
			2024-06-11	191.40	187.37	4.03	2.11

图18-19　A台区治理前后线损变化情况

【总结和建议】

（1）加强业扩新装户变关系核对，防范系统档案与现场不一致，造成台区线损异常。

（2）现场作业人员与业务人员做好新装用户台区电源等关键信息的核对，从源头上避免户变关系错误。

案例4 光伏档案错误造成台区高损

【案例描述】

工作人员发现，某A台区日线损率稳定在2%左右，5月27日突发高损，线损率为9.5%，损失电量139.29kWh，线损波动超出合理范围，如图18-20所示。

台区名称	数据日期	台区总电量(kWh)	用户总电量(kWh)	线损电量(kWh)	线损率(%)
王吴Ⅱ配电室Ⅰ主变20…	2024-05-19	1373.18	1343.84	29.24	2.14
王吴Ⅱ配电室Ⅰ主变20…	2024-05-20	1294.44	1268.48	25.96	2.01
王吴Ⅱ配电室Ⅰ主变20…	2024-05-21	1249.09	1222.98	26.11	2.09
王吴Ⅱ配电室Ⅰ主变20…	2024-05-22	1379.33	1350.43	28.90	2.10
王吴Ⅱ配电室Ⅰ主变20…	2024-05-23	1514.89	1483.00	31.89	2.11
王吴Ⅱ配电室Ⅰ主变20…	2024-05-24	1374.04	1346.80	27.24	1.98
王吴Ⅱ配电室Ⅰ主变20…	2024-05-25	913.98	895.23	18.75	2.05
王吴Ⅱ配电室Ⅰ主变20…	2024-05-26	822.49	804.75	17.74	2.16
王吴Ⅱ配电室Ⅰ主变20…	2024-05-27	1466.22	1326.93	139.29	9.50
王吴Ⅱ配电室Ⅰ主变20…	2024-05-28	1685.73	1522.14	163.59	9.70
王吴Ⅱ配电室Ⅰ主变20…	2024-05-29	1504.54	1472.22	32.32	2.15
王吴Ⅱ配电室Ⅰ主变20…	2024-05-30	1160.33	1138.55	21.78	1.88
王吴Ⅱ配电室Ⅰ主变20…	2024-05-31	1459.60	1429.54	30.06	2.06

图18-20 A台区日线损率情况

【分析研判】

该台区在5月26日前日均线损率在4%以内。台区配变容量200kVA，台区总表倍率50倍，该台区有用户116户，其中光伏用户8户，供电半径合理，三相基本平衡。

工作人员随即从采集、计量、档案三个方面分别进行分析。

（1）采集分析。从采集系统数据查看，台区线损率变化前后采集成功率均为100%，未发现采集因素影响台区线损的问题。对比用户电量波动情况，发现该台区用户日用电量平稳，无用电量波动大的用户，台区线损率波动与用电量的相关性较小。

（2）计量分析。工作人员通过采集系统的曲线数据批量查询发现台区总表和用户侧电能表电压、电流及功率因数曲线，均符合正常情况，因此排除电能表故障因素。

（3）档案分析。通过对比供电量发现该台区27日增加1光伏用户的电量，发电量113.09kWh。通过核查营销系统档案，发现该光伏户的用电户档案在A台区，但是发电户档案在B台区，故判定该户用电户或发电户档案错误。且观察同区域相邻台区线损变化情况，发现B台区5月27日的日线损率为负损，该户上网电量变化与负损台区线损电量相符，故可判定以上两个台区存在户变关系错误问题，如图18-21、图18-22所示。

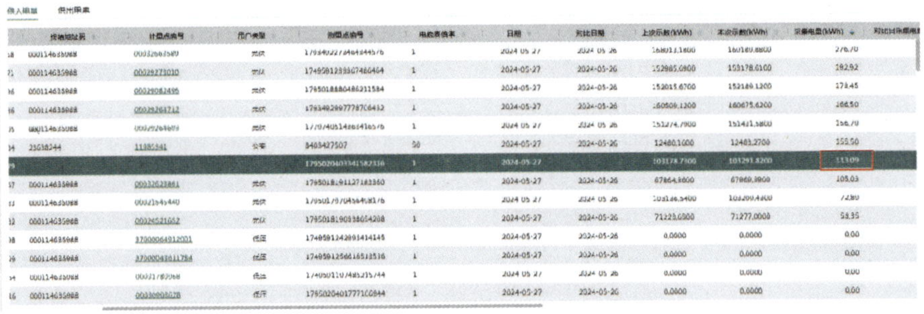

日期	对比日期	上次示数(kWh)	本次示数(kWh)	采集电量(kWh)
2024-05-27	2024-05-26	[illegible]	[illegible]	276.70
2024-05-27	2024-05-26	152985.0900	153178.0100	192.92
2024-05-27	2024-05-26	152015.6700	152189.1200	173.45
2024-05-27	2024-05-26	160509.1200	160675.6200	166.50
2024-05-27	2024-05-26	151274.7900	151431.5800	156.70
2024-05-27	2024-05-26	12480.1000	12483.2700	155.50
2024-05-27		103178.7300	103291.8200	113.09
2024-05-27	2024-05-26	67864.3600	67969.3900	105.03
2024-05-27	2024-05-26	[illegible]	[illegible]	72.80
2024-05-27	2024-05-26	71223.0900	71277.0000	53.35
2024-05-27	2024-05-26	0.0000	0.0000	0.00
2024-05-27	2024-05-26	0.0000	0.0000	0.00
2024-05-27	2024-05-26	0.0000	0.0000	0.00
2024-05-27	2024-05-26	0.0000	0.0000	0.00

图18-21　新增的光伏户发电量情况

台区名称	数据日期	台区总电量(kWh)	用户总电量(kWh)	线损电量(kWh)	线损率(%)
	2024-05-19	1546.16	1508.89	37.27	2.41
	2024-05-20	1512.33	1476.07	36.26	2.40
	2024-05-21	1409.54	1376.48	33.06	2.35
	2024-05-22	1591.31	1550.94	40.37	2.54
	2024-05-23	1737.10	1694.17	42.93	2.47
	2024-05-24	1574.43	1538.07	36.36	2.31
	2024-05-25	936.76	918.45	18.31	1.95
	2024-05-26	814.42	797.37	17.05	2.09
	2024-05-27	1469.91	1546.59	-76.68	-5.22
	2024-05-28	1674.47	1759.97	-85.50	-5.11

图18-22　B台区5月19日至28日日线损率负损情况

【现场核查】

工作人员到现场核实，该光伏用户电能表现场实际挂接台区为B台区，因5月27日A台区HPLC改造，原采集终端挂接2个台区的用户，采集终端调整后造成该户用电户档案被错调至A台区，造成了户变关系错误导致线损异常。

【整改及成效】

5月29日工作人员在营销系统中将该光伏用电户档案调回至B台区后，2个台区的日线损率均恢复正常，如图18-23、图18-24所示。

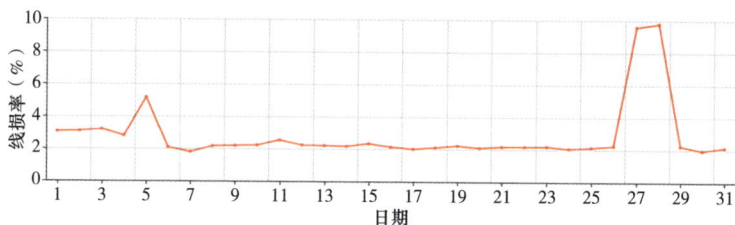

图18-23　A台区5月29日起日线损率恢复正常截图

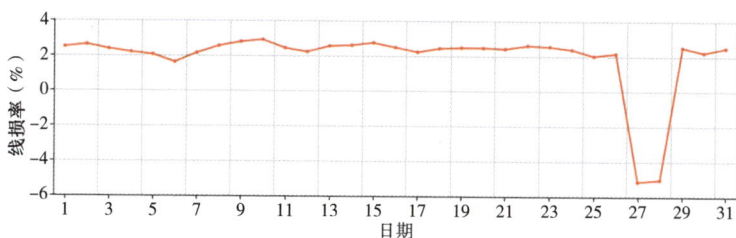

图18-24　B台区5月29日起日线损率恢复正常截图

【总结和建议】

（1）应加强台区日线损监控，及时发现异常问题并处理。

（2）在发起调整采集终端、档案变更等业务流程前，仔细核对用户档案，走完业务流程后，再次核对用户数量、明细是否准确无误，并重点核实光伏用户的用电与发电的台区档案是否一致，确保业务流程正确，避免造成日线损异常。

（3）对于同一终端挂接多台区用户的采集终端进行治理，避免因调整采集终端造成用户所属台区档案错误从而影响日线损的问题。

案例5　电缆铭牌贴错引起户变关系错误造成台区负损

【案例描述】

某A台区，用户116户，日供电量1300kWh左右，线损长期稳定在1.5%以内。11月2日，台区突发负损，线损率降至-0.14%，线损电量-1.68kWh，如图18-25所示。

日期 ⇕	管理单位	供电网	台区编号	台区名称	台区容量	台区供电量	台区用电量	线损电量	线损率	理论线损率	管理目标值	线损情况
2023-11-08					630	1171.34	1164.42	6.92	0.59	1.22	1.22	合格
2023-11-07					630	1094.92	1086.83	8.09	0.74	1.42	1.42	合格
2023-11-06					630	1145.90	1133.82	12.08	1.05	1.58	1.58	合格
2023-11-05					630	1423.92	1483.13	-59.21	-4.16	1.20	1.20	为负
2023-11-04					630	1354.80	1402.59	-47.79	-3.53	1.73	1.73	为负
2023-11-03					630	1268.30	1279.56	-11.26	-0.89	1.37	1.37	为负
2023-11-02					630	1164.36	1166.04	-1.68	-0.14	1.43	1.43	合格
2023-11-01					630	1213.42	1202.02	11.40	0.94	1.54	1.54	合格

图18-25　A台区11月日线损率变化情况

【分析研判】

A台区呈现负损状态。经系统比对发现，台区下某用户与台区线损变化反向关联，用户用电量增加台区线损则体现为负损。

【现场核查】

工作人员到现场排查，发现该用户实际所属台区为B台区，系统中资料根据计量箱外壳做成了C台区，如图18-26、图18-27所示。

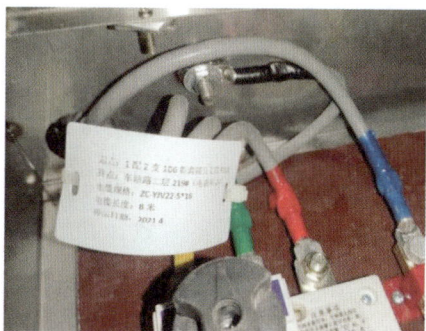

图 18-26 计量箱外壳为 C 台区　　　图 18-27 电缆铭牌 B 台区

目前，现场运行状态为 B 台区下辖用户切改至 D 台区，同时 C 台区下辖用户切改至 A 台区。故该用户系统中资料被切改至 A 台区，由于户变关系不一致，造成了台区负损，同时 D 台区高损，如图 18-28、图 18-29 所示。

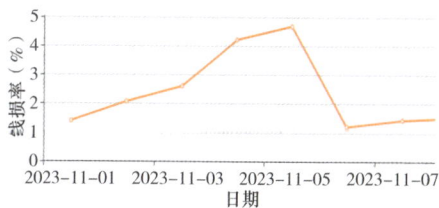
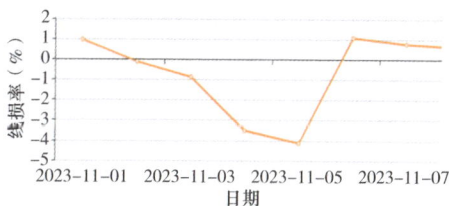

图 18-28　D 台区日线损率情况（高损）　图 18-29　A 台区日线损率情况（负损）

【整改及成效】

工作人员于 11 月 5 日，整改了现场铭牌，并更正了系统档案信息，台区线损恢复至合理区间内，如图 18-30 所示。

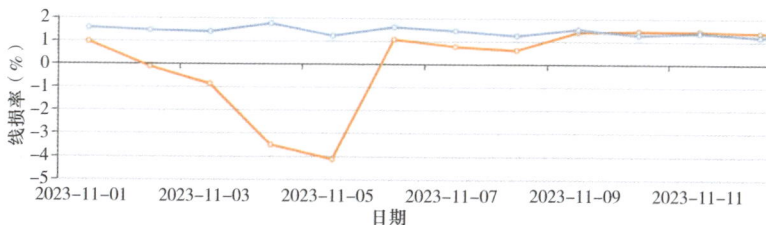

图 18-30　A 台区日线损率恢复情况

【总结和建议】

这个案例表明在铭牌粘贴与验收核对过程中，工作人员责任心不够强，未及时发现台区档案不一致的情况；台区用户切改后，相关铭牌和标签未做同步变更，造成户变关系不一致，并导致台区高负损。建议按照相关验收规范，加强现场标签和铭牌管理，强化台区档案核对工作，同时提升工作人员的责任心，避免同类问题再次发生。

第十九章　计量因素

案例1　中性线虚接多计用电量造成台区负损

【案例描述】

某A台区线损率长期处于合格范围内，从4月17日起该台区出现负损，线损率为-3.78%，损失电量-53.97kWh，如图19-1、图19-2所示。

图19-1　A台区线损分析界面

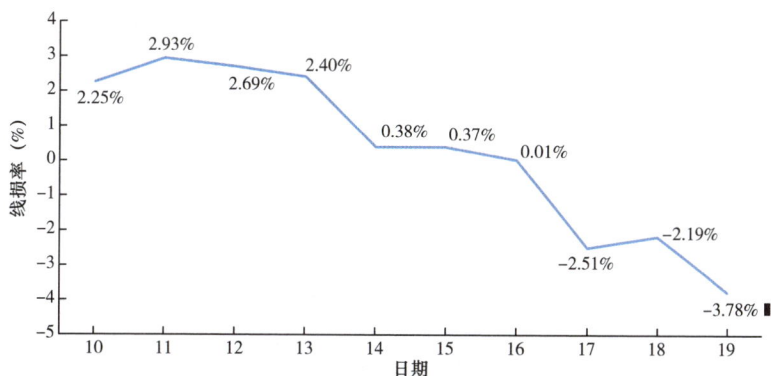

图19-2　A台区4月日线损率变化情况

【分析研判】

该台区出现负损后，工作人员按照台区线损系统诊断步骤依次进行。

（1）开展台区总表的数据分析，经核对台区总表电压、电流均正常，对比日线损合格期间电压、电流值无明显变化。

（2）经系统查看，线损异常期间该台区采集覆盖率100%，采集成功率100%，未发现采集因素影响台区线损的问题，如图19-3所示。

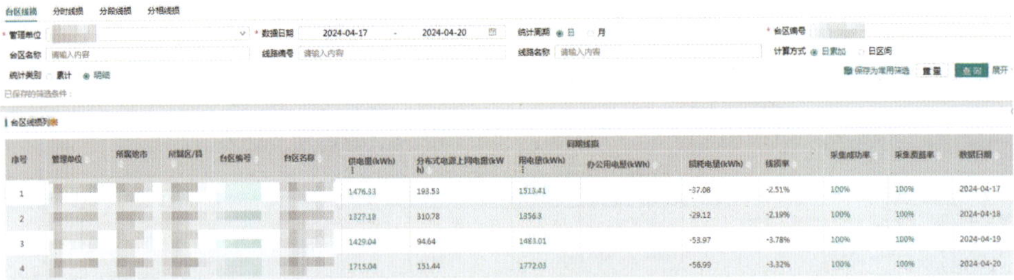

序号	管理单位	所属地市	所属区/县	台区编号	台区名称	同期线损 供电量(kWh)	分布式电源上网电量(kWh)	用电量(kWh)	办公用电量(kWh)	损耗电量(kWh)	线损率	采集成功率	采集覆盖率	数据日期
1						1476.33	193.53	1513.41		-37.08	-2.51%	100%	100%	2024-04-17
2						1327.18	310.78	1356.3		-29.12	-2.19%	100%	100%	2024-04-18
3						1429.04	94.64	1483.01		-53.97	-3.78%	100%	100%	2024-04-19
4						1715.04	151.44	1772.03		-56.99	-3.32%	100%	100%	2024-04-20

图19-3　A台区采集数据截图

（3）根据总表及用户表底、倍率计算，用户电量均完整正确；根据报装申请计划、台区责任人现场检查情况，并无用户、光伏新增、销户等业务。

（4）工作人员先通过系统对比用电量变化幅度大的用户，再重点核对大电量用户电流、电压曲线情况，发现某三相动力用户电压偏高，4月17日最高电压达262.7V，最低电压249.6V，而变压器出口电压最高时仅为230.7V，用户电压较变压器高出8%~15%。因该台区的光伏用户电压与台区总表电压基本一致，所以排除光伏发电过电压问题。经核实，该用户附近无光伏用户，并且同一计量箱内其他用户电能表电压在220V左右，初步判断该用户电能表可能存在故障，如图19-4、图19-5所示。

【现场核查】

工作人员到达现场对用户电能表进行测量，经核对该用户电能表三相进线电压与电能表显示电压一致，达到了257.1V，明显超出正常范围，同一计量箱内其他用户电能表电压均显示为220V左右，现场人员检查了电能表及计量箱未

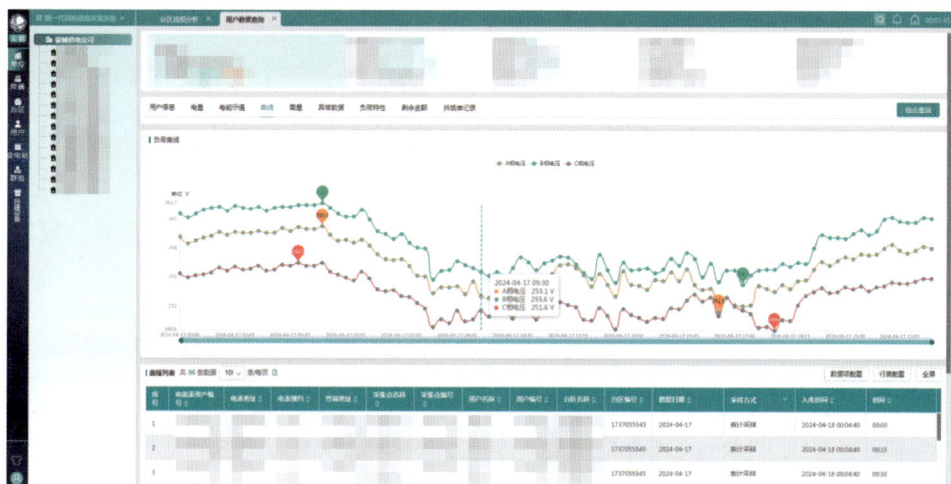

图 19-4　4 月 17 日用户电压曲线

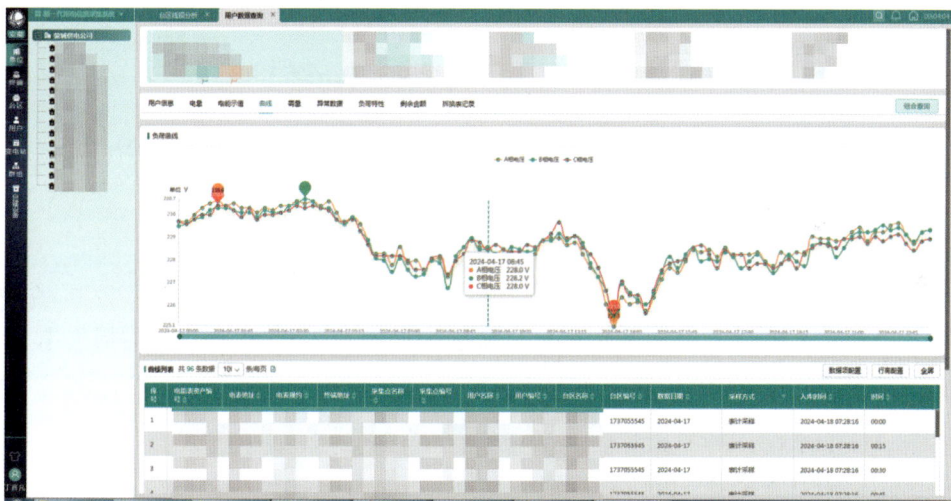

图 19-5　4 月 17 日变压器出口电压曲线

发现异常问题，因此初步怀疑中性线虚接造成电压升高，工作人员紧固电能表中性线接线，电压未发生任何变化，登杆到接户线处进行查看，发现接户中性线氧化锈蚀，接线松动。

【整改及成效】

（1）工作人员对接户线进行更换，告知用户计量异常情况，与用户进行书面确认，安排后续退补电量电费手续。

（2）接户线更换后，现场测量电能表电压恢复正常，通过系统监测，整改后三相电压稳定在220V左右，如图19-6所示。

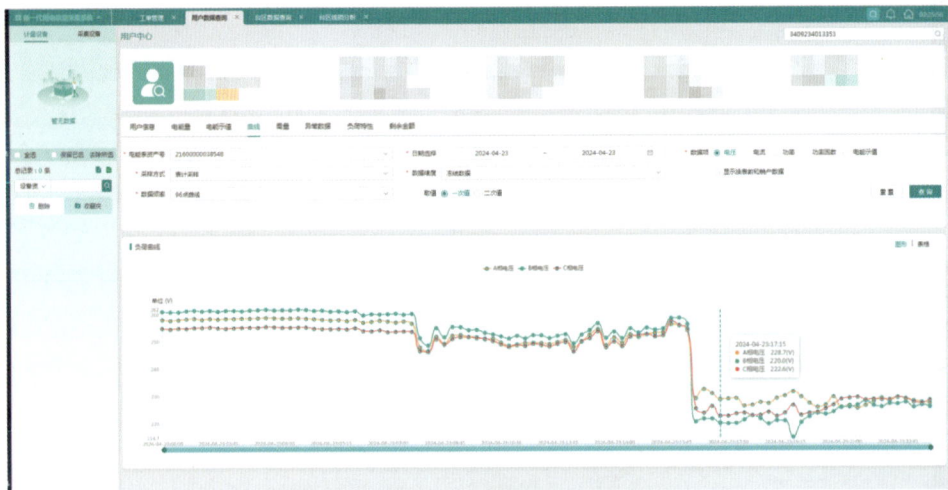

图19-6　更换接户线后电压恢复情况

（3）自4月23日完成治理后，日线损率稳定在2.5%左右，日均损失电量40kWh左右，线损恢复到正常水平，如图19-7所示。

【总结和建议】

（1）工作人员虽按照分析排查的步骤执行，但分析不够严谨细致，未及时诊断出大电量用户电压过高的问题，造成台区线损异常持续时间较长，分析能力需进一步加强，后续对工作人员台区线损分析能力进行了培训、指导。

（2）在接户线安装工艺方面，继续加强安装人员的培训，组织人员现场勘查，严格规范现场作业监督、安装工艺验收，对不规范的内容及时整改。

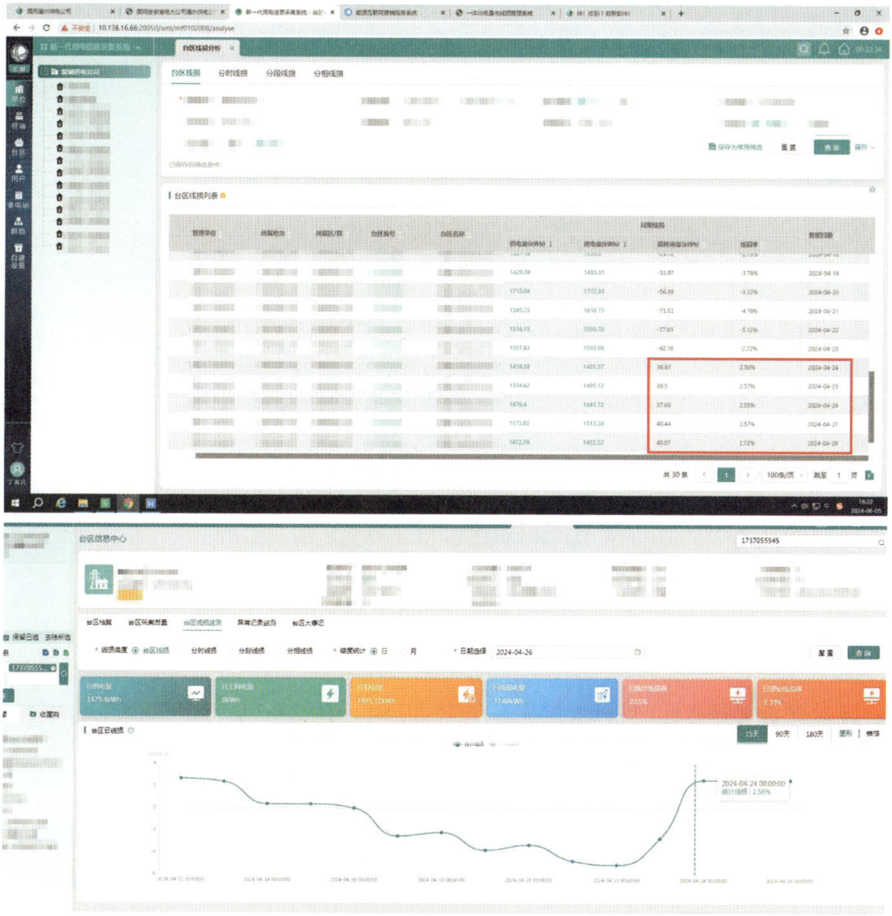

图19-7 A台区治理前后线损变化情况

案例2　电能表接线端子烧坏少计用电量造成台区高损

【案例描述】

某A台区日常线损率稳定在3%左右，日损失电量约25kWh。2024年5月3日，该台区线损率上升至20.32%，损失电量272.14kWh，属于高损台区，如图19-8所示。

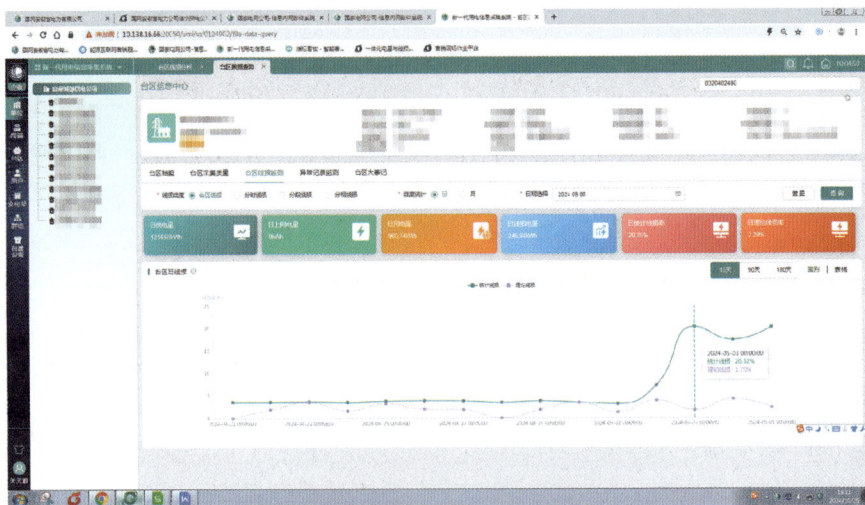

图19-8　A台区日线损变化情况

【分析研判】

该台区在5月2日前日均线损率在3%以内。台区配变容量200kVA，台区总表倍率40，低压用户181户、分布式光伏用户5户，供电半径较为合理，三相负荷基本平衡。

对台区数据开展研判分析，该台区无新装增容用户、档案未调整、采集成功率100%，未发现异常。通过采集系统分析发现，台区下某一用户自5月3日开始，电能表C相电流增大且为反向，并且C相电压失压，与该台区线损率增大时间相符，故可判定该户电能表可能存在计量问题，如图19-9～图19-11所示。

【现场核查】

发现问题后，现场人员带着钳形电流表等工具到现场进行进一步核实，发现该户电能表C相接线端子烧坏，导致计量不准，如图19-12、图19-13所示。

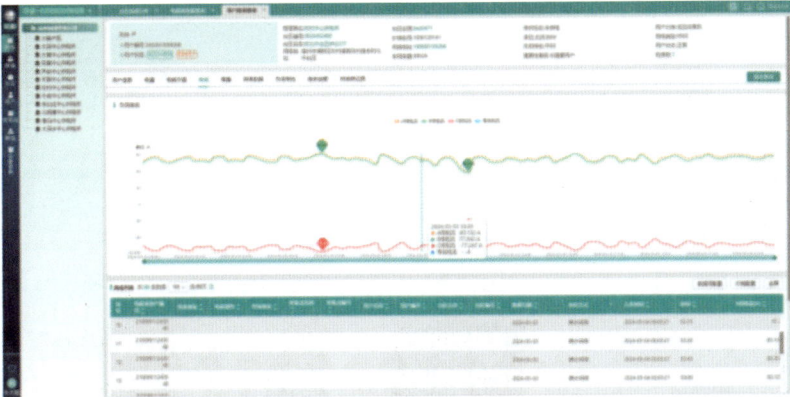

图 19-9　用户电流情况

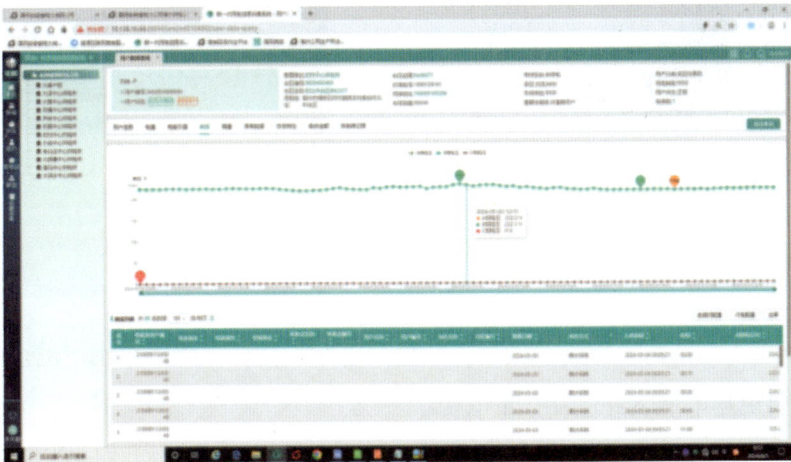

图 19-10　用户电压情况

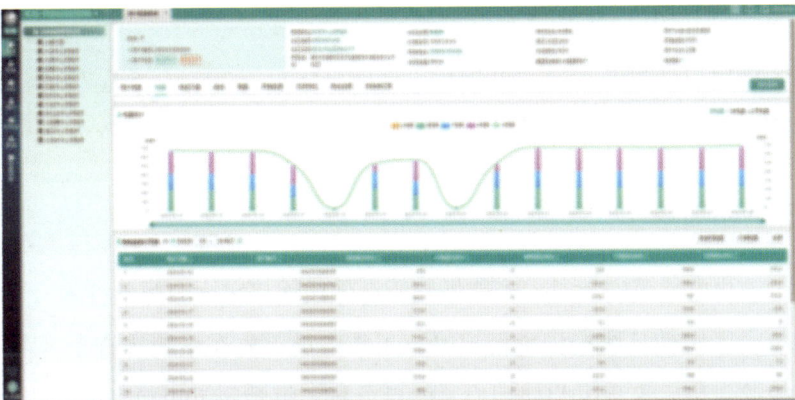

图 19-11　用户用电量变化情况

261

图19-12　现场核查

图19-13　电能表烧坏照片

【整改及成效】

（1）5月6日，工作人员现场告知用户电能表烧坏，随后与用户进行沟通确认，需要更换电能表并追补电量电费。

（2）用户确认后，工作人员当场对该用户更换电能表，并对新装电能表接线端子螺丝进行紧固，同步完成更换电能表流程。换表后该户电能表C相电压恢复正常，如图19-14所示。

（3）该用户计量装置异常处理后，台区日线损于2024年5月7日恢复正常，线损率稳定在3%左右，日均损失电量20kWh左右，如图19-15所示。

【总结和建议】

（1）该户电能表安装时，未能做到所有导线连接牢固，螺丝拧紧。

（2）台区出现日线损异常情况时，工作人员首先在系统排查是否存在有新装电能表或新装后流程未归档用户。然后分析了解台区下用户日电量变化情况，对比是否有电量突增、突减用户，利用系统查看电压、电流是否存在异常。最后根据分析情况开展现场针对性排查、处理。

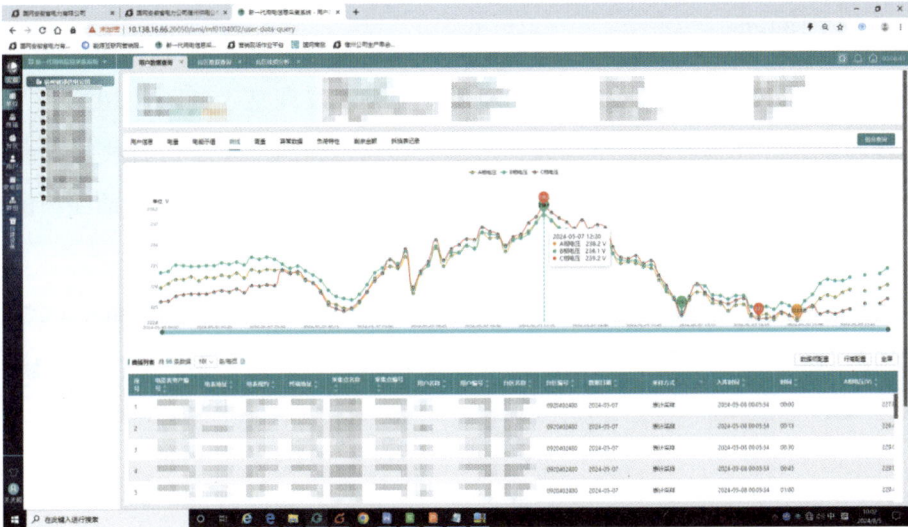

图 19-14　该户系统电压截图

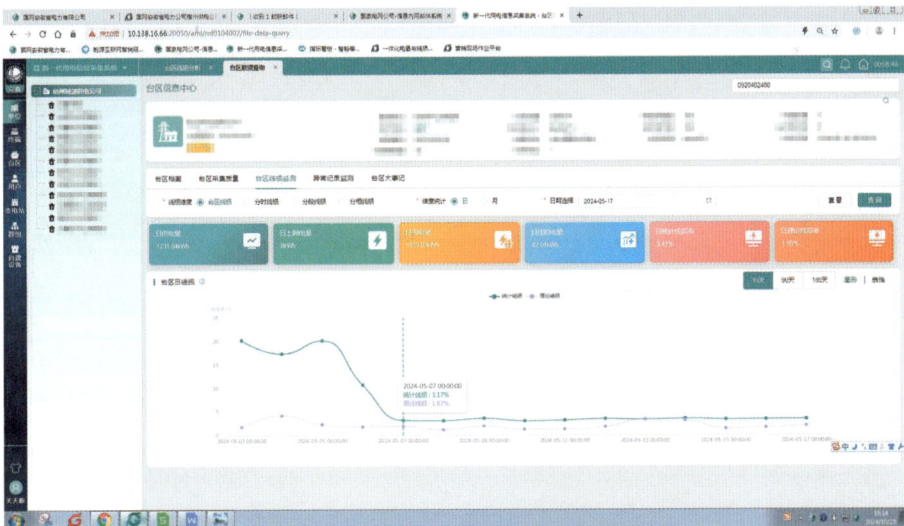

图 19-15　台区治理后线损变化情况

案例3 电能表错接线少计电量造成台区高损

【案例描述】

工作人员在监测台区线损时，通过采集系统发现某A台区自2024年4月13日起台区日线损升高，平均线损率为15.9%。2024年4月17日线损率高达17.35%，损失电量为75.79kWh。台区线损率波动明显，A台区治理前线损情况如图19-16、图19-17所示。

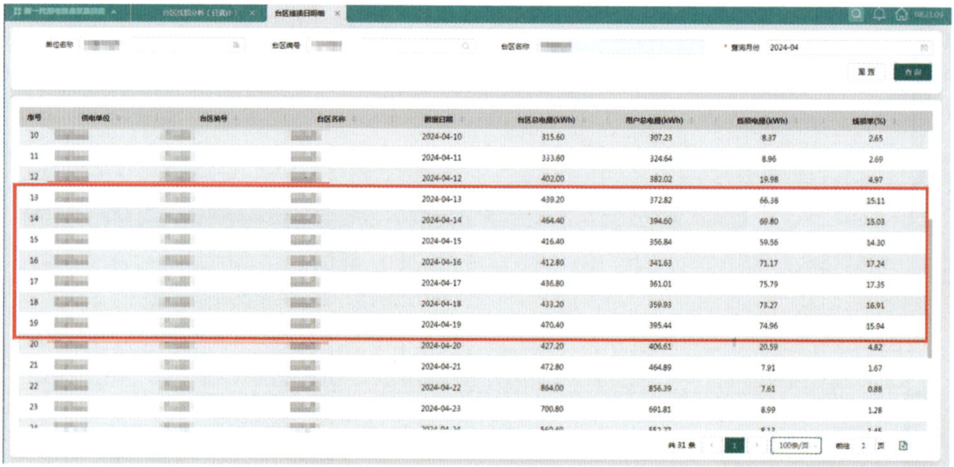

序号	供电单位	台区编号	台区名称	数据日期	台区总电量(kWh)	用户总电量(kWh)	线损电量(kWh)	线损率(%)
10	[illegible]	[illegible]	[illegible]	2024-04-10	315.60	307.23	8.37	2.65
11	[illegible]	[illegible]	[illegible]	2024-04-11	333.60	324.64	8.96	2.69
12	[illegible]	[illegible]	[illegible]	2024-04-12	402.00	382.02	19.98	4.97
13	[illegible]	[illegible]	[illegible]	2024-04-13	439.20	372.82	66.38	15.11
14	[illegible]	[illegible]	[illegible]	2024-04-14	464.40	394.60	69.80	15.03
15	[illegible]	[illegible]	[illegible]	2024-04-15	416.40	356.84	59.56	14.30
16	[illegible]	[illegible]	[illegible]	2024-04-16	412.80	341.63	71.17	17.24
17	[illegible]	[illegible]	[illegible]	2024-04-17	436.80	361.01	75.79	17.35
18	[illegible]	[illegible]	[illegible]	2024-04-18	433.20	359.93	73.27	16.91
19	[illegible]	[illegible]	[illegible]	2024-04-19	470.40	395.44	74.96	15.94
20	[illegible]	[illegible]	[illegible]	2024-04-20	427.20	406.61	20.59	4.82
21	[illegible]	[illegible]	[illegible]	2024-04-21	472.80	464.89	7.91	1.67
22	[illegible]	[illegible]	[illegible]	2024-04-22	864.00	856.39	7.61	0.88
23	[illegible]	[illegible]	[illegible]	2024-04-23	700.80	691.81	8.99	1.28

图19-16 A台区治理前日线损情况

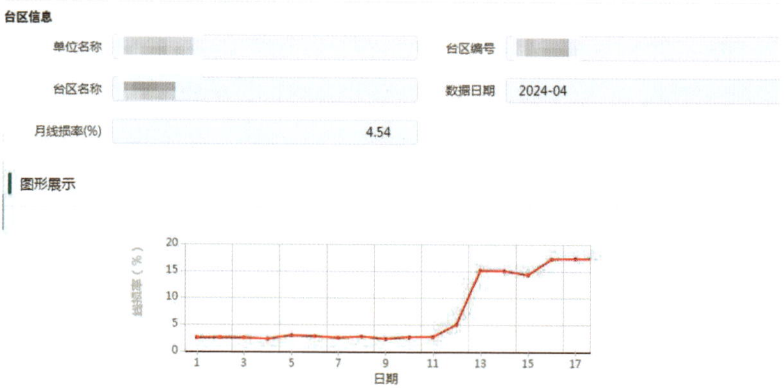

图19-17 A台区治理前日线损变化曲线

【分析研判】

该台区在4月11日前日均线损率在4%以内。台区配变容量400kVA，台区总表倍率120，该台区有用户110户，无光伏用户，采集方式为宽带载波用户105户，485采集方式用户5户，供电半径合理，三相基本平衡。

工作人员随即从采集、档案、技术、计量四个方面分别进行分析。

（1）采集分析。工作人员通过采集系统对台区采集成功率进行分析，发现该台区采集成功率100%，如图19-18所示。首先排除采集因素导致的不合格。

图19-18　A台区采集成功率截图

（2）档案分析。工作人员通过营销2.0系统查询该台区的流程，发现近期未有用户新增或销户，在4月12日有终端更换流程，终端更换后采集数据正常，排除档案因素。

（3）技术分析。该台区在4月1日—11日的日均供电量为336kWh左右，日均损耗电量为8.65kWh左右，平均线损率为2.78%，判断该台区线损率为突然升高，排除技术因素。

（4）计量分析。工作人员对台区总表及用户电能表电压、电流及功率曲线进行核查，发现1农业生产用户B相存在负电流，如图19-19所示。同时对比该用户电流数据正常时的电量发现，相差60kWh左右，符合损耗电量波动。

【现场核查】

发现问题后，工作人员现场进一步核实，发现该用户B相接线错误，导致产生负电流。该用户错接线现场照片如图19-20所示。

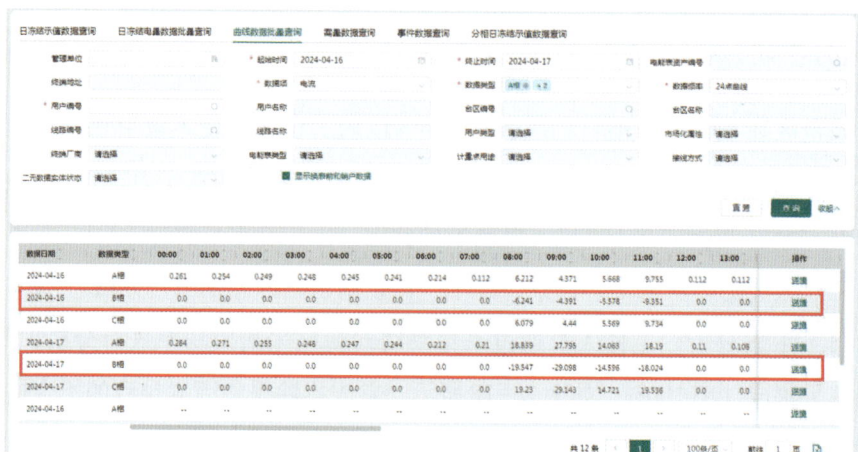

图 19-19　用户电流数据变化情况

图 19-20　用户错接线现场照片

【整改及成效】

工作人员现场告知用户计量装置接线异常情况，并与客户进行沟通，确定后续电量追补工作。4月19日，工作人员对现场接线进行整改。4月20日线损恢复正常，治理后线损变化情况如图19-21、图19-22所示。

图19-21 A台区治理后线损变化情况

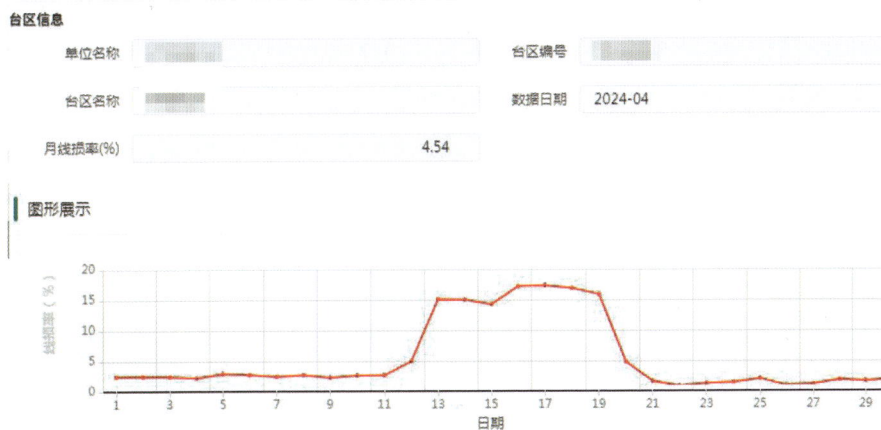

图19-22 A台区治理后线损变化曲线

【总结和建议】

（1）工作人员应按照DL/T 448—2016《电能计量装置技术管理规程》《国家电网有限公司电能表质量管控办法》的要求和方法，加强台区总表及用户侧电能表的施工质量管控，做好安装后接线检查，避免因错接线等问题影响台区线损。

（2）台区突发高损可以从采集、档案、技术、计量四个方面分别进行分析，迅速锁定异常用户，及时处理，缩短台区异常。

第二十章 采集因素

案例1 采集终端软件版本低导致采集失败造成台区高损

【案例描述】

某A台区日线损率稳定在1.2%、日损失电量为36.47kWh。2024年6月21日，该台区线损突增至15.63%、日损失电量为459.12kWh，属于高损台区，如图20-1所示。

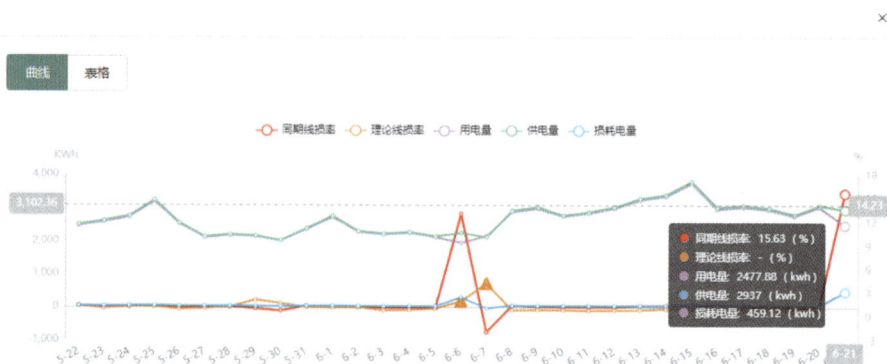

图20-1 A台区5月22日至6月21日线损图

【分析研判】

该台区在6月21日前日均线损率在1.2%左右。台区配变容量1000kVA，台区总表倍率300，该台区有66户，供电半径合理，三相负荷基本平衡。工作人员随即从采集、档案、计量等方面进行分析，未发现该台区近期有业务流程，也未发现计量异常等问题，但是发现6月21日采集失败16户，采集成功率降至75.76%。工作人员针对采集失败进行了深入分析，如图20-2所示。

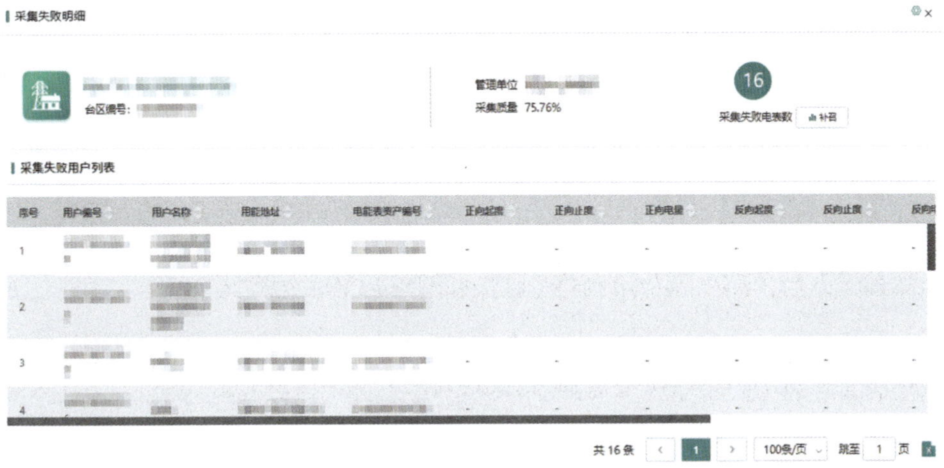

图20-2　查询台区采集失败用户明细

（1）系统查看采集终端状态为正常在线且报文正常传输，排除终端离线造成采集失败的原因，如图20-3所示。

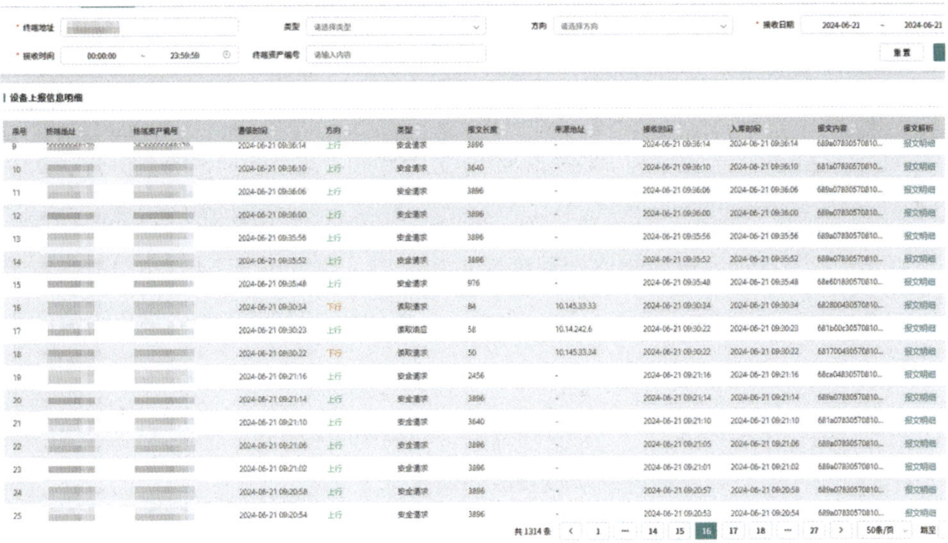

图20-3　查询台区采集终端报文明细

（2）系统核查发现该采集终端下66户参数均正常，排除了参数问题导致的采集失败，如图20-4所示。

（3）该台区前几日无停电情况且电能表时钟误差在合理范围内，排除该异常原因，如图20-5所示。

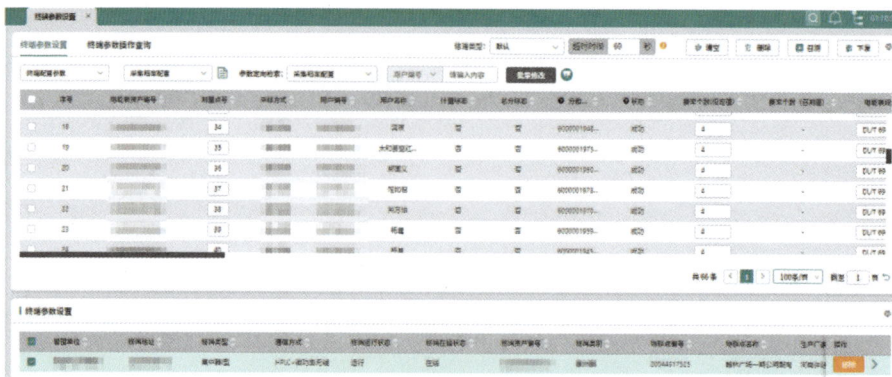

图20-4　查询采集终端参数明细

图20-5　查询台区电能表时钟

（4）系统召测发现采集终端程序版本为V2.1、发布日期240320，与最新版本V2.2、发布日期240528不一致，存在因采集终端版本问题造成采集失败的可能性，如图20-6所示。

（5）系统核查发现16个采集失败用户，使用的电能表厂家及STA模块厂家不完全相同，需要到现场进一步核查故障情况。

综上分析研判，造成该台区采集失败的原因可能是采集终端、电能表或模块故障、台区存在强干扰信号。

【现场核查】

（1）针对台区强干扰问题。现场经过掌机测量发现失败用户附近无干扰情况且有信号传输，因此排除现场强干扰导致数据采集失败，如图20-7所示。

报文解析　　　　　　　　　　　　　　　　　　　　　　　　　×

安全传输响应(30)
安全传输响应(明文)
值:8501054300030001020604044BE584A0A0476322E320A063234303332300A0476312E310A063232303331390A08000000000000000000000
数据验证信息(0):值:2E360251

[明文解析结果:
读取响应(85)
读取一个对象属性的完整响应(01)
服务优先级:0
请求访问:0
服务序号:5
名称:电气设备-版本信息(对象标识:4300 属性编号:3 属性特征:0 属性内元素索引:0)
数据类型:结构　[数量:6
数据类型:ASCII字符串　值:HNXJ
数据类型:ASCII字符串　值:v2.2
数据类型:ASCII字符串　值:240320
数据类型:ASCII字符串　值:v1.1
数据类型:ASCII字符串　值:220319
数据类型:ASCII字符串　值:
]
时间标签:无
时间:无

]

=====数据区=====
总计1条数据
数据时间:null

图20-6　查询采集终端程序版本

图20-7　现场测试通信信道信号

（2）针对电能表或模块故障问题。现场查看电能表运行良好，未发现故障或烧损的情况。

（3）针对采集终端故障问题。现场查看采集终端版本与系统内召测一致，存在版本较低的情况，可能是导致数据采集失败的原因。于是工作人员进行采集终端版本升级，重新下发参数，如图20-8所示。

【整改及成效】

（1）经过采集终端版本升级、参数重新下发后，该台区采集失败的16户用户全部采集成功。

（2）采集失败用户调试召测成功，A台区线损恢复至1.04%，在正常波动范围，如图20-9所示。

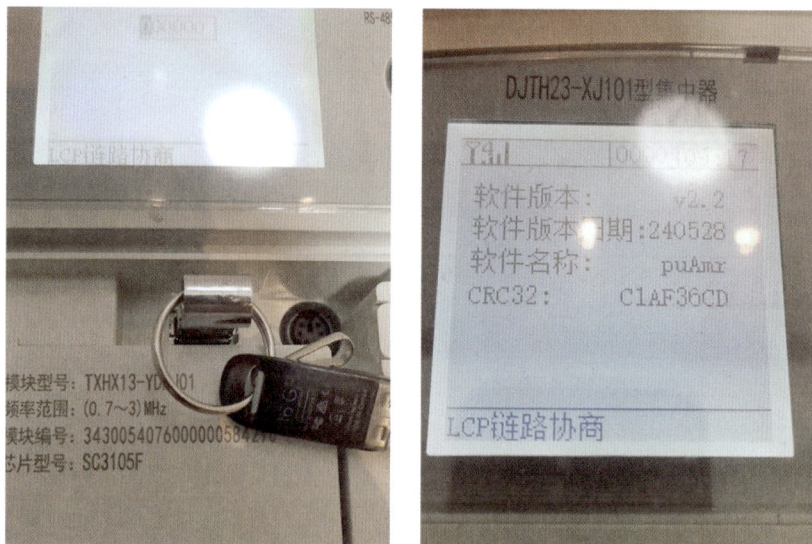

图20-8　现场升级采集终端版本

图20-9　采集数据恢复后线损情况

【总结和建议】

（1）针对采集失败应从终端在线状态、采集终端参数、电能表时钟、采集终端版本等几个方面入手。现场检查应重点从是否存在信号干扰、电能表模块故障、采集终端程序版本低等几个方面入手。通过这几个因素的检查能快速分析出采集故障原因，解决采集失败造成的台区线损波动。

（2）在HPLC电能表更换时，应同步检查该台区采集终端程序的版本，对于老版本的应及时升级，减少因采集问题造成台区线损波动。

案例2 通信模块故障导致电量采集失败造成台区高损

【案例描述】

工作人员在7月21日监测台区线损时，通过采集系统发现某A台区7月20日线损率突变至8.11%，损耗电量35.68kWh，属于高损台区，如图20-10、图20-11所示。

序号	数据日期	供电量 (kWh)	用电量 (kWh)	损耗电量 (kWh)	同期线损率	理论线损率
24	2024-07-16	471.39	459.63	11.76	2.49	1.67
25	2024-07-17	360.63	354.46	6.17	1.71	1.64
26	2024-07-18	378.55	368.16	10.39	2.74	2.1
27	2024-07-19	427.14	417.96	9.18	2.15	1.91
28	2024-07-20	439.7	404.02	35.68	8.11	1.79
29	2024-07-21	673.11	556.56	116.55	17.32	2.46
30	2024-07-22	835.9	722.53	113.37	13.56	2.63
31	2024-07-23	803.9	738.38	65.52	8.15	-

图20-10 A台区日线损情况截图

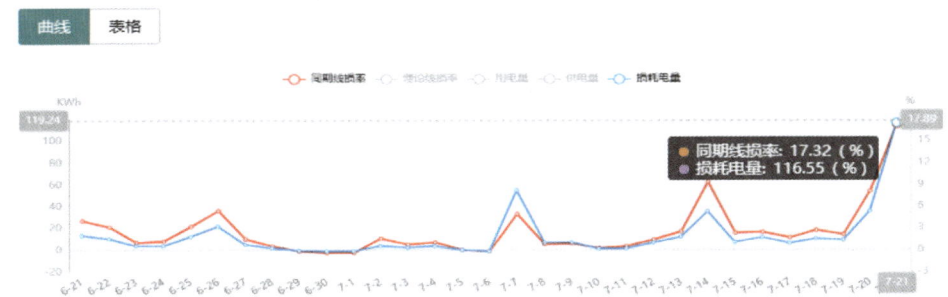

图20-11 A台区日线损率及损耗电量曲线截图

【分析研判】

该台区在7月19日前日均线损率在4%以内。台区配变容量315kVA，台区总表倍率160，该台区有用户111户，其中光伏用户1户，窄带载波用户2户，HPLC用户108户，供电半径合理，三相基本平衡。

工作人员随即从采集、档案、计量、技术四个方面分别进行分析。

（1）采集分析。工作人员对台区采集情况进行分析，发现该台区采集成功率为99.1%未达100%，有1只电能表340××××001314於××采集失败，如图20-12所示。

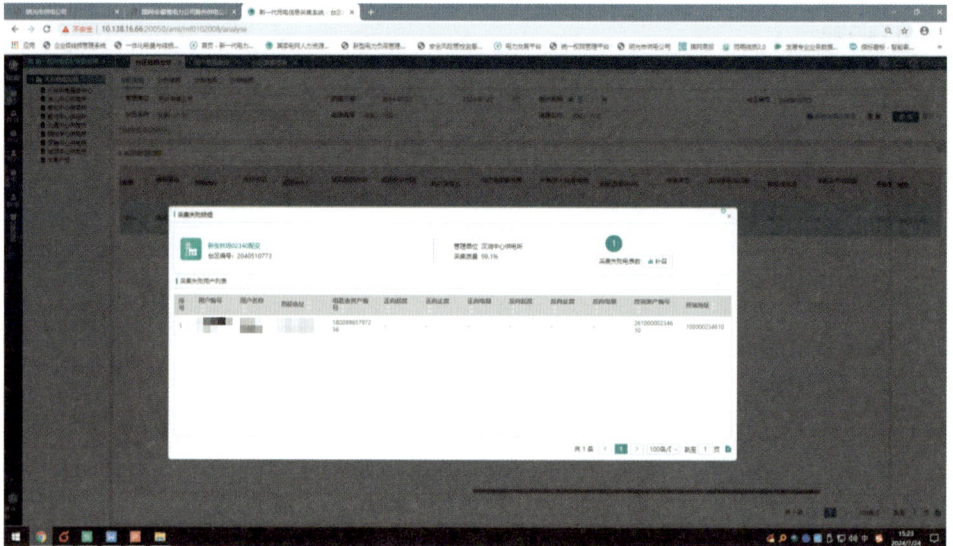

图20-12　A台区用户采集失败截图

（2）档案分析。工作人员通过台区信息中心—台区大事记查询未发现近期有负荷切改，新增业扩以及换表等业务发生，如图20-13所示。

（3）计量分析。工作人员通过信息中心的台区异常记录监测查询未发现电能表飞走、倒走等影响台区线损的事件存在，仅有部分用户电压越上限、电压越下限对台区线损影响小；台区总表和用户侧电能表电压、电流及功率因数曲线，均符合正常情况，因此排除电能表故障因素，如图20-14、图20-15所示。

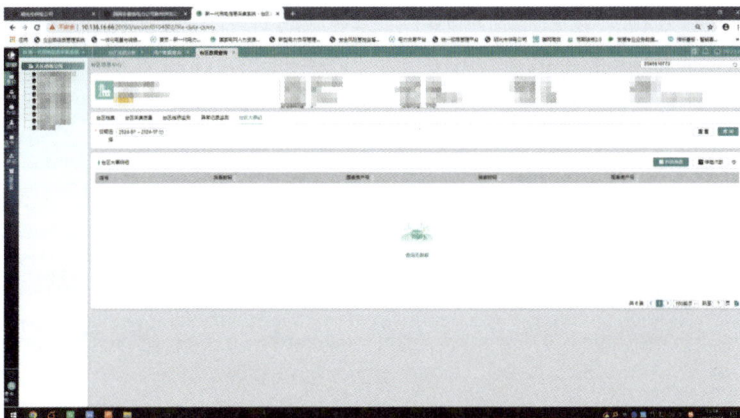

图20-13　A台区大事记截图

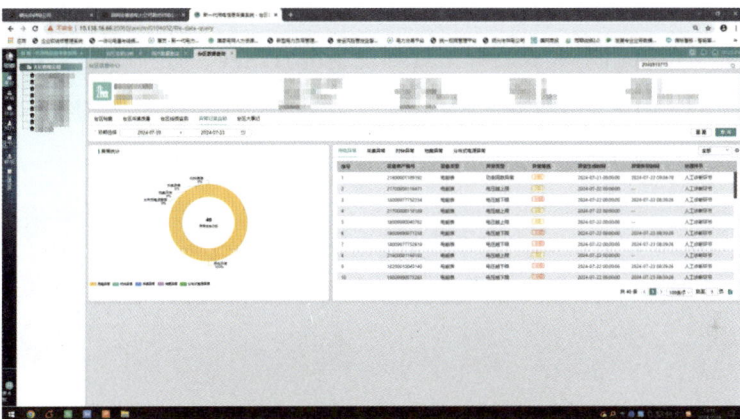

图20-14　A台区异常记录监测截图

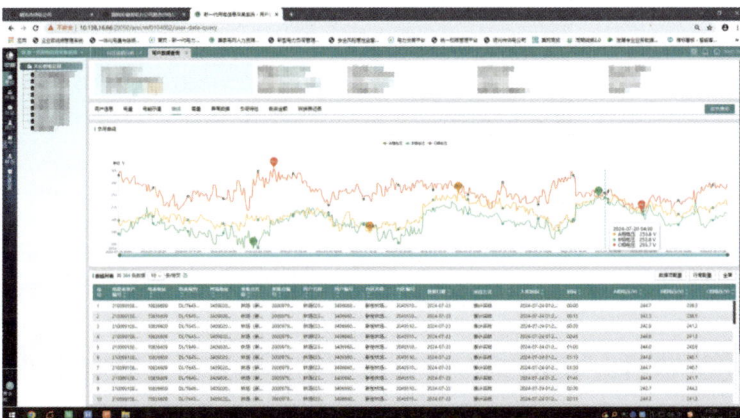

图20-15　A台区总表电压曲线截图

（4）技术分析。该台区7月16日至20日的日均供电量均在409kWh左右，且在7月19日前损耗均为9.4kWh左右，在7月20日起开始损耗增大，如图20-16所示，因此排除技术因素。

24	2024-07-16	471.39	459.63	11.76	2.49	1.67
25	2024-07-17	360.63	354.46	6.17	1.71	1.64
26	2024-07-18	378.55	368.16	10.39	2.74	2.1
27	2024-07-19	427.14	417.96	9.18	2.15	1.91
28	2024-07-20	439.7	404.02	35.68	8.11	1.79

图20-16　A台区供电量与线损数据截图

【现场核查】

工作人员带着钳形电流表等工具到现场进行逐线、逐户排查未发现有漏电、窃电行为，对340××××001314於××电能表进行检查发现该表信号灯不闪烁，通信处于掉线状态，如图20-17所示。

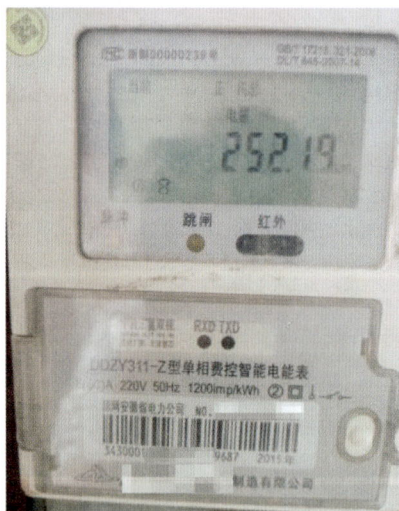

图20-17　於××电能表图

【整改及成效】

工作人员随即通知采集运维人员对该表模块进行更换，如图20-18所示。

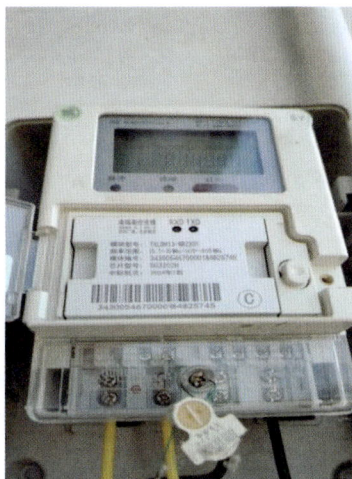

图20-18 於xx更换模块图

7月23日该电能表已正常采集，7月24日该台区损耗电量已经降至49.57kWh，线损率降至6%，如图20-19所示。

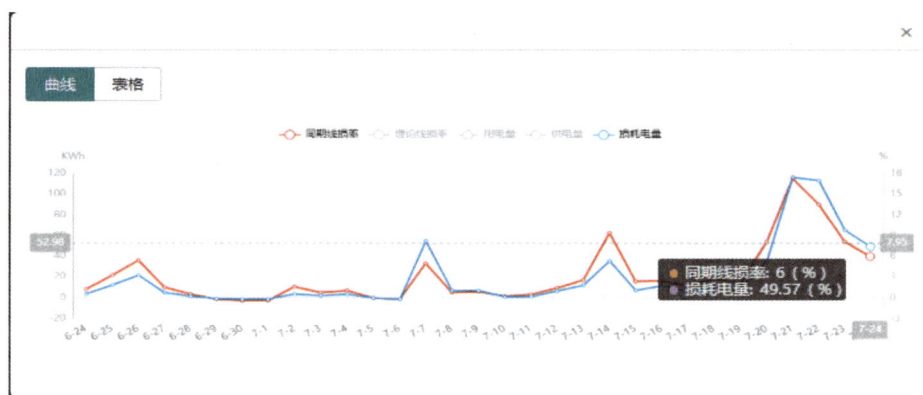

图20-19 A台区7月24日线损变化情况

【总结和建议】

（1）工作人员应时刻关注电能表示值采集成功率，按照《国网营销部关于印发用电信息采集故障现象甄别和处置手册的通知》的要求和方法，加强台区总表及用户侧电能表的采集运维和故障消缺，避免因采集失败影响台区线损。

（2）工作人员应加强台区设备、电能表等装置巡视，加快计量改造和普查速度，确保老旧电能表及时更换，故障隐患及时处理。

案例3　采集时间错误造成台区线损波动

【案例描述】

工作人员在进行线损监测时发现某A台区线损率出现波动。此前线损率和线损电量一直维持稳定，2024年5月12日线损率为14.19%，损失电量267.04kWh，5月11日为负损，线损率为−7.72%，治理前后线损变化情况、日线损率变化曲线如图20-20、图20-21所示。

图20-20　A台区治理前后线损变化情况

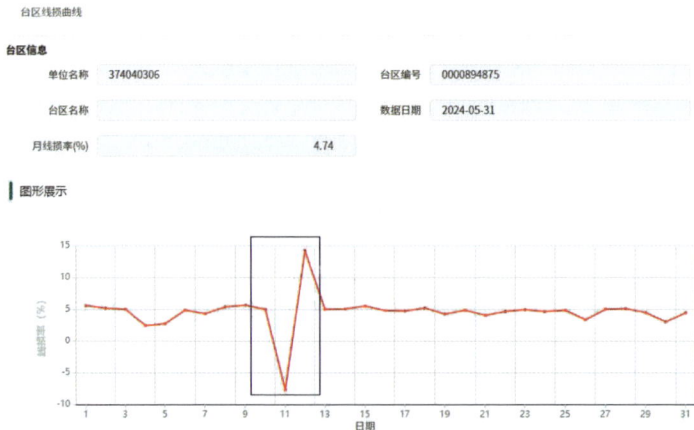

图20-21　A台区日线损率变化曲线

【分析研判】

该台区在2024年5月11日之前线损率均维持在5%左右。台区配变容量400kVA，台区总表倍率120，低压用户164户，其中光伏用户13户，台区低压用户采集模式均为HPLC采集，供电半径合理，三相基本平衡。

工作人员从采集完整性、台户档案、计量准确性、采集准确性四个方面进行分析。

（1）采集完整性分析。从采集系统数据查看，台区线损变化前后用户数量均未出现变化，且采集覆盖率100%，采集成功率100%，台区下电能表电量无拟合现象，故首先排除采集表码缺失造成台区线损波动。台区用户采集情况如图20-22所示。

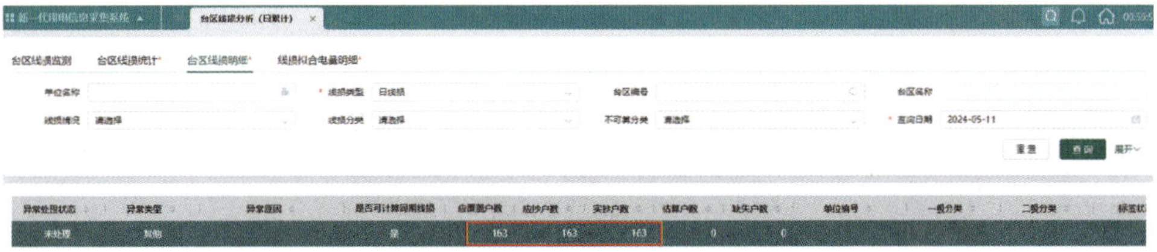

图20-22　台区用户采集情况

（2）台户档案分析。查看同日周边相邻台区线损率，均较为稳定，未发现异常。同日也未发现本台区和相邻台区用户数量变动，排除户变关系错误引起台区线损波动的可能性。

（3）计量准确性分析。对台区开展分析时发现，该台区损耗电量在5月11日和5月12日波动较大，而其他时间线损率均稳定正常，故怀疑台区户表存在电能表时钟错误或采集时间错误的问题。通过采集系统的电能表时钟巡测对该台区电能表时钟进行召测，如图20-23所示，该台区不存在时钟超差电能表。

（4）采集准确性分析。检查台区户表是否存在采集时间错误的问题。通过系统分析，发现采集终端下用户电能表日冻结表码采集时间均在上午10时左右，因此怀疑该采集终端用户采集的表码非0时冻结的止度，而是实时止度，导致当天台区用电量大于台区供电量，采集终端下用户止度采集时间如图20-24所示。

图20-23　台区下用户电能表时钟巡测

图20-24　采集终端下用户止度采集时间

【整改及成效】

发现问题后，工作人员立即与采集终端厂家联系，由于采集终端软件版本较低，在该采集终端下表计出现采集异常后，工作人员在上午10时进行补招，补招的表码为实时止度，而非当天0时冻结的止度，导致台区线损率出现波动。与厂家联系后，对采集终端进行相应操作，采集恢复正常，台区线损也恢复到正常水平，如图20-25所示。

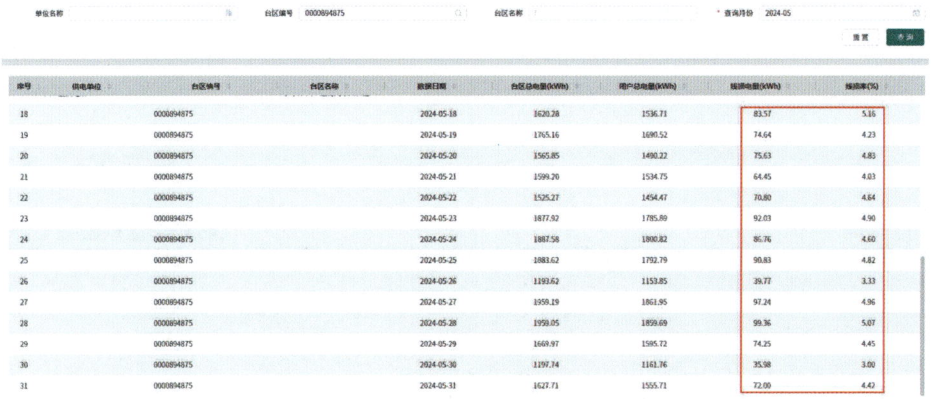

单位名称　台区编号 0000894875　台区名称　* 查询月份 2024-05

重置　查询

序号	供电单位	台区编号	台区名称	数据日期	台区总电量(kWh)	用户总电量(kWh)	线损电量(kWh)	线损率(%)
18		0000894875		2024-05-18	1620.28	1536.71	83.57	5.16
19		0000894875		2024-05-19	1765.16	1690.52	74.64	4.23
20		0000894875		2024-05-20	1565.85	1490.22	75.63	4.83
21		0000894875		2024-05-21	1599.20	1534.75	64.45	4.03
22		0000894875		2024-05-22	1525.27	1454.47	70.80	4.64
23		0000894875		2024-05-23	1877.92	1785.89	92.03	4.90
24		0000894875		2024-05-24	1887.58	1800.82	86.76	4.60
25		0000894875		2024-05-25	1883.62	1792.79	90.83	4.82
26		0000894875		2024-05-26	1193.62	1153.85	39.77	3.33
27		0000894875		2024-05-27	1959.19	1861.95	97.24	4.96
28		0000894875		2024-05-28	1959.05	1859.69	99.36	5.07
29		0000894875		2024-05-29	1669.97	1595.72	74.25	4.45
30		0000894875		2024-05-30	1197.74	1161.76	35.98	3.00
31		0000894875		2024-05-31	1627.71	1555.71	72.00	4.42

图20-25　台区治理后线损率情况

【总结和建议】

台区偶发性高负损波动问题要从台区采集因素着手。首先通过台区用户数量变化，来判断是否可能是新装电能表户变关系错误引起的线损波动。排除以上情况后，再分析台区各电能表（总表、光伏、低压用户）的时钟问题或采集时间问题，如果存在采集时间较晚的情况，再挑选其中用电量较大的用户，查看电能示值曲线，若电能示值曲线中0时止度与日冻结止度不一致，则可以确认采集时间问题导致台区线损出现波动。Ⅰ型采集终端下电能表出现未采集情况后，根据采集终端厂家要求进行处理，正常采集后要将日冻结止度与电能表电能示值曲线进行对比，从而判别补抄止度是否为0时冻结止度。

案例4　采集数据不稳定造成台区高损

【案例描述】

某A台区用户1户，2023年12月3日之前线损率都在合理区间（1%左右），日供电量800～1000kWh，台区状态相对稳定。自12月4日起线损率突然升高，达到34.05%，线损电量416.4kWh，如图20-26所示。

图20-26　A台区线损曲线

【分析研判】

工作人员立即核查台区户变关系，发现台区下用户数比前几天多了1户，显示为台区用户未完全采集覆盖。随后工作人员检查了该台区用电量明细，查询到该用户在12月4日进行了低压非居民新装，采集系统显示其用电量缺失，如图20-27所示。

图20-27　A台区12月4日台区用电量明细

【现场核查】

现场该用户采集模式为采集终端Ⅰ型+Ⅱ型采集器+RS-485电能表模式，工作人员多次对该电能表进行采集运维，但采集异常未消缺。

【整改及成效】

工作人员于12月6日当日对该电能表进行采集运维后，次日该电能表数据成功上线。但是该电能表的采集问题未彻底解决，12月8日再次采集失败，12月10日采集成功，12月11日至12月14日经过现场多次运维，该电能表仍反复出现采集失败问题。根据这一情况，工作人员于12月14日再次前往用户现场，将该用户改为采集终端Ⅱ型+RS-485电能表的无线公网采集模式，至此该用户的采集失败问题彻底解决。抄表情况详如图20-28所示。

用户信息	日期	电能表资产编号	正向有功总（kWh)	尖（kWh)	峰（kWh)	平（kWh)	谷（kWh)	反向有功总（kWh)
			103.2	4.99	67.53	0	30.66	0
			95.04	4.76	62.21	0	28.06	0
			86.17	4.46	55.92	0	25.78	0
			78.99	4.25	51.14	0	23.59	0
			55.63	3.05	36.18	0	16.38	0
			43.22	2	28.48	0	12.73	0
			20.1	0.69	13.42	0	5.97	0

图20-28　电能表抄表数据

12月15日后，A台区线损恢复到正常的1%左右，如图20-29所示。

日期	管理单位	供电所	台区编号	台区名称	台区有量	台区供电量	台区用电量	网损电量	线损率	理论线损率	管理线损目标值	线损情况	判断依据	基线抄表批次	用户数	采集成
2023-12-19					400	1872.00	1852.60	19.40	1.04	2.27	2.27	合格	合理区间内	2	100
2023-12-18					400	1843.20	1824.80	18.60	1.01	2.11	2.41	合格	合理区间内	2	100
2023-12-17					400	1623.60	1610.40	13.20	0.81	2.27	2.27	合格	合理区间内	2	100
2023-12-16					400	849.60	844.00	5.60	0.66	1.68	1.68	合格	合理区间内	2	100
2023-12-15					400	1406.40	1394.60	11.80	0.84	1.59	1.59	合格	合理区间内	2	100
2023-12-14					400	1646.40	1022.40	624.00	37.90	1.24	1.24	出大	普遍偏低	2	100
2023-12-13					400	1542.00	870.00	672.00	43.58	1.15	1.15	出大	普遍偏低	2	90

图20-29　A台区修复后线损曲线

【总结和建议】

这个案例针对用户实际情况，及时调整了采集策略，使得台区线损恢复正常。虽然目前低压采集主要依托载波通信方式，但针对特殊情况需优化采集策略，必要时使用无线公网、北斗卫星通信、微功率无线等采集模式。随着高速载波（双模）的大规模使用，低压用户采集质量会进一步提高，因采集异常影响线损的情况会进一步改善。

案例5 老旧计量设备连续采集失败造成台区高损

【案例描述】

2023年4月，A台区统计线损率持续高于理论线损率，属于高损台区。该台区日均损失电量最高达94.9kWh，日均线损率在4%以上，如图20-30所示。

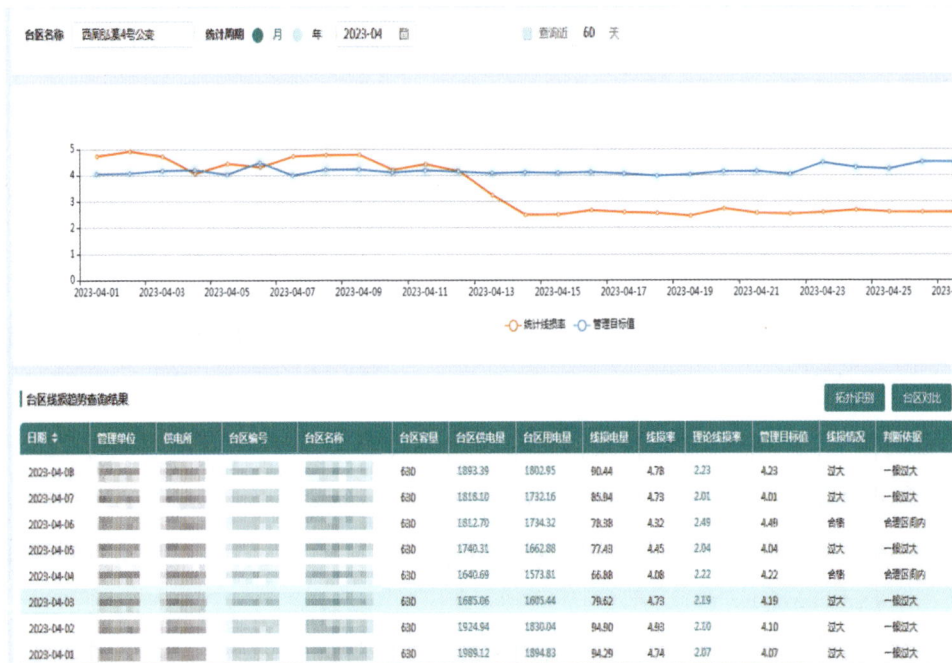

图20-30 A台区线损率情况

【分析研判】

工作人员首先从采集系统分析台区总表电压电流数据，未发现异常；随后对低压用户采集成功率进行检查，发现有1用户连续多天无采集数据，采集成功率只有99.35%，该用户日用电量较大，导致线损电量过大，如图20-31所示。

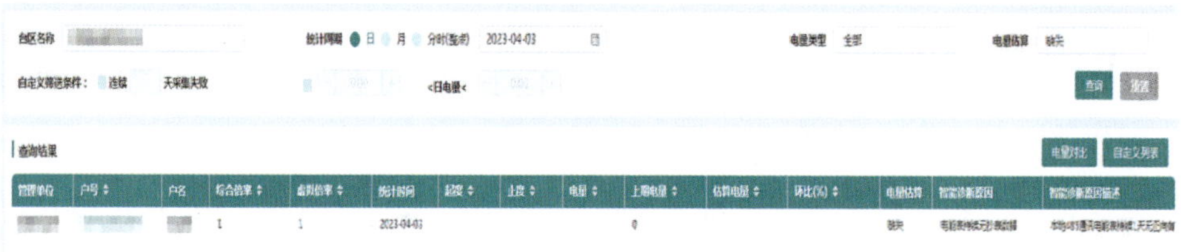

图20-31 异常用户情况

【现场核查】

工作人员立即安排采集运维人员去现场对采集器和电能表进行排查，发现电能表运行年限已久，导致电能表数据采集异常。

【整改及成效】

采集运维人员现场排除采集器故障后，对异常电能表进行更换，该用户14日恢复抄表数据，该台区日线损恢复正常，如图20-32所示。

图20-32 台区线损率恢复情况

【总结和建议】

老旧计量设备经常因数据采集异常而影响台区线损，应将老旧计量设备改造纳入改造计划，优先安排采集不稳定台区的计量更换工作，减少采集异常对台区线损的影响，避免因采集问题影响台区线损超2天及以上的情况出现。

第二十一章　用电异常（含窃电、漏电）

案例1　绕越计量装置窃电造成台区高损

【案件描述】

工作人员在日常线损排查中发现A台区线损率波动较大，日损耗电量最高可达75.13kWh，实际线损率明显高于理论线损率，如图21-1、图21-2所示。

所属区/县	台区编号	台区名称	同期线损				数据日期
			供电量（kWh）	用电量（kWh）	损耗电量（kWh）	线损率（%）	
■■供电公司	■■■■	■■■■公用变	1482	1449.02	32.98	2.23	2024-06-12
■■供电公司	■■■■	■■■■公用变	1714.8	1673.22	41.58	2.42	2024-06-13
■■供电公司	■■■■	■■■■公用变	1990.8	1926.78	64.02	3.22	2024-06-14
■■供电公司	■■■■	■■■■公用变	2178	2103.9	74.1	3.4	2024-06-15
■■供电公司	■■■■	■■■■公用变	2245.2	2170.07	75.13	3.35	2024-06-16
■■供电公司	■■■■	■■■■公用变	2042.4	1974.9	67.5	3.3	2024-06-17

图21-1　A台区线损统计表

【分析研判】

（1）首先对台区采集成功率和台区档案进行分析，6月以来该台区日采集成

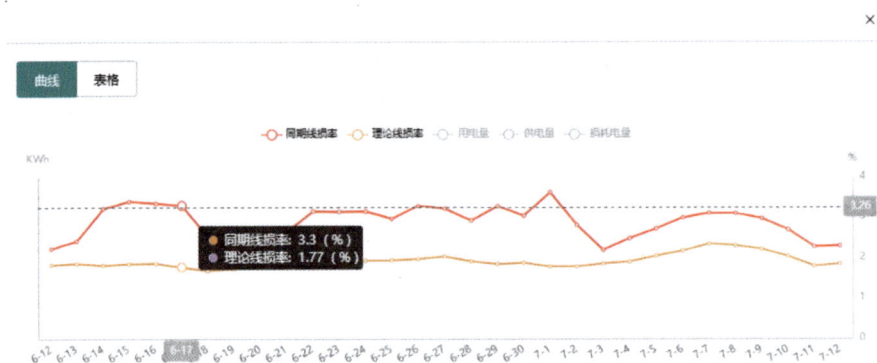

图21-2　A台区线损情况

功率均为100%，台区未发生切改，且台区无新装、增容等情况发生，排除因采集、档案因素造成的线损异常。

（2）其次对台区零电量用户用电量和台区总表曲线分析。长期零电量用户有16户，经采集系统用电量分析、数据透抄，该16户零电量用户一直未用电，曲线正常；台区总表电压电流曲线正常。因此初步排除电能表停走、失压等计量故障因素。

（3）随后工作人员开展台区线损与用户用电量的关联性分析，筛选与线损波动相关的疑似用户，缩小问题排查范围，再通过对疑似用户电能表的电压电流曲线以及中性线、相线电流一致性进行分析，进一步筛选疑似用户。

分析中发现1户存在中性线、相线电流不一致的异常情况，该用户从6月13日17时30分开始中性线、相线出现电流不一致情况，因前期中性线、相线电流一致，因此排除现场共零的情况，故初步判定为用户分流窃电，如图21-3所示。

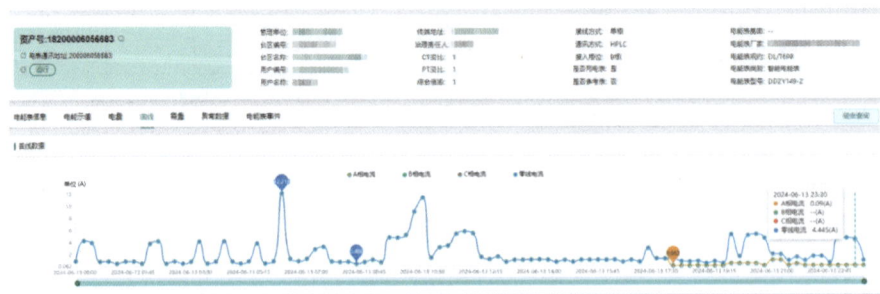

图21-3　异常用户电流情况

再通过该用户6月13日至7月2日相关日用电量对比分析，日用电量较大时，台区线损率较低，而6月13日至18日区间段，用户日用电量较小时，则台区线损率较高，与台区线损波动关联性较大，如图21-4所示。

图21-4　异常用户用电量和台区线损率关系

【现场核查】

工作人员选择在7月3日用户异常时间段，对该用户进行现场检查，发现该用户擅自从接户线另接1路相线用电，属于绕越计量装置窃电，当场对该用户窃电行为进行了处理，如图21-5所示。

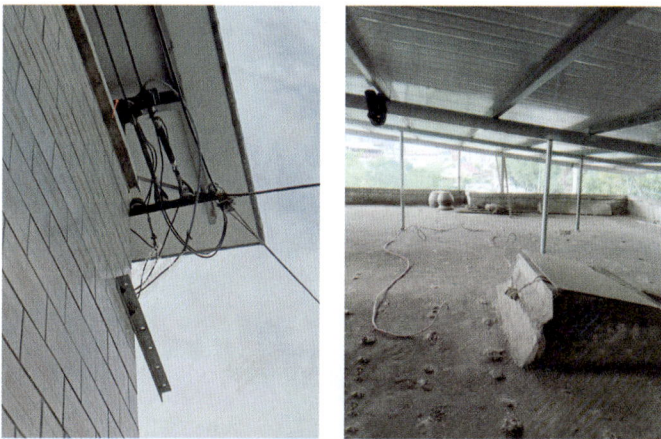

图21-5　用户排查现场照片

【整改及成效】

根据用户现场设备功率，对用户开展了窃电处理，消除用户窃电行为后，7月5日台区线损恢复正常，日线损稳定在3%以下，如图21-6所示。

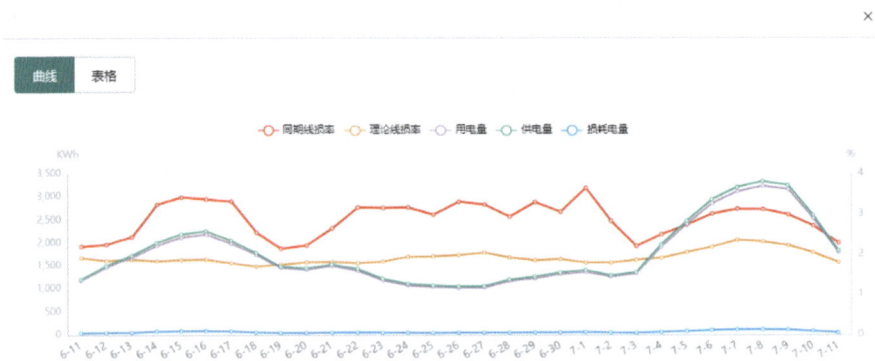

图21-6　A台区线损情况

【总结和建议】

针对线损异常或波动较大的台区，运用系统电量对比、电压电流曲线对比等分析方法，分析与台区线损波动存在关联关系，初步筛选出异常用户清单，再通过采集系统等深入电压电流分析、精准研判，确定疑似窃电用户。安排工作人员等对疑似窃电用户逐一开展现场检查，重点检查接户线、计量箱和电能表封印、接线情况。通过系统精准研判和现场检查，能缩小现场检查范围，减少摸排时间，提高工作效率。

案例2　集中计量箱空置表位接地漏电造成台区高损

【案例描述】

A台区日线损率稳定在2.15%、日损失电量为54kWh。2024年5月28日，该台区线损上升至19.48%，日损失电量为381.46kWh，如图21-7所示。

序号	数据日期	供电量（kWh）	用电量（kWh）	损耗电量（kWh）	周期线损率	理论线损率
24	2024-05-22	1653.5	1617.99	35.51	2.15	1.36
25	2024-05-23	1642.78	1605.4	37.38	2.28	1.66
26	2024-05-24	1730.61	1695.63	34.98	2.02	1.18
27	2024-05-25	1890.68	1851.32	39.36	2.08	1.25
28	2024-05-26	1986.96	1943.46	43.5	2.19	1.16
29	2024-05-27	1725.47	1693.58	31.89	1.85	1.39
30	2024-05-28	1957.85	1576.39	381.46	19.48	1.17
31	2024-05-29	1840.43	1590.84	249.59	13.56	1.22

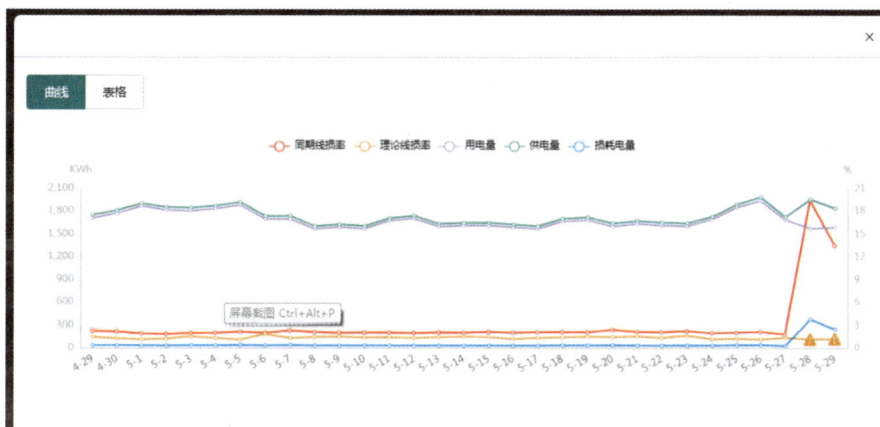

图21-7　A台区5月13日至29日线损率变化情况

【分析研判】

（1）从档案和采集系统数据查看，台区用户数220户（含光伏用户3户），线损变化前后用户数量未出现变化，采集覆盖率100%，采集成功率100%，未发现档案和采集因素影响台区线损的问题，如图21-8所示。

（2）查看台区线损率、功率因数、三相电流值，均较为稳定。同时段内也未发现相邻台区用户数量变动，基本排除户变关系错误因素引起台区线损率波动的可能性。

（3）查看台区用电异常，对比台区低压用户电压电流数据情况，用电异常监测中未发现台区存在失压、失流、电能表飞走、倒走等计量异常，比对台区低压电流情况，未发现存在台区低压用户过流、中性线与相线电流异常超差问题，基本排除台区低压用户电能表计量异常的问题，如图21-9所示。

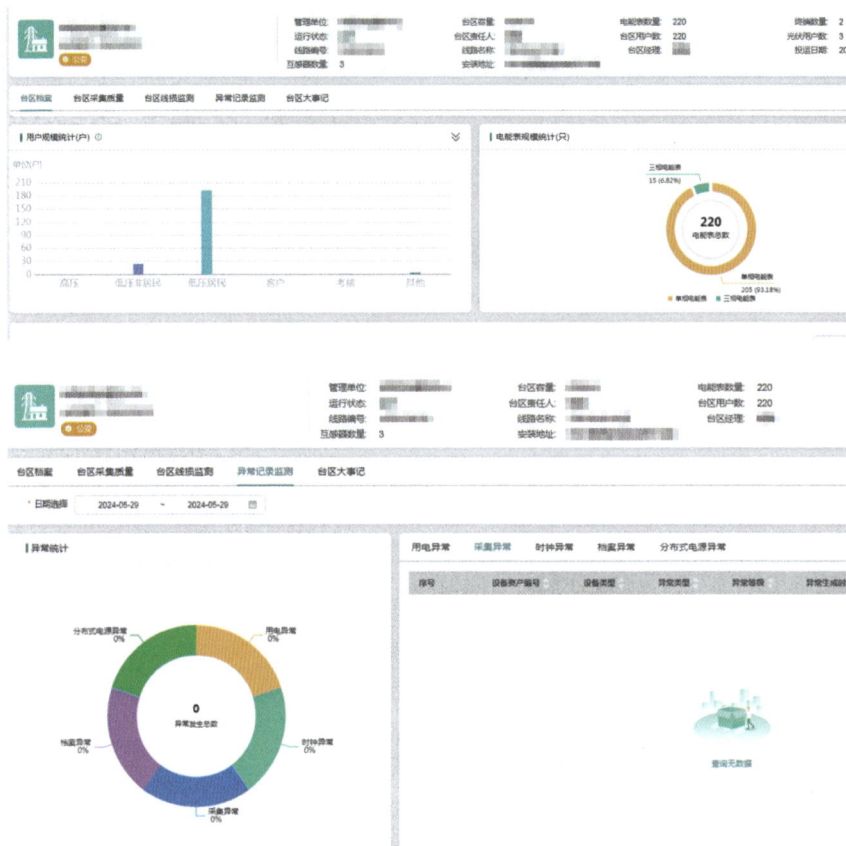

图21-8　A台区5月28日台区档案总览

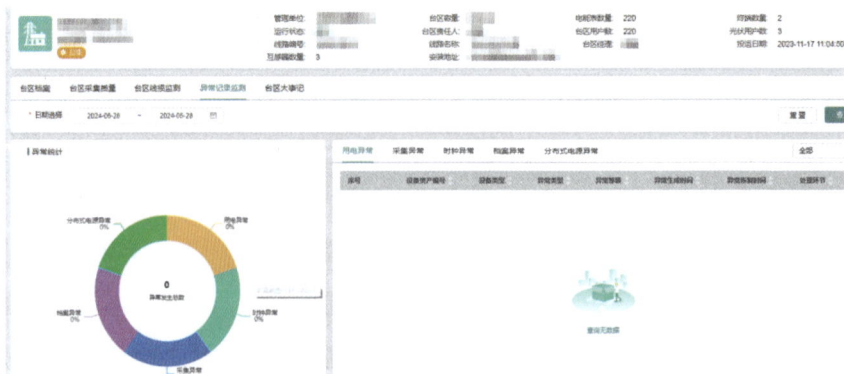

图21-9　A台区5月29日用电异常监测情况

（4）排除档案、采集、计量等管理因素后，异常分析重点转移至现场核查，不排除存在窃电或者台区漏电等方面问题。

【现场核查】

5月30日，工作人员现场核查低压用户电能计量装置情况，发现一处低压集中计量箱的空置表位处存在电弧灼烧痕迹。经查看，空置表位的绝缘胶布老化，裸露出来的线路与计量箱外壳接地放电，如图21-10所示。

图21-10　计量箱空置电弧灼烧痕迹

【整改及成效】

（1）工作人员现场处理异常情况，将空置表位低压进线重新绝缘包裹后放置在新PVC管接头处，防止再次接触计量箱外壳。

（2）故障处理后台区线损恢复正常，稳定在2%以内，如图21-11所示。

【总结和建议】

加强电能计量箱漏电防治全过程管理。

（1）加强安装投运环节管理。电能计量箱安装位置应合理，安装环境要干燥、通风，外壳要可靠接地，减少环境因素导致的漏电风险。

（2）安装漏电保护装置。建议电能表出线位置安装漏电保护器，发生漏电时能迅速切断电源，防止事故扩大；根据需要安装过载、短路、电涌保护器等装置，提高线路的安全性能。

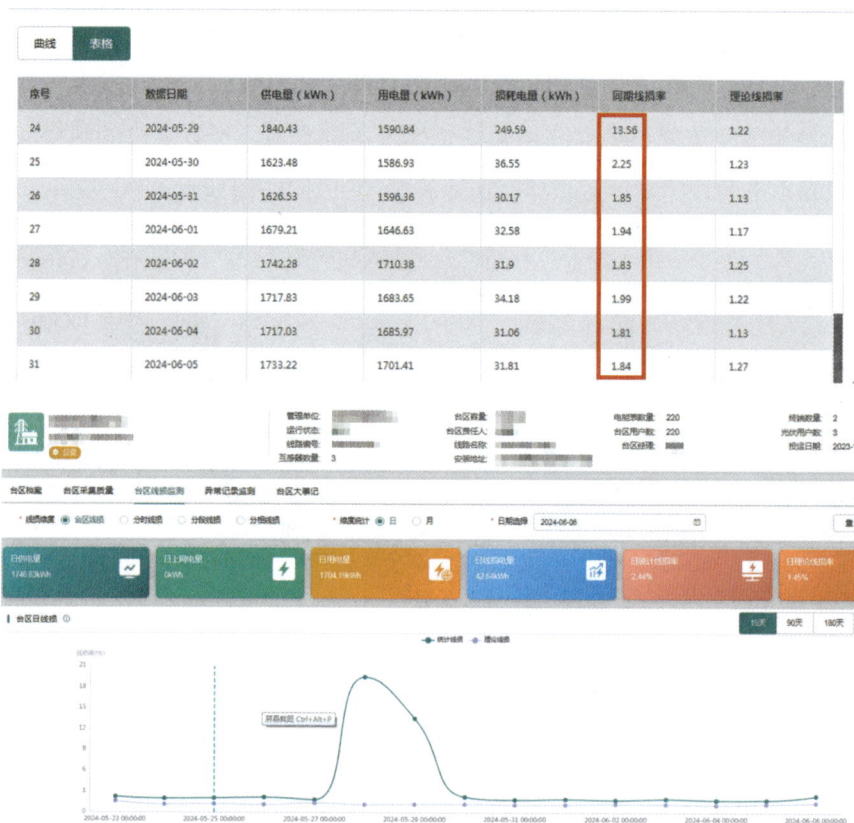

图21-11　A台区5月23日至6月6日线损率变化情况

（3）加强电能计量箱的防护措施，如安装防雨罩、防小动物进入的网罩等，防止外部因素对线路造成破坏。

（4）定期巡视与维护。定期对电能计量箱表位线路进行检查，包括线路的绝缘性能、连接情况、老化程度等，及时发现并处理潜在问题；定期对电能计量箱进行清洁与维护。

（5）记录管理。建立完善的电能计量箱表位线路档案管理制度，记录线路的型号、规格、安装位置、维护记录等信息，便于后续管理和维护。

案例3　电能表分流窃电造成台区高损

【案例描述】

某A台区日线损率稳定在2%～3%、日损失电量为10～20kWh。2024年5月23日，该台区线损上升至8.03%、日损失电量为25kWh，5月24日线损更是高达9.79%，如图21-12、图21-13所示。

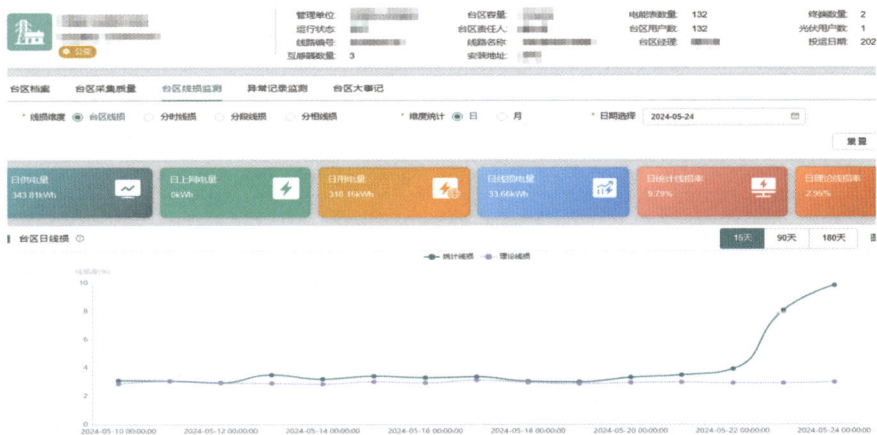

图21-12　A台区5月10日至24日线损变化情况

序号	数据日期	供电量（kWh）	用电量（kWh）	损耗电量（kWh）	同期线损率	理论线损率
1	2024-05-17	303.71	293.61	10.1	3.33	3.09
2	2024-05-18	338.23	328.06	10.17	3.01	2.93
3	2024-05-19	332.39	322.54	9.85	2.96	2.84
4	2024-05-20	316.75	306.34	10.41	3.29	2.91
5	2024-05-21	293.65	283.52	10.13	3.45	2.94
6	2024-05-22	293.5	282.13	11.37	3.87	2.88
7	2024-05-23	314.52	289.26	25.26	8.03	2.88
8	2024-05-24	343.81	310.15	33.66	9.79	2.95

图21-13　A台区5月17日至24日线损变化情况

【分析研判】

（1）从采集系统数据查看，台区线损变化前后用户数量均未出现变化，无采集失败，采集成功率100%，无未接入用户，覆盖率100%，如图21-14所示。

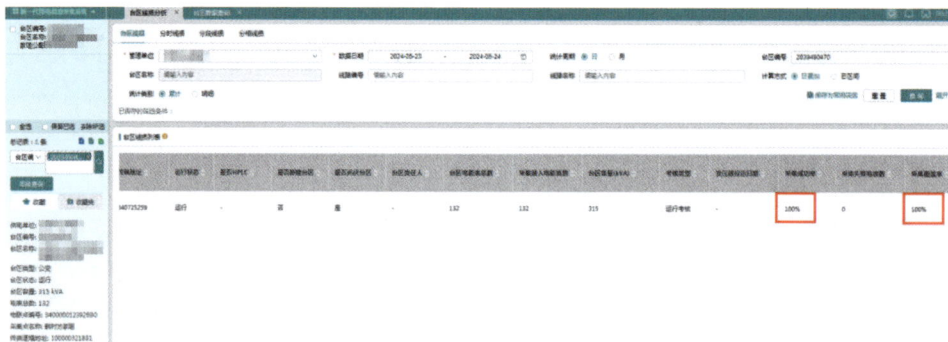

图21-14　A台区采集质量核查情况

（2）系统查看无户变关系调整、新增业扩及换表流程，档案正常，可排除档案因素，如图21-15所示。

图21-15　A台区大事记模块流程截图

（3）计量异常分析时查询未发现电能表飞走、失压、断相等明显影响台区线损的事件存在，因此排除电能表故障因素，如图21-16所示。

综上初步研判，重点应现场核查用户计量装置运行情况、窃电等方面问题。

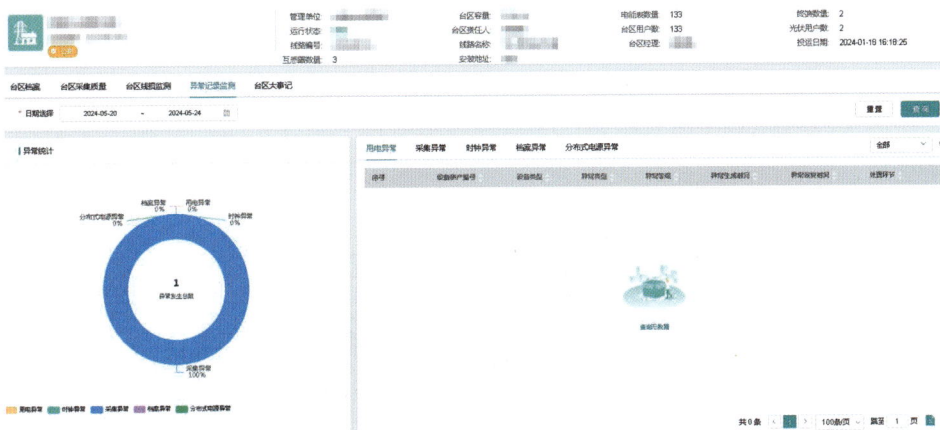

图21-16　A台区异常记录监测截图

【现场核查】

对用户进行分析，通过用户电量变化的分析比对，结合当天线损状况，怀疑窃电或电能表误差导致计量异常。工作人员立即进行现场检查，发现1户电能表有相线分流窃电情况，如图21-17所示。

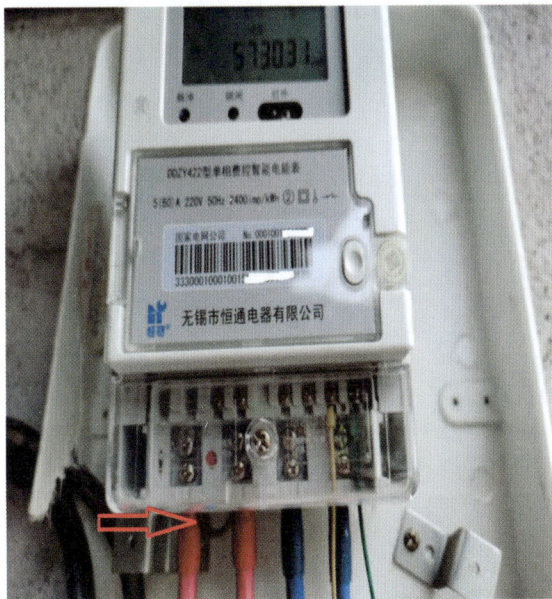

图21-17　现场窃电照片

【整改及成效】

工作人员现场保留证据后，现场通知用户，依据《供电营业规则》进行窃电处理，现场整改如图21-18所示。

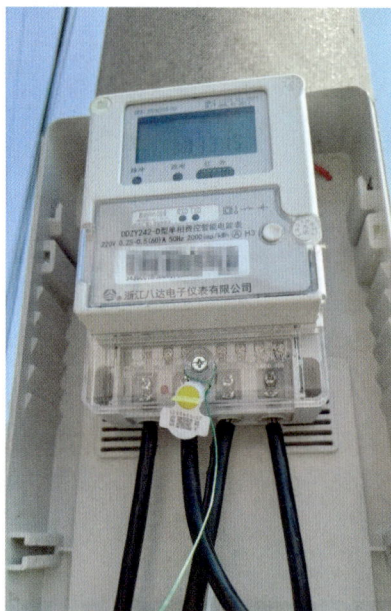

图21-18　更换电能表加封照片

2024年5月25日处理完毕，该台区日线损率恢复至5%，之后日线损率于4%上下波动，均在合理区间0%～7%范围内，如图21-19、图21-20所示。

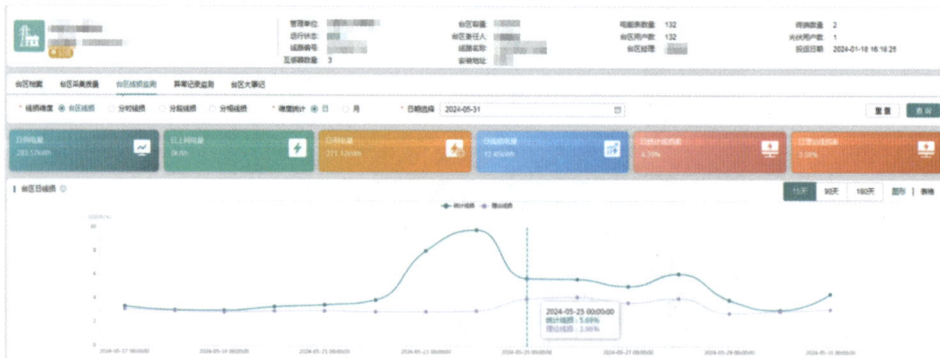

图21-19　A台区治理后线损变化曲线

图21-20　A台区治理后线损率情况

序号	数据日期	供电量（kWh）	用电量（kWh）	损耗电量（kWh）	同期线损率	理论线损率
1	2024-05-24	343.81	310.15	33.66	9.79	2.95
2	2024-05-25	357.36	337.01	20.35	5.69	3.96
3	2024-05-26	379.62	358.28	21.34	5.62	4.13
4	2024-05-27	293.07	278.37	14.7	5.02	3.64
5	2024-05-28	294.74	276.86	17.88	6.07	4.01
6	2024-05-29	300.71	289.03	11.68	3.88	2.76
7	2024-05-30	277.53	269.13	8.4	3.03	2.92
8	2024-05-31	283.57	271.12	12.45	4.39	3.08

【总结和建议】

（1）加强计量装置防护，新装用户三封一锁齐全、定期巡视计量装置、消缺隐患，降低计量设备缺陷造成用户容易窃电的风险。

（2）定期开展安全用电宣传，提高用户依法合规用电意识，维护供用电秩序。

案例4　低压电缆漏电造成台区高损

【案例描述】

工作人员发现某A台区，4月11日以来持续出现异常波动，从4月11日至18日数据显示，该台区日线损率最高达18.20%，最低线损率10.11%，线损率持续超10%，最大日损失电量158.57kWh，平均每日线损电量超100kWh，4月11日至18日线损率变化情况如图21-21所示。

数据日期	台区总电量(kWh)	用户总电量(kWh)	线损电量(kWh)	线损率(%)
2024-04-11	871.20	712.63	158.57	18.20
2024-04-12	868.80	714.57	154.23	17.75
2024-04-13	847.20	708.83	138.37	16.33
2024-04-14	903.20	768.30	134.90	14.94
2024-04-15	856.00	700.62	155.38	18.15
2024-04-16	825.60	701.59	124.01	15.02
2024-04-17	770.40	677.24	93.16	12.09
2024-04-18	754.40	678.15	76.25	10.11

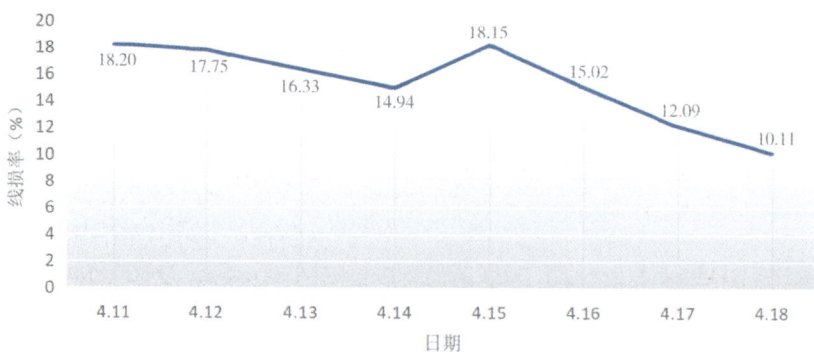

图21-21　A台区4月11日至18日线损率变化情况

【分析研判】

（1）台区出现高损时，首先基于营销系统检查近期换表流程，检查未发现异常。

（2）对台区档案排查，台区内用户档案在异常期间无变动，核查营销系统与采集系统档案一致，排除档案问题。

（3）对台区内电能表采集情况进行排查，发现总表日冻结上报时间较晚，对总表进行更换后线损未见明显变化。台区总表日冻结采集情况如图21-22所示。

测量点序号	数据日期	表码记录时间	数据质量标识	正向有功总	正向有功尖
1	2024-04-09	2024-04-09 01:13:39	正常采集	111365.54	17531.78
1	2024-04-10	2024-04-10 01:13:14	正常采集	111371.95	17532.56
1	2024-04-11	2024-04-11 01:12:32	正常采集	111379.03	17533.78
1	2024-04-12	2024-04-12 01:12:56	正常采集	111385.53	17534.52

图21-22　台区总表日冻结采集情况

图21-23　变压器下保护开关出线处A相电流　　　图21-24　分支箱处A相电流

（4）依据台区线损分析模块，逐户排查台区内电能表不存在失压失流情况，核查经互感器接入电能表倍率配置合理。

排除档案、采集、计量误差后，结合台区线路情况，判定线路存在漏电或窃电情况。

【现场核查】

（1）对台区进行全面检查，检查台区总表、用户电能表、互感器、计量箱进出线均未发现异常。

（2）最后排查该台区变压器低压出线到台区下所有分支箱的线路，发现变压器一路保护开关出线到楼区一分支箱地埋电缆两端电流分别为21.09、12.99A，相差8.1A，如图21-23、图21-24所示。电缆中间无其他分支线，现场电缆管道上部地面均已覆盖水泥地面，没有人为开挖或变动的痕迹，无窃电情况，故判定该段电缆漏电，经过对该电缆的仔细检查发现中间有一接口绝缘包裹损坏且该段电缆线路老化，存在漏电情况。

【整改及成效】

发现问题后工作人员对该条电缆线路进行改造，更换漏电电缆，台区线损于5月1日起恢复正常，如图21-25所示。电缆漏电问题整改后，线损率有了显著改善，如图21-26所示。

序号	供电单位	台区编号	台区名称	数据日期	台区总电量(kWh)	用户总电量(kWh)	线损电量(kWh)	线损率(%)
1	供电	117...231	10kV比...号台区	2024-05-01	690.40	676.49	13.91	2.01
2	供电	117...241	10kV比...2号台区	2024-05-02	677.60	665.20	12.40	1.83
3	供电	117...241	10kV比...2号台区	2024-05-03	663.20	649.75	13.45	2.03
4	供电	117...241	10kV比...2号台区	2024-05-04	739.20	724.12	15.08	2.04
5	供电	117...241	10kV比...2号台区	2024-05-05	672.00	659.65	12.35	1.84
6	供电	117...241	10kV比...2号台区	2024-05-06	656.00	642.87	13.13	2.00
7	供电	117...241	10kV比...2号台区	2024-05-07	671.20	657.90	13.30	1.98
8	供电	117...241	10kV比...2号台区	2024-05-08	705.60	692.38	13.22	1.87

图21-25　5月1日至5月8日线损情况

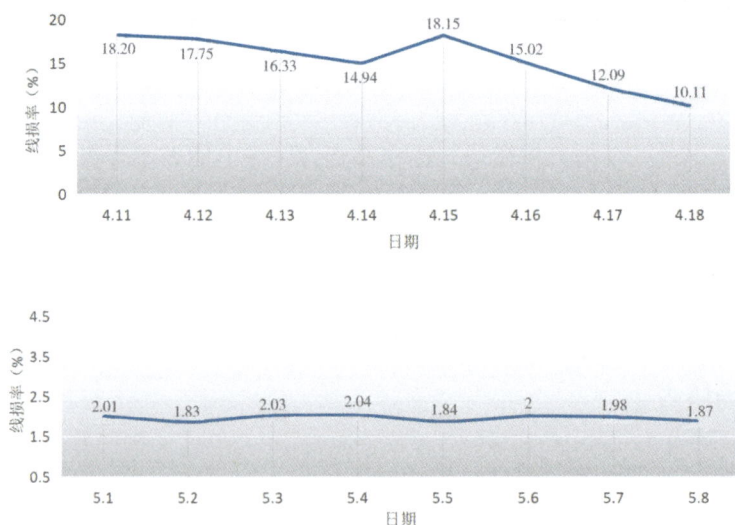

图21-26　治理前后线损率曲线对比

【总结和建议】

（1）台区出现突发连续高损情况首先排查近期的电能表或者终端更换是否正常，排查所有用户的档案以及采集信息。接着根据用户用电数据筛选疑似窃电的用户，最后进行台区的现场检查，检查电能表互感器是否存在计量误差以及线路是否存在漏电情况。

（2）地埋电缆漏电情况一般较难发现，埋在地下部分电缆一般不允许出现接头，对已存在地下接头的电缆应留好记录并定期检查。

案例5 接户线绝缘层破损漏电造成台区高损

【案例描述】

工作人员发现某A台区2024年3月25日线损率为17.94%，损失电量69.09kWh，为高损台区，如图21-27所示。

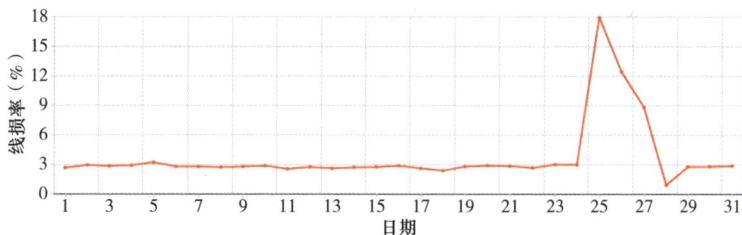

图21-27 3月25日至27日线损率变化情况

【分析研判】

该台区在3月25日前日均线损率在4%以内。台区配变容量315kVA，台区总表倍率60，该台区有用户130户，其中光伏用户6户，低压用户124户，供电半径合理，三相基本平衡。

工作人员随即从档案、计量、采集、技术四个方面分别进行分析。

（1）档案分析。经核查，该台区近期无负荷切改，新增业扩以及换表等业务发生，同时段内也未发现相邻台区用户数量变动，基本排除台区对应关系错误因素引起台区线损率波动的可能性。

（2）计量分析。通过系统用电量分析，发现该台区用户用电量无明显变化，如图21-28～图21-30所示，故可排除因计量装置故障造成的线损异常。

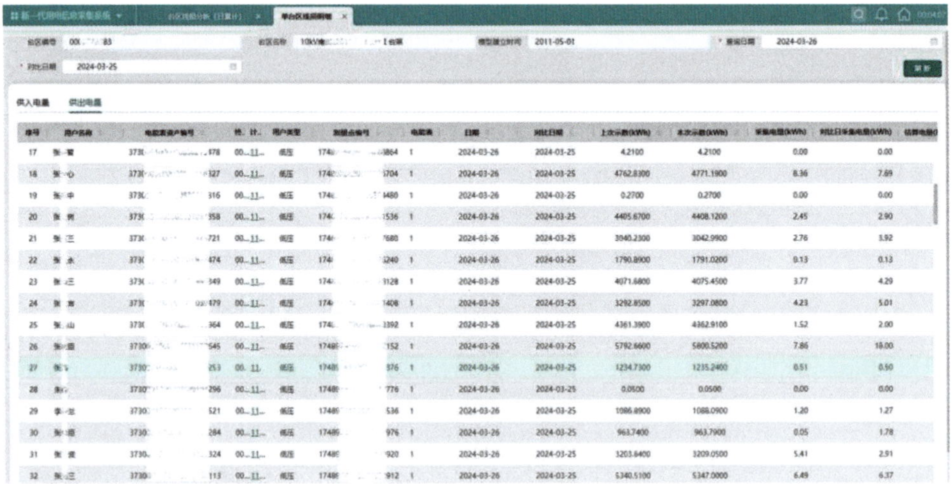

图21-28　A台区用户用电量变化情况（1）

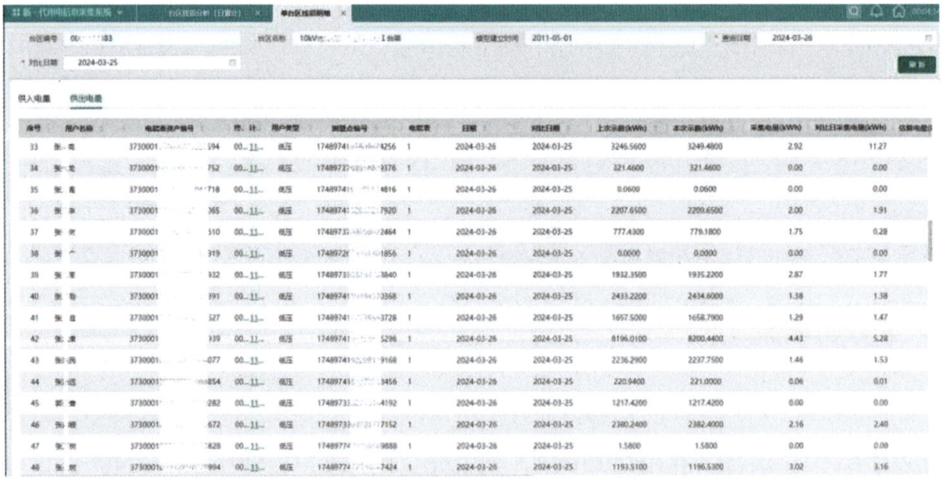

图21-29　A台区用户用电量变化情况（2）

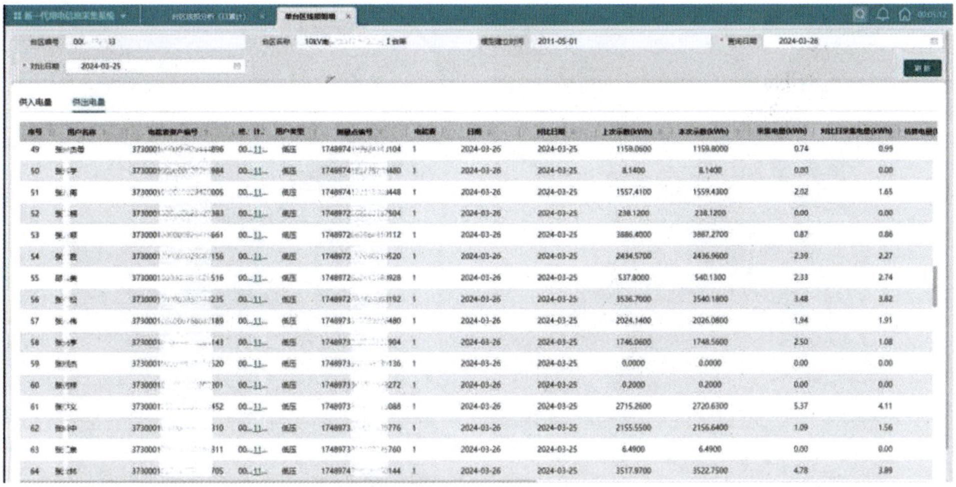

图21-30 A台区用户用电量变化情况（3）

（3）采集分析。从系统数据查看，台区线损变化前后用户数量均未发生变化，且采集覆盖率100%，采集成功率100%，未发现采集因素影响台区线损的问题。

（4）技术分析。综上初步研判，该台区高损问题，重点应现场核查低压接线，不排除存在窃电、漏电等方面问题。

【现场核查】

3月26日，工作人员携带钳形电流表等工具到现场进行逐线、逐户排查，最终发现一处横担与接户线交界处绝缘层破损，造成线路漏电。

【整改及成效】

工作人员现场将该处接户线进行包扎并套管，如图21-31所示。

该处因接户线电缆绝缘层破损导致的漏电处理后，2024年3月28日起线损恢复正常，3月29日开始日线损率稳定在2.7%左右，日均损失电量19kWh左右，如图21-32、图21-33所示。

图21-31　A台区现场整改前后照片

图21-32　台区治理后线损变化情况

【总结和建议】

（1）建议按照安装规范，检查各环节安装质量，如接户线是否存在磨损风险，接线桩头上的螺丝是否紧固，横担是否安装牢固等。

（2）加强设备日常巡视，特别是接户线与横担、钢绞线交接处，及时发现问题并整改，避免因线路漏电导致台区高损。

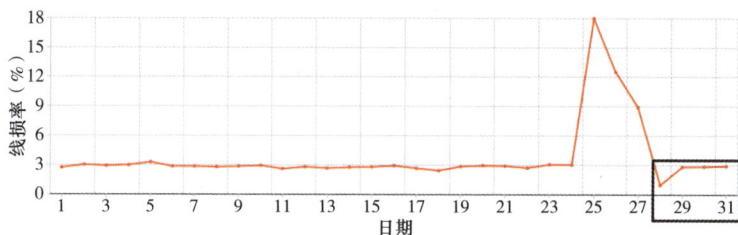

图21-33 台区治理后线损曲线变化情况

案例6 用户窃电造成台区高损

【案例描述】

2024年3月17日，工作人员在对台区日线损率监测时发现，3月16日某A台区日线损率12.87%，台区供电量462kWh、线损电量59.54kWh。3月1日至16日数据显示，如图21-34所示。该台区持续出现异常波动，最低线损率3.09%，最高12.87%，大部分日期的台区线损率处于高损状态，如图21-35所示。

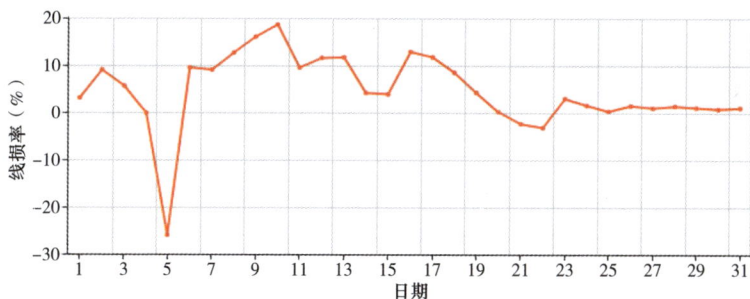

图21-34 3月线损率曲线

序号	供电单位	台区编号	台区名称	数据日期	台区总电量(kWh)	用户总电量(kWh)	线损电量(kWh)	线损率(%)
14			戈壁线K100H03施…	2024-03-14	564.60	540.87	23.73	4.20
15			戈壁线K100H03施…	2024-03-15	487.20	468.18	19.02	3.90
16			戈壁线K100H03施…	2024-03-16	462.60	403.06	59.54	12.87
17			戈壁线K100H03施…	2024-03-17	328.20	289.65	38.55	11.75
18			戈壁线K100H03施…	2024-03-18	307.20	281.15	26.05	8.48
19			戈壁线K100H03施…	2024-03-19	273.00	261.40	11.60	4.25
20			戈壁线K100H03施…	2024-03-20	258.00	257.64	0.36	0.14

图21-35 治理前线损情况

【分析研判】

（1）从采集系统数据查看，台区线损变化前后用户数量均未出现变化，且采集覆盖率100%，采集成功率100%，无超差电能表，同时未发现台区电能表存在电压、电流及功率的异常，排除采集因素影响。

（2）查看近期该村其他台区线损情况，发现相邻台区线损稳定且无异常。本台区有22户，没有一终端多台区的情况，基本排除户变关系错误因素引起的台区线损波动。

（3）选择台区供电量接近但线损率相差大的2个典型日进行分析（3月15日与3月6日），线损电量相差25kWh，对比用户用电量，锁定电量变化大且超过25kWh的6户及电量一直为0kWh的4户。经分析后发现，有1户煤改电用户，冬季开始（2023年12月至次年2月）电量电费持续为零，如图21-36所示，但2022年同比月用电量1000kWh左右，如图21-37所示。

	应收年月	费用类别	总电量	应收金额(元)	实收金额(元)	应收违约金(元)	实收违约金(元)	结算期数	费用状态
☐	202402	正常电费	0	0	0	0	0	0	非锁定
☐	202401	正常电费	0	0	0	0	0	0	非锁定
☐	202312	正常电费	0	0	0	0	0	0	非锁定
☐	202311	正常电费	11	6.02	6.02	0	0	0	非锁定
☐	202310	正常电费	25	14.92	14.92	0	0	0	非锁定
☐	202309	正常电费	352	210.11	210.11	0	0	0	非锁定

图21-36　2023年12月至次年2月电量电费

（4）从台区档案和电网设备运行条件上判断，该台区为2018年8月新布点台区，主供民宿、饭店使用，低压配电线路为电缆，线路线损耗小。因台区损失电量波动大，排除漏电可能。

电费收费情况									
	应收年月	费用类别	总电量	应收金额(元)	实收金额(元)	应收违约金(元)	实收违约金(元)	结算期数	费用状态
☐	202304	正常电费	144	78.75	78.75	0	0	0	非锁定
☐	202303	正常电费	320	175.01	175.01	0	0	0	非锁定
☐	202302	正常电费	1145	626.2	626.2	0	0	0	非锁定
☐	202301	正常电费	1364	745.97	745.97	0	0	0	非锁定
☐	202212	正常电费	1373	750.89	750.89	0	0	0	非锁定
☐	202211	正常电费	33	18.05	18.05	0	0	0	非锁定

图21-37　2022年12月至次年2月电量电费

综上初步研判，台区线损问题可能为用户电能表故障或窃电行为。

【现场核查】

（1）3月20日，工作人员首先前往变压器处测量接地电流，经核实台区无漏电情况。

（2）其次到初步研判的异常用户现场，核对是否有用户私拉乱接，同时逐一用钳形电流表测量进线电流是否与电能表显示电流一致，发现零电量煤改电用户的表箱开关出线侧私接出一根黑色导线通向房顶，实测一次电流28A，电能表所计量用户是一家营业民宿。顺着电线核查，确认私接线路供民宿的空调、照明等设备运行，如图21-38所示。

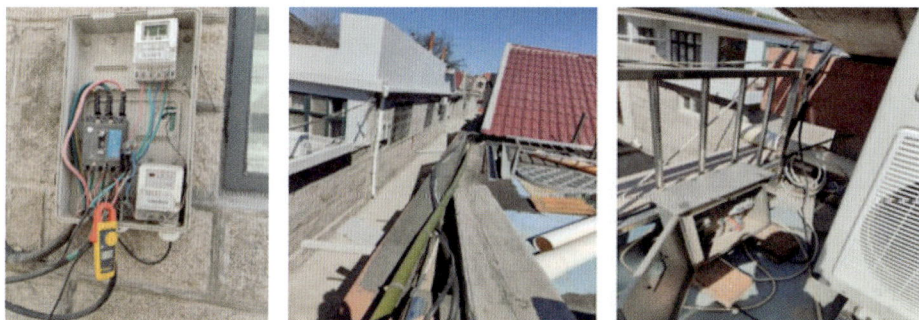

图21-38 用户窃电现场照片

【整改及成效】

工作人员告知用户绕越计量装置用电，属于窃电行为，当场完成了与用户的书面确认。用户确认后，工作人员拆除私接线路，对电能表及计量箱加上封印和锁。

经处理后，台区线损率稳定在1%左右，日均损失电量3kWh左右，如图21-39、图21-40所示。

【总结和建议】

（1）台区线损波动大且线损高可从用户窃电方面着手：对比线损高和线损低的2天用户用电量，排查是否存在用户用电或不用电导致线损波动；其次优先

序号	供电辖区	台区编号	台区名称	数据日期	台区总电量(kWh)	用户总电量(kWh)	线损电量(kWh)	线损率(%)
25		921	戈阿线K100H03融…	2024-03-25	204.60	203.97	0.63	0.31
26			戈阿线K100H03融…	2024-03-26	208.20	205.12	3.08	1.48
27			戈阿线K100H03融…	2024-03-27	220.20	218.02	2.18	0.99
28			戈阿线K100H03融…	2024-03-28	220.20	217.15	3.05	1.39
29			戈阿线K100H03融…	2024-03-29	209.40	207.20	2.20	1.05
30			戈阿线K100H03融…	2024-03-30	258.00	256.02	1.98	0.77
31			戈阿线K100H03融…	2024-03-31	262.80	260.12	2.68	1.02

图21-39　台区治理后线损情况

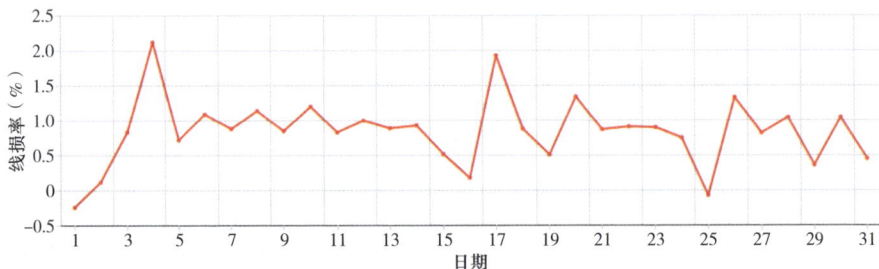

图21-40　4月线损率曲线

现场排查电量波动大的用户、零电量的三相表用户，排查是否有表前开关私拉乱接、电能表短接等情况。

（2）及时更换破损计量箱，加强电能表、计量箱封锁管理，推进封锁覆盖率100%，降低用户私自改动计量装置的风险。

案例7　擅自接线用电造成台区高损

【案例描述】

2023年4月某A台区出现线损异常波动，通过采集系统发现3月30日至4月3日线损过大，平均线损率达到15%，日均损失电量145kWh，发生突变高损，如图21-41所示。

【分析研判】

从档案、采集、技术三个方面对该台区的线损异常情况进行分析。

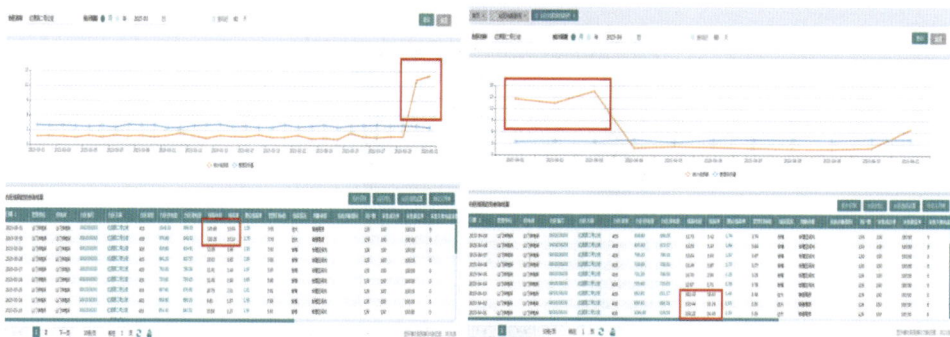

图21-41　A台区2023年3月30日至4月3日采集系统线损曲线

（1）档案数据准确性分析。该台区下辖用户数131户，查询营销系统流程发现，台区下近期无用户新装，该台区未发生用户切改，因此档案数据无异常。

（2）采集数据准确性分析。该台区线损持续多天出现异常且采集成功率始终保持100%，基本可以排除偶发统计问题或采集数据异常致使线损过大的情况。

（3）线路技术线损情况分析。该台区供电半径500m之内，变压器未发生重载，对低压线路进行了巡查，未发现树枝接触、瓷瓶碎裂、直接搭挂等现象，低压线路运行状态良好。不存在技术线损异常情况。

在上述分析均没有发现问题的情况下，针对日线损的波动情况，怀疑台区存在窃电情况。

【现场核查】

工作人员对整个台区用户现场进行逐一排查。排查发现某一用户从表前开关进线侧擅自接线用电，工作人员实施现场取证并开具窃电处理通知单，如图21-42～图21-44所示。

【整改及成效】

工作人员对该户窃电进行了处理，处理后，4月A台区线损率恢复至1.57%～2.31%之间，达到合理区间，如图21-45所示。

图21-42　窃电现场照片

图21-43　用户窃电现场

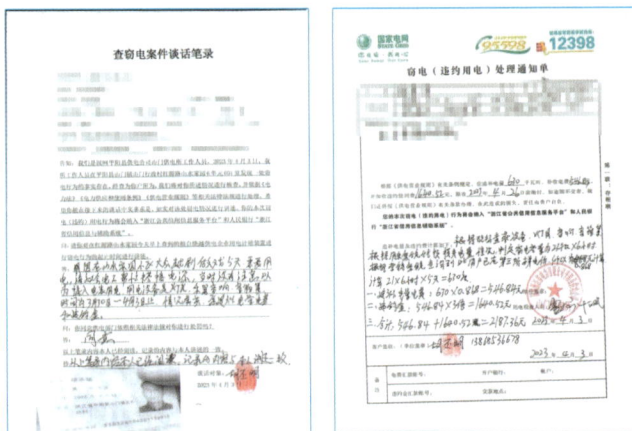

图21-44　窃电处理通知单和谈话笔录

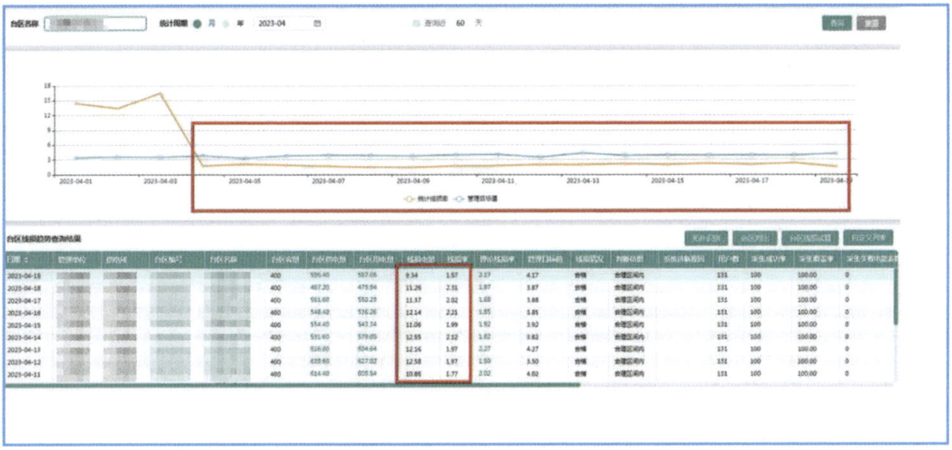

图21-45　A台区线损治理后曲线波动情况

【总结和建议】

线损治理应充分利用信息化系统数据，分析容易导致线损异常的档案、采集等因素，缩小可能的异常范围，根据线损曲线的特点推断可能的原因，通过现场排查验证分析结果；同时需要掌握线损排查治理的基础能力和方式方法，应定期开展技能培训，夯实基础。

案例8　低压电缆漏电造成台区高损

【案例描述】

2023年9月15日，工作人员发现，自9月11日起A台区线损率突然升高，9月15日台区线损率高达25.1%、日损失电量达158kWh，属于突发高损台区。该台区共有用户110户，此前线损率稳定在1%~2%，日供电量基本在780kWh左右，损失电量在15kWh左右，如图21-46所示。

日期	管理单位	供电所	台区编号	台区名称	台区容量	台区供电量	台区用电量	线损电量	线损率	理论线损率	管理目标值	线损情况	判断依据
2023-09-15					800	747.00	588.62	159.38	21.20	1.73	1.73	过大	普通离损
2023-09-14					800	783.00	632.15	150.85	19.27	1.71	1.71	过大	普通离损
2023-09-13					800	909.00	770.82	138.18	15.20	1.73	1.73	过大	普通离损
2023-09-12					800	1035.00	912.55	122.45	11.83	1.86	1.86	过大	普通离损
2023-09-11					800	993.00	904.74	88.26	8.89	1.87	1.87	过大	普通离损
2023-09-10					800	954.00	938.19	15.81	1.66	2.30	2.30	合格	合理区间内
2023-09-09					800	939.00	922.86	16.14	1.72	2.11	2.11	合格	合理区间内
2023-09-08					800	921.00	910.75	10.25	1.11	2.25	2.25	合格	合理区间内

图21-46　A台区日线损情况

【分析研判】

A台区为城市老旧小区，台区下有108户居民用户，另有1户路灯和1户门卫室用户，工作人员对台区各项数据进行分析，分析情况如下：

（1）营配关系分析，从工作台区监测诊断情况，对该台区用电侧110户进行穿透分析均正确。

（2）计量数据分析，从工作台区监测诊断情况对该台区用户用电情况进行诊断，不存在用户缺失、失压、失流、电压越限、时钟异常、数据不对应、抄表失败、电能表飞走、倒走，无换表记录等问题。

（3）档案数据分析，该台区近期未发生线路改造以及切负荷工作，运行方式未发生变化。

工作人员从台区各项数据中未能找到线损异常突破口，从台区经理处得知该小区正在地下管道改造施工中，初步预判为该台区现场存在窃电或者线路漏电，需组织工作人员进行现场排查。

【现场核查】

工作人员到 A 台区进行现场排查。在排查到常 ＊ 苑小区 14 幢东分支箱内发现 14 幢 3 单元电缆存在可疑大电流，相电流有 32.8A、中性线电流仅 4.9A，因单相供电正常情况下相线、中性线电流应相等，且小区刚好改造开挖施工中，结合末端计量箱内电能表电量、电流分析判定为 14 幢 3 单元居民计量箱进线电缆存在漏电情况，如图 21-47、图 21-48 所示。

图 21-47　分支箱内电缆相线和中性线电流不匹配

图 21-48　小区现场改造开挖施工中

【整改及成效】

经过现场检查并结合采集系统线损情况核实，A台区在14幢东分支间支14幢3单元居民计量箱电缆遭到小区施工外力破坏，存在破损漏电情况，同时有很大安全隐患，要求相关施工单位立即停工，现场发放隐患整改通知单，对破损电缆进行修复更换。如图21-49所示。

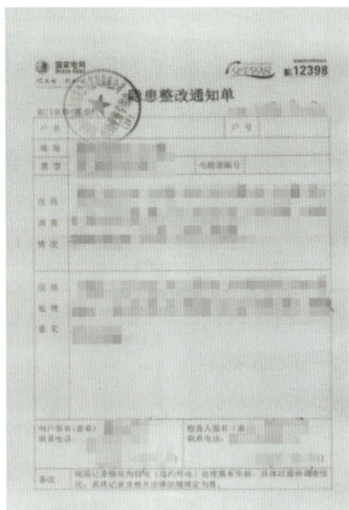

图21-49　隐患整改通知单

9月21日，现场破损电缆更换完成后，台区线损恢复到正常合格水平，如图21-50、图21-51所示。

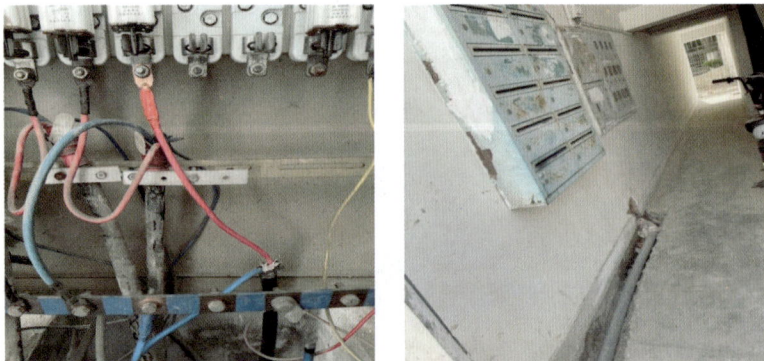

图21-50　现场分支箱到用户计量箱更换新电缆

图21-51 治理后台区线损情况

【总结和建议】

工作人员及时发现现场外力破坏造成低压电缆漏电，引起台区高损，排除了安全隐患，建议加强电缆等设备运维巡视，做好电缆线路走向标签管理。

第二十二章　技术因素

案例1　功率因数低造成台区高损

【案例描述】

某 A 台区日均线损率在2.5%以下，日均损耗电量在20kWh以内。从7月3日起，该台区线损率突增至4.91%，日损耗电量达45kWh以上，如图22-1、图22-2所示。

图22-1　A台区日线损情况

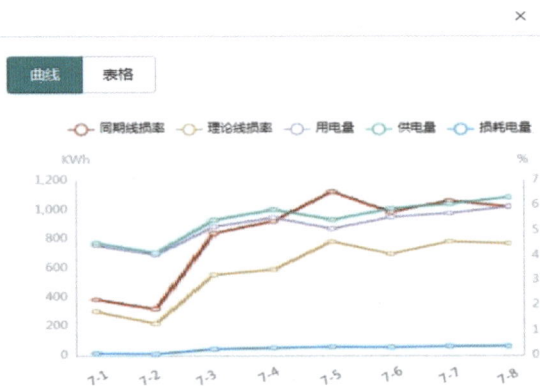

图22-2　A台区日线损率及损耗电量曲线

【分析研判】

（1）从采集系统数据分析。台区线损变化前后用户数量均未发生变化，且采集覆盖率100%，采集成功率100%，未发现采集因素影响台区线损的问题，如图22-3所示。

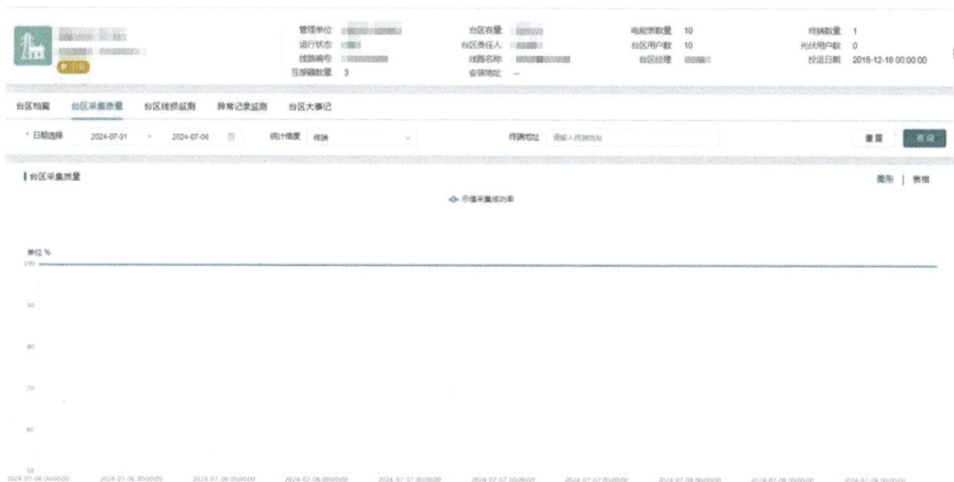

图22-3 A台区采集质量截图

（2）从档案数据方面分析。查看同时段周边相邻B、C、D台区，线损率均较为稳定，未发现异常。同时段内也未发现相邻台区用户数量变动，排除户变关系不对应因素引起台区线损率波动的可能性。

（3）从用户用电方面分析。通过系统查看该台区所有用户的电压、电流及功率因数等数据，发现台区下有养殖户电能表存在功率因数低的情况，初步考虑为用户侧功率因数过低，无功未实现就地补偿，导致线路损耗增加形成的高损，如图22-4所示。

【现场核查】

7月13日，工作人员前往用户现场，核查用户无功补偿投入情况，该用户属于养殖业，现场抽水降温电动机、排风扇电动机设备较多，电机类设备总功率达到23kW，全部为感性负载。在用户电机类设备启用时，功率因数由0.95下降至0.776，基本确定因该用户侧功率因数过低，无功未实现就地补偿，导致线路损耗增加，引起高损，如图22-5、图22-6所示。

图22-4　用户侧功率因数

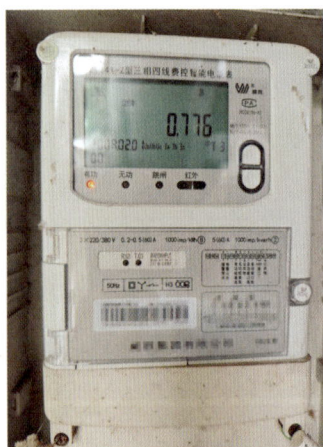

图22-5　用户侧电能表
功率因数照片

图22-6　用户电机类用电设备照片

【整改及成效】

确定问题用户后，结合用户现场负荷情况，现场在用户用电侧加装两组10kvar无功补偿电容，减少用户无功电流。经处理后，7月15日起该台区线损率恢复至1%左右，日损耗电量降低至7.09kWh，如图22-7所示。

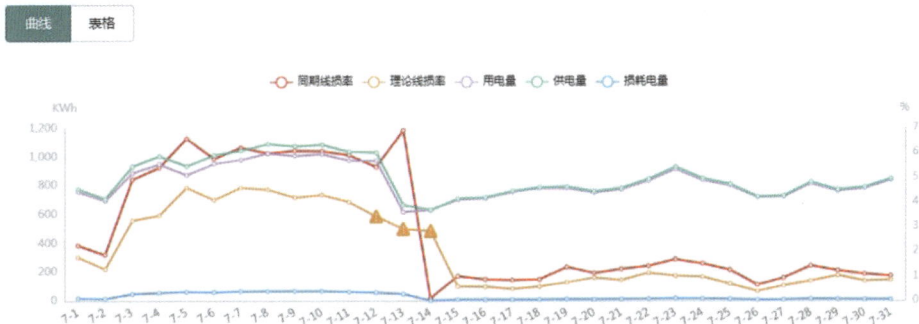

图22-7 A台区治理前后线损变化情况

【总结和建议】

（1）因用户侧无功未就地补偿导致无功电流增大引起台区高损的情况，台区线损一般呈现轻微不稳定波动，排查时较难发现。若台区采集成功率、户变关系均正常，且现场检查未发现窃电行为，考虑为用户侧无功未就地补偿导致台区高损。

（2）针对台区用户中存在低压用户报装容量大且存在无功用电设备较多用户（农业生产类、工业制造类）的台区应开展重点核查，特别是在迎峰度夏、度冬等负荷增长较大的时段，无功电流增大对台区线损的影响尤为明显。

（3）为尽量减少因无功未就地补偿导致无功电流增大引起台区高损的情况。建议将无功就地补偿措施前置在业扩报装环节，特别是用户为感性负荷用户（电动机类等）且用电负荷较大，如报装容量在100kW以上的低压用户，可在业务受理阶段建议用户安装无功补偿装置，能有效提高用户功率因数，减小功率因数低对台区线损的影响。

案例2 台区线路线径细造成台区高损

【案例描述】

某A台区用户数397户，2024年1月1日至1月31日平均线损率为5.27%，日平均损失电量158.28kWh，如图22-8、图22-9所示。

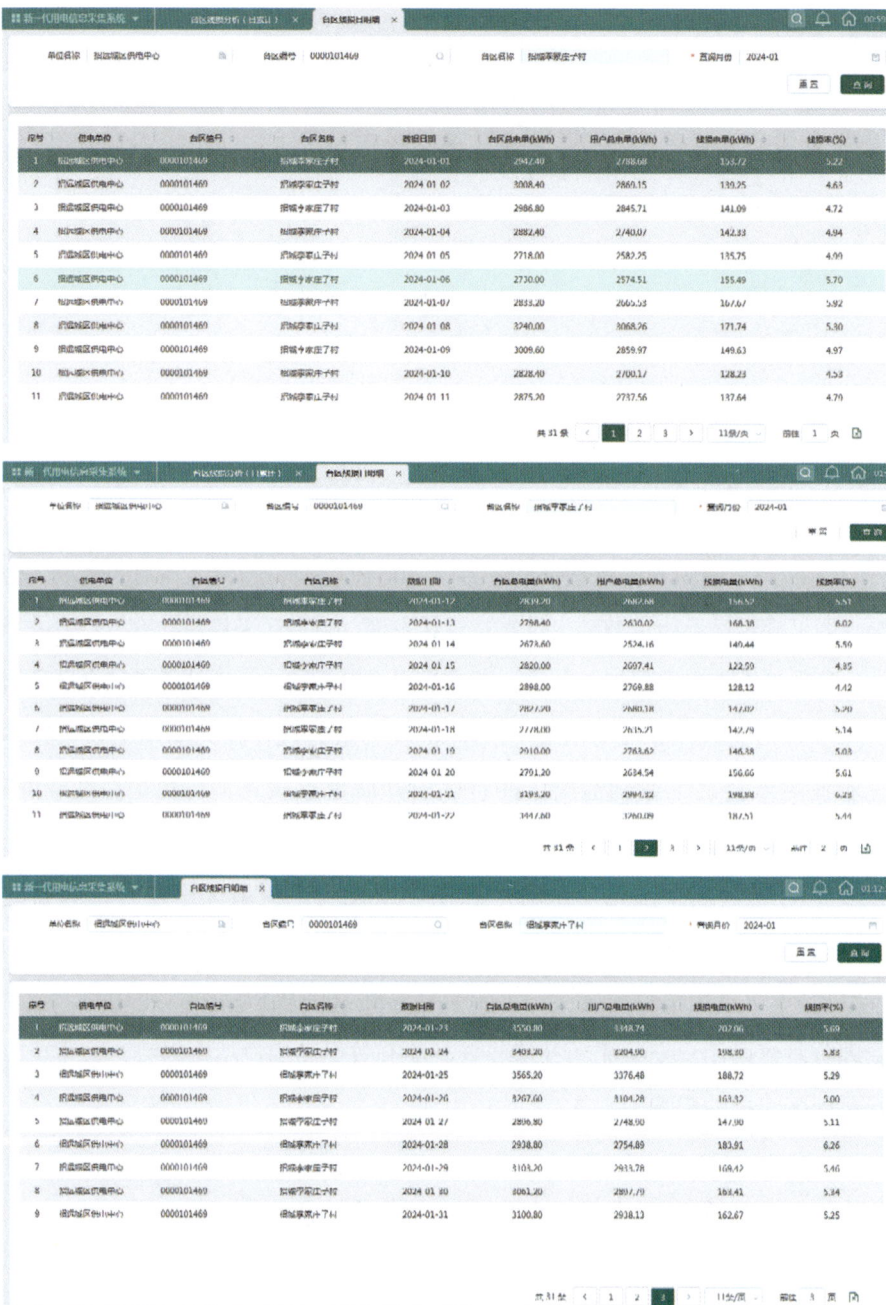

图22-8　A台区2024年1月1日至31日线损率

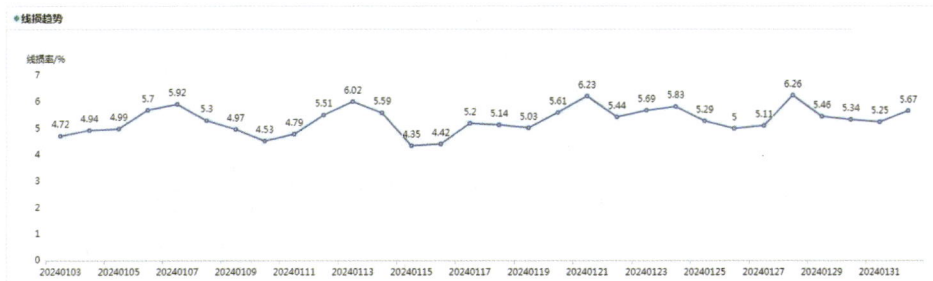

图22-9　A台区2024年1月1日至31日线损趋势

【分析研判】

该台区运行年限24年，低压用户397户，工作人员从档案、计量、采集和技术四个方面分别进行分析。

（1）档案分析。工作人员通过台区信息中心—台区大事记查询未发现近期有负荷切改，新增业扩以及换表等业务发生。

（2）采集和计量分析。工作人员通过台区信息中心的台区异常记录监测查询未发现电能表飞走、倒走等影响台区线损的事件存在，仅有部分用户电压越上限、电压越下限对台区线损影响小；台区总表和用户侧电能表电压、电流及功率因数曲线，均符合正常情况，因此排除电能表故障因素。

（3）技术分析。该台区线路老化严重，主线路为LGJ-50裸铝导线，部分支线路为LGJ-35裸铝导线，接户线为$2 \times 16mm^2$护套线，尤其在夏季和冬季用电高峰期间，日供电量超过2800kWh，损失电量超150kWh以上，因负荷过大，超过线路载流量，造成台区高损。

【现场核查】

2月5日至7日，工作人员前往初步研判的异常用户现场，台区现场无窃电、漏电等情况，因此判定台区高损原因为冬季用电台区负荷大，线径细，台区技术线损升高，如图22-10所示。

图22-10　A台区未改造前线路状况照片

【整改及成效】

经过台区线路改造，导线更换为JKLYJ1*120，接户线更换成YJLV4*35，电能表计量箱进行更换，台区降损效果明显，日损失电量降到50kWh以下，台区线损率降到2.2%以下，如图22-11～图22-13所示。

图22-11　A台区改造后现场照片

【总结和建议】

台区通过线路改造优化电网结构，改造后的线路提升了电网负荷承载能力，避免高峰时段过负荷运行，减少因过负荷引起的线路损耗，减少了因故障导致的电量损失。

序号	供电单位	台区编号	台区名称	数据日期	台区总电量(kWh)	用户总电量(kWh)	线损电量(kWh)	线损率(%)
1	招远城区供电中心	0000101469	招城李家庄子村	2024-05-01	1934.40	1896.14	38.26	1.98
2	招远城区供电中心	0000101469	招城李家庄子村	2024-05-02	1096.80	1059.24	37.56	1.88
3	招远城区供电中心	0000101469	招城李家庄子村	2024-05-03	1898.80	1851.91	46.89	1.95
4	招远城区供电中心	0000101469	招城李家庄子村	2024-05-04	1936.80	1899.78	37.02	1.91
5	招远城区供电中心	0000101469	招城李家庄子村	2024-05-05	1810.80	1777.05	33.75	1.86
6	招远城区供电中心	0000101469	招城李家庄子村	2024-05-06	1922.40	1883.49	38.91	2.02
7	招远城区供电中心	0000101469	招城李家庄子村	2024-05-07	1957.20	1919.47	37.73	1.93
8	招远城区供电中心	0000101469	招城李家庄子村	2024-05-08	1969.20	1926.60	42.60	2.16
9	招远城区供电中心	0000101469	招城李家庄子村	2024-05-09	2012.40	1968.93	43.47	2.16
10	招远城区供电中心	0000101469	招城李家庄子村	2024-05-10	1984.80	1940.86	43.94	2.21

序号	供电单位	台区编号	台区名称	数据日期	台区总电量(kWh)	用户总电量(kWh)	线损电量(kWh)	线损率(%)
1	招远城区供电中心	0000101469	招城李家庄子村	2024-05-11	1945.40	1901.39	43.81	2.26
2	招远城区供电中心	0000101469	招城李家庄子村	2024-05-12	1845.60	1805.88	39.72	2.15
3	招远城区供电中心	0000101469	招城李家庄子村	2024-05-13	2098.80	2054.84	43.96	2.16
4	招远城区供电中心	0000101469	招城李家庄子村	2024-05-14	2071.20	2024.20	47.00	2.27
5	招远城区供电中心	0000101469	招城李家庄子村	2024-05-15	1884.80	1843.51	41.29	2.18
6	招远城区供电中心	0000101469	招城李家庄子村	2024-05-16	1964.80	1918.69	46.11	2.33
7	招远城区供电中心	0000101469	招城李家庄子村	2024-05-17	2130.00	2079.50	50.41	2.37
8	招远城区供电中心	0000101469	招城李家庄子村	2024-05-18	2061.00	2013.79	47.81	2.32
9	招远城区供电中心	0000101469	招城李家庄子村	2024-05-19	1975.20	1931.41	43.79	2.22
10	招远城区供电中心	0000101469	招城李家庄子村	2024-05-20	1920.00	1877.69	42.31	2.20

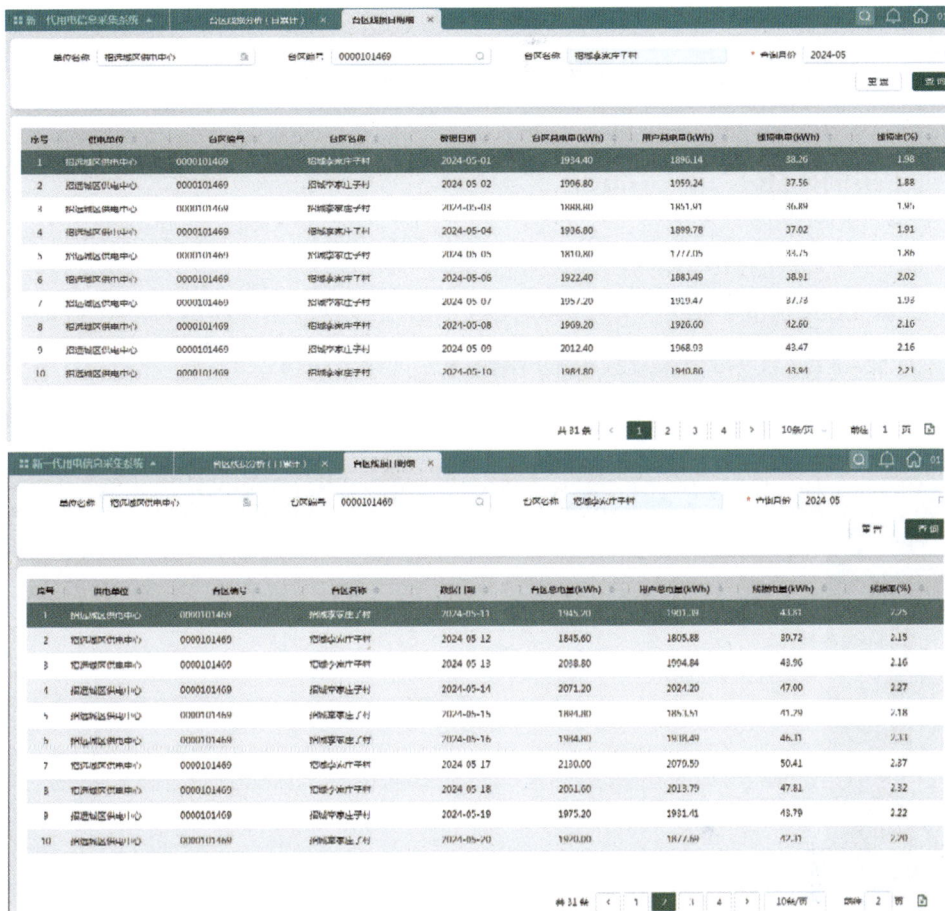

图22-12　A台区2024年5月1日至26日线损率

线损趋势

线损率/%：2.03, 1.93, 1.93, 1.98, 1.98, 1.88, 1.95, 1.91, 1.86, 2.02, 1.93, 2.16, 2.16, 2.21, 2.25, 2.15, 2.16, 2.27, 2.18, 2.33, 2.37, 2.32, 2.22, 2.2, 2.19, 2.16, 2.28, 2.23, 2.22, 2.16

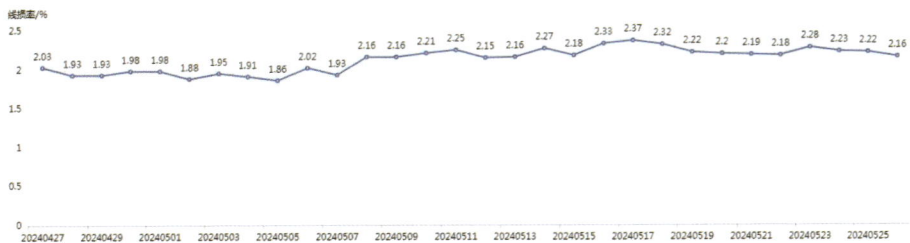

图22-13　A台区2024年5月1日至26日线损趋势

案例3 光伏上网电量大量倒送造成台区高损

【案例描述】

工作人员在台区线损监测中发现，某A台区2023年7月以来线损率明显上升，由6月以前的4%以内升高至5%以上，8月11日线损率高达6.4%，线损电量95.56kWh，且9月以来日线损率持续波动，如图22-14所示。

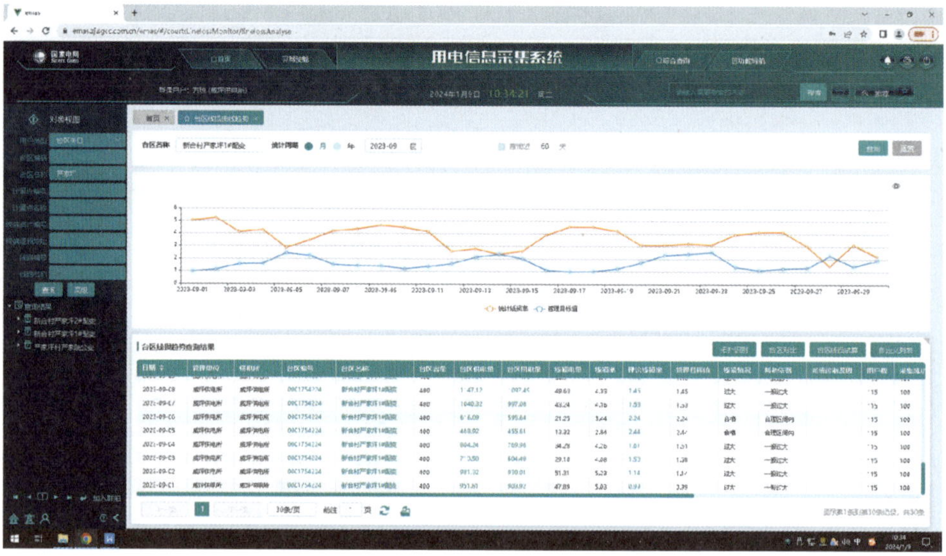

图22-14 A台区线损率曲线

【分析研判】

（1）该台区是以农村生活用电为主的公变台区，日常用电负荷较小，用户实际日用电量在200kWh左右。台区内共有光伏发电用户5户，发电容量较大，白天发电时段台区总表反向倒送电量较大，高达700kWh以上。

（2）在6月以前，光照强度较弱，光照时间相对较短，台区总表倒送电量也较少，这一阶段台区线损率相对较低。

（3）分析比对9月每日线损率高低波动情况，发现线损率高低起伏与天气变化基本强关联，即天气晴朗该台区线损率升高，天气阴雨该台区线损率下降。

综合上述分析，初步判断为光伏发电负荷增大引起的线路损耗增加。计划重点核查现场光伏用户的发电负荷、供电线路线径、三相负荷不平衡等情况。

【现场核查】

经现场排查发现该台区是近年改造台区，供电线径满足用电负荷要求，但台区的光伏发电并网点增多，光伏容量明显增大，且发电户相对较为集中在一个区域，光伏发电难以就地消纳，台区关口总表反向电量明显增大。光伏发电设备如图22-15所示。

图22-15 光伏发电户发电板及光伏发电计量装置

【整改及成效】

9月25日，开展台区网架结构改造，台区新增一条线路至光伏发电户集中区域，增大了光伏发电户导线线径，也保证了台区的三相负荷平衡率。现场新增光伏发电户集束电缆如图22-16所示。

通过治理，9月26日以后该台区日线损率恢复正常，线损电量降至11.68kWh，线损率降至3.11%，如图22-17所示。

【总结和建议】

光伏发电上网电量占比较大的台区，不同程度存在因上网电量倒送引起台区线损升高的问题，在日常监测管理中，应重点关注光伏发电对台区线损的

图22-16　新增光伏发电户集束电缆

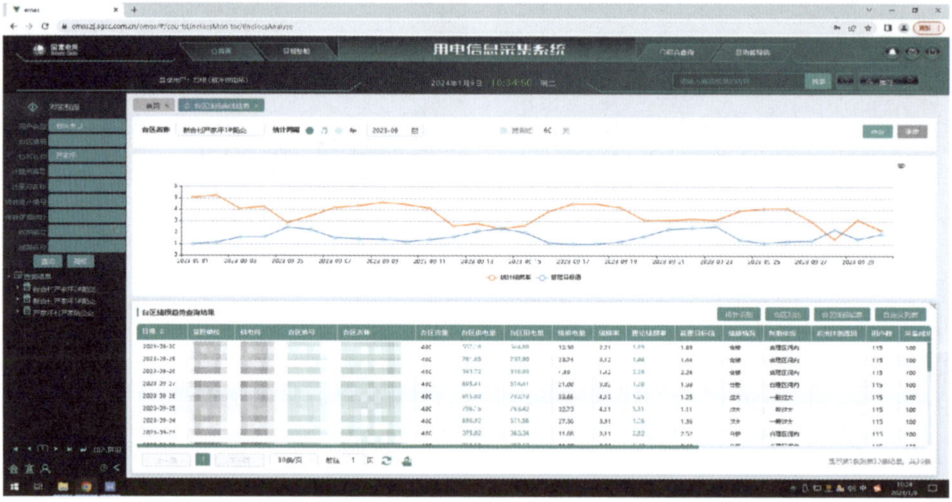

图22-17　A台区线损曲线趋势

影响程度，做好技术经济分析，适时采取可行管理和技术措施，如在新增光伏并网时，优化并网接入方案，利于就地平衡，改造并网分支线路，加大线路线径等。

案例4　居民住宅电梯产生反向电量造成台区负损

【案例描述】

某A台区是小区公共用电台区，共有低压用户8户，均为小区物业用于住宅电梯、小区消防等公共设施。该台区2023年初投运后陆续出现间断性日线损小负损问题，2023年10月开始持续出现台区负线损问题，台区日线损率-3%左右，日线损电量在-8kWh左右，属于连续负损台区。如图22-18所示。

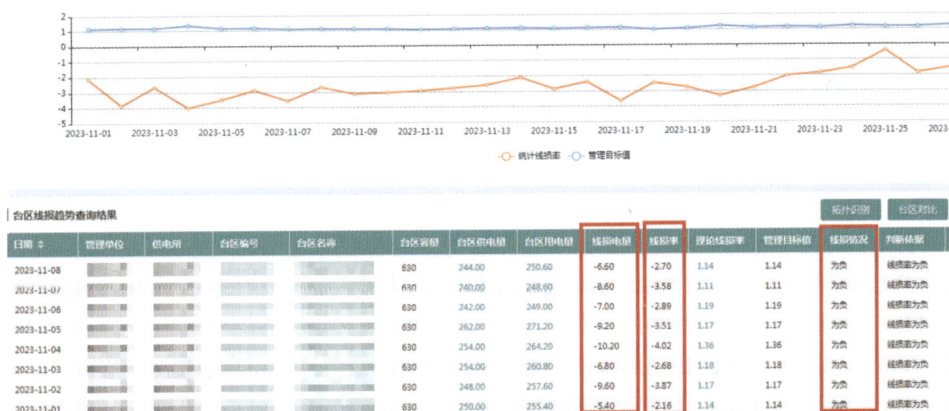

日期 ⇕	管理单位	供电所	台区编号	台区名称	台区容量	台区供电量	台区用电量	线损电量	线损率	理论线损率	管理目标值	线损情况	判断依据
2023-11-08					630	244.00	250.60	-6.60	-2.70	1.14	1.14	为负	线损率为负
2023-11-07					630	240.00	248.60	-8.60	-3.58	1.11	1.11	为负	线损率为负
2023-11-06					630	242.00	249.00	-7.00	-2.89	1.19	1.19	为负	线损率为负
2023-11-05					630	262.00	271.20	-9.20	-3.51	1.36	1.17	为负	线损率为负
2023-11-04					630	254.00	264.20	-10.20	-4.02	1.36	1.36	为负	线损率为负
2023-11-03					630	254.00	260.80	-6.80	-2.68	1.18	1.18	为负	线损率为负
2023-11-02					630	248.00	257.60	-9.60	-3.87	1.17	1.17	为负	线损率为负
2023-11-01					630	250.00	255.40	-5.40	-2.16	1.14	1.14	为负	线损率为负

图22-18　A台区线损趋势情况

【分析研判】

（1）经现场逐户核查，确认户变关系一致，未发现电能表故障，并对台区下所有电能表进行现场校验，误差均合格，同时对台区总表和电流互感器现场校验，均正常。

（2）高层电梯设备运行中可能产生反向电量，对新增的小电量台区的线损率可能产生影响，引起负损问题。

（3）经系统逐户查询抄表数据发现，多个物业公司名下电能表，日抄表数据显示存在反向电量，如图22-19所示。

图22-19　物业电梯电能表每天用电及产生反向电量情况

【现场核查】

工作人员随即前往现场，对该台区存在反向电量的4个用户电能表进行核查，发现4只电能表显示确有反向电量。这8个用户分别为4个主供用户（目前用电）和4个备供用户（目前基本不用电），都有电梯和物业其他设备负荷接入。经过采集系统对用户负荷电流进行分析，4个用电户以电梯负荷为主，运行时均会产生反向电流和反向电量，由于这类用户产生的反向电量，在系统未能计入供电量而造成台区小负损，如图22-20所示。

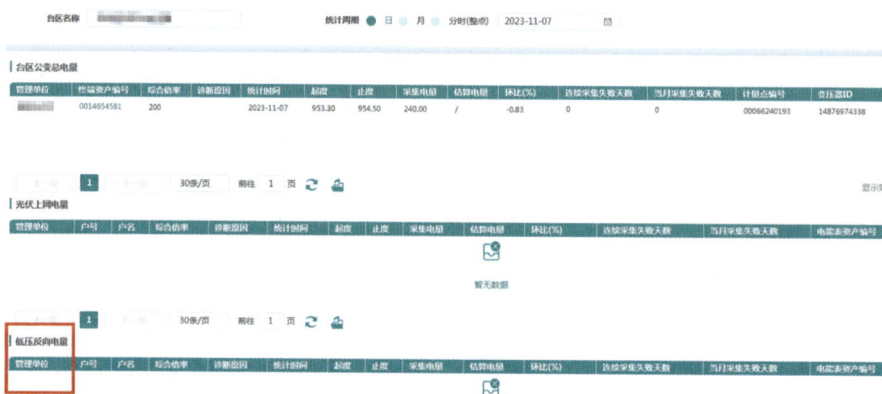

图22-20　物业电梯电能表每天用电及产生反向电量未计入供电量

【整改及成效】

查明原因后，工作人员立即在采集系统中按流程要求，将相关用户反向电量信息纳入"低压反向电量"明细清单中，参与日台区线损计算。2023年12月10日开始，该台区线损率由长期小负损转为正常。

【总结和建议】

电梯设备用电产生反向电量情况，偶有发生。由于产生的反向电量值相对较小，一般对新增的小电量台区会产生较为明显的影响。随着台区用电量的不断增加，小负损现象将会逐步消失，所以容易被疏忽。对于存在电梯用户的新台区，如出现台区小负损，可对相关用户的采集系统抄表数据先进行核查，确认是否存在反向电量，现场核查时，查看电能表有功示值是否存在反向示数。

案例5　无功补偿装置故障造成台区高损

【案例描述】

某A台区供电用户49户，日供电量2000～3000kWh，无光伏发电用户，采集覆盖率100%，采集成功率100%，该台区线损率长期保持在1.5%～3.5%，9月25日至9月28日线损率连续4天超过4%，损耗电量较日常增加了50%以上，如图22-21所示。

日期 ⇕	管理单位	供电所	台区编号	台区名称	台区容量	台区供电量	台区用电量	线损电量	线损率	理论线损率	管理目标值	线损情况	判断依据	系
2023-09-29					400	1071.60	1046.79	24.81	2.32	1.51	1.51	合理区间内		
2023-09-28					400	2530.80	2417.91	112.89	4.46	2.16	2.16	过大	普遍离线	
2023-09-27					400	3490.80	3345.79	145.01	4.15	2.01	2.01	过大	普遍离线	
2023-09-26					400	3320.40	3178.61	141.79	4.27	1.84	1.84	过大	普遍离线	
2023-09-25					400	3228.00	3086.62	141.38	4.38	1.75	1.75	过大	普遍离线	
2023-09-24					400	3057.60	2954.80	102.80	3.36	1.94	1.94	合格	合理区间内	
2023-09-23					400	3169.20	3062.25	106.95	3.37	2.02	2.02	合格	合理区间内	
2023-09-22					400	2982.00	2884.43	97.57	3.27	2.01	2.01	合格	合理区间内	
2023-09-21					400	2233.20	2176.35	56.85	2.55	1.76	1.76	合格	合理区间内	
2023-09-20					400	2727.60	2687.34	40.26	1.48	1.93	1.93	合格	合理区间内	
2023-09-19					400	3028.80	2934.45	94.35	3.12	1.86	1.86	合格	合理区间内	
2023-09-18					400	2487.60	2398.33	89.27	3.59	2.87	2.87	合格	合理区间内	
2023-09-17					400	1066.80	1043.89	22.91	2.15	1.86	1.86	合格	合理区间内	
2023-09-16					400	2577.60	2497.48	80.12	3.11	1.93	1.93	合格	合理区间内	
2023-09-15					400	2781.60	2693.64	87.96	3.16	1.86	1.86	合格	合理区间内	
2023-09-14					400	2786.40	2699.48	86.92	3.12	1.91	1.91	合格	合理区间内	
2023-09-13					400	2668.80	2600.44	68.36	2.56	2.07	2.07	合格	合理区间内	
2023-09-12					400	2922.00	2833.80	88.20	3.02	2.23	2.23	合格	合理区间内	

图22-21　A台区9月线损率

【分析研判】

A台区属于农网台区。在线损过大期间，采集覆盖率及成功率均为100%不存在采集异常；核查近期台区装接情况、用户变更情况、周边相邻台区线损情况，未发现户变关系不一致等情况导致的档案异常；核查台区总表以及台区下用户用电异常的情况，未发现影响计量的用电异常；核查总表功率因数等情况未发现异常，核查低压大电量用户功率因数时发现1用户功率因数较低，低点只有0.698，且该户用电量与线损电量波动一致，疑似用户功率因数过低导致台区线损升高，需要现场开展核查，如图22-22所示。

图22-22　用户负荷数据

【现场核查】

经过现场仔细的核查，该用户接线正常，电能表电压、电流正常，不存在绕越计量装置用电的情况，电能表校验误差合格，功率因数显示偏低，现场确认为用户端无功补偿装置自动投切功能故障导致无功补偿装置退运。

【整改及成效】

工作人员当场告知该用户功率因数过低可能产生的危害。经沟通，用户同意尽快修复无功补偿设备。

A台区在9月28日完成无功补偿装置修复后线损率恢复至正常水平，如图22-23所示。

台区线损趋势查询结果

拓扑识别　台区对比　台区线损试算　自定义列表

日期	管理单位	供电所	台区编号	台区名称	台区容量	台区供电量	台区用电量	线损电量	线损率	理论线损率	管理目标值	线损情况	判断依据	系统诊断原因	用户数	采
2023-10-02	[illegible]	[illegible]	[illegible]	[illegible]	400	620.40	604.37	16.03	2.58	1.42	1.42	合格	合理区间内		49	[illegible]
2023-10-01	[illegible]	[illegible]	[illegible]	[illegible]	400	520.80	503.71	17.09	3.28	1.53	1.53	合格	合理区间内		49	[illegible]
2023-09-30	[illegible]	[illegible]	[illegible]	[illegible]	400	1166.40	1144.91	21.49	1.84	1.30	1.30	合格	合理区间内		49	[illegible]
2023-09-29	[illegible]	[illegible]	[illegible]	[illegible]	400	1071.60	1046.79	24.81	2.32	1.51	1.51	合格	合理区间内		49	[illegible]
2023-09-28	[illegible]	[illegible]	[illegible]	[illegible]	400	2530.80	2417.91	112.89	4.46	2.16	2.16	过大	普通高损		49	[illegible]
2023-09-27	[illegible]	[illegible]	[illegible]	[illegible]	400	3490.80	3345.79	145.01	4.15	2.01	2.01	过大	普通高损		49	[illegible]
2023-09-26	[illegible]	[illegible]	[illegible]	[illegible]	400	3320.40	3178.61	141.79	4.27	1.84	1.84	过大	普通高损		49	[illegible]

图22-23　A台区日线损情况

【总结和建议】

（1）低压大电量用户的电量异常波动会致使台区线损率有较大的波动，对于线损排查属于优先排查对象。

（2）提高功率因数可使线损率降低。因此在用户侧安装无功补偿装置，实行无功功率就地平衡，可减少负荷的无功功率损耗，使负荷电流减少，降低线路与变压器的有功功率损耗，从而降低台区线损。

案例6　配电柜出线铜排接触不良造成台区高损

【案例描述】

某A台区配变容量630kVA，2023年1月至2023年2月初，线损率持续偏高，线损率最大达到9.73%，线损电量168.5kWh，如图22-24所示。

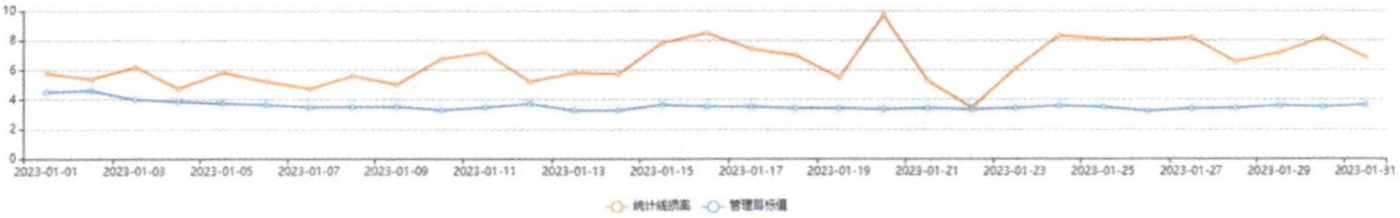

台区线损趋势查询结果

拓扑识别　台区对比　台区线损试算　自定义列表

日期	管理单位	供电所	台区编号	台区名称	台区容量	台区供电量	台区用电量	线损电量	线损率	理论线损率	管理目标值	线损情况	判断依据	系统诊断原因	用户
2023-01-21	[illegible]	[illegible]	[illegible]	[illegible]	630	1791.00	1696.29	94.71	5.29	1.45	3.45	过大	一般过大		132
2023-01-20	[illegible]	[illegible]	[illegible]	[illegible]	630	1731.00	1562.50	168.50	9.73	1.37	3.37	过大	普通高损		132
2023-01-19	[illegible]	[illegible]	[illegible]	[illegible]	630	1677.00	1584.55	92.45	5.51	1.45	3.45	过大	一般过大		132
2023-01-18	[illegible]	[illegible]	[illegible]	[illegible]	630	1851.00	1721.16	129.84	7.01	1.44	3.44	过大	普通高损		132
2023-01-17	[illegible]	[illegible]	[illegible]	[illegible]	630	2061.00	1907.48	153.52	7.45	1.55	3.55	过大	普通高损		132
2023-01-16	[illegible]	[illegible]	[illegible]	[illegible]	630	2001.00	1830.43	170.57	8.52	1.56	3.56	过大	普通高损		132
2023-01-15	[illegible]	[illegible]	[illegible]	[illegible]	630	2022.00	1862.83	159.17	7.87	1.66	3.66	过大	普通高损		132
2023-01-14	[illegible]	[illegible]	[illegible]	[illegible]	630	1626.00	1532.61	93.39	5.74	1.29	3.29	过大	一般过大		132

图22-24　A台区2023年1月线损情况

【分析研判】

该台区线损出现异常高损后，工作人员首先通过采集系统排查，根据采集覆盖率、采集成功率等排除采集异常，根据现场装接人员装接信息、表计领用信息以及台区周边线损波动等情况排除了档案关系异常，根据台区下用户用电情况排除计量异常，根据公变端功率因数情况，排除技术因素。初步判断为窃电、漏电或计量装置异常，工作人员导出台区清单明细，根据电量情况标明重要等级，进行现场排查和分析。

【现场核查】

（1）户变关系核对及窃电排查。2023年1月期间，工作人员根据台区用户清单以及重要性等级，现场进行户变关系核对、绕越计量装置用电情况的排查、大电量用户的现场校验，未发现异常情况。

（2）台区配电房检查。工作人员开展线路漏电排查，在对该台区的配电房内线路核查时，发现该台区1号出线总开关下桩头的C相铜排连接处存在发热发黑现象，初步判断为螺丝松动导致线损损耗增加，如图22-25所示。

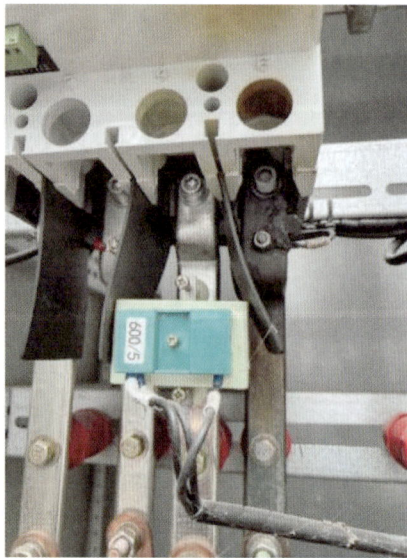

图22-25　下桩头接触不良

【整改及成效】

经过多次排查分析后，发现铜排发热发黑对台区线损的影响较大，工作人员到现场更换铜排并重新接线，之后几天持续在系统内关注该台区的线损情况，A台区从2023年2月8日开始线损已恢复正常范围内，如图22-26所示。

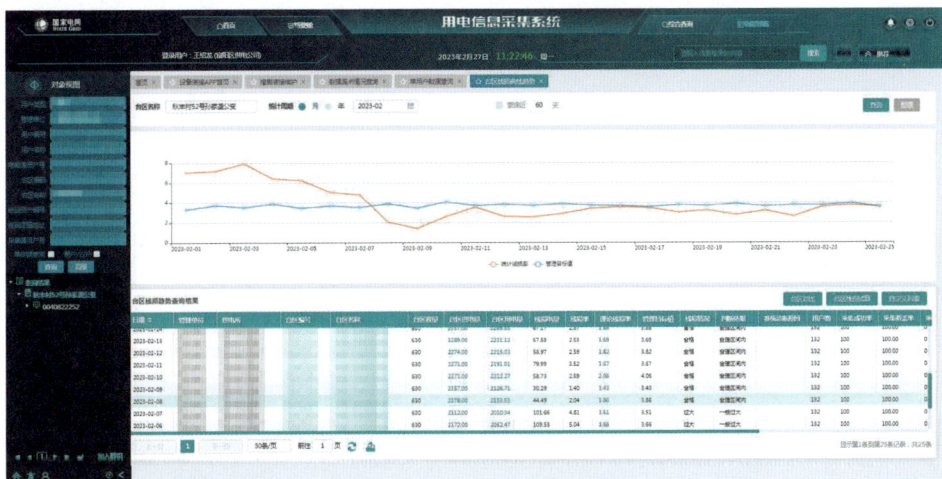

图22-26　A台区线损恢复正常

【总结和建议】

对于系统分析无法查明的台区，现场核查户变关系时应同步开展绕越计量装置的排查，并根据线损情况对电量较大的电能表进行校验，减少多次现场排查的情况。现场疑难台区应从"公变端—线路端—用户端"的顺序开展，减少用户端的核查工作量。

案例7　无功过补造成台区高损

【案例描述】

2024年1月21日工作人员在查看台区线损时，发现某A台区线损率自2024

年1月15日起持续升高，1月22日线损率高达5.29%，线损电量50.48kWh，属于高损台区，如图22-27所示。

序号	数据日期	供电量（kWh）	用电量（kWh）	损耗电量（kWh）	同期线损率	理论线损率
14	2024-01-14	1374	1378.26	-4.26	-0.31	3.58
15	2024-01-15	1858.8	1817.98	40.82	2.2	1.4
16	2024-01-16	1828.8	1762.19	66.61	3.64	2.35
17	2024-01-17	680.4	652.28	28.12	4.13	2.41
18	2024-01-18	1023.6	988.78	34.82	3.4	2.06
19	2024-01-19	912	874.22	37.78	4.14	2.52
20	2024-01-20	1414.8	1359.46	55.34	3.91	2.26
21	2024-01-21	954	903.52	50.48	5.29	3.99

图22-27 A台区线损情况

【分析研判】

工作人员随即从采集、档案、计量、用电四个方面分别进行分析。

（1）采集分析。经查该台区1月21日台区采集情况，确认该台区用户采集成功率100%，采集覆盖率100%，因此排除采集因素，如图22-28所示。

图22-28 A台区采集情况截图

（2）档案分析。经营销系统检查，该台区2024年1月以来无负荷切改，低压用户业扩新装、换表等流程，不存在串台区现象，因此排除档案因素。

（3）计量分析。经采集系统智能诊断，未发现电能表失压、失流等计量异常数据，且经1月15日至21日用户用电量环比比较，并经K值侦探法计算，均未发现电量突变用户，故排除计量因素。

（4）用电分析。工作人员对台区线损历史曲线重新进行分析，发现2023年12月29日供电量2051kWh，损耗电量44.42kWh，12月30日供电量1550kWh，损耗电量增加至55.19kWh，2024年1月7日供电量1329kWh，损耗电量68.02kWh，2024年1月8日供电量1877kWh，损耗电量降至61.85kWh。经分析，该台区存在供电量越小损耗电量越大的现象，因此怀疑该台区高损原因应在配电变压器侧，如图22-29所示。

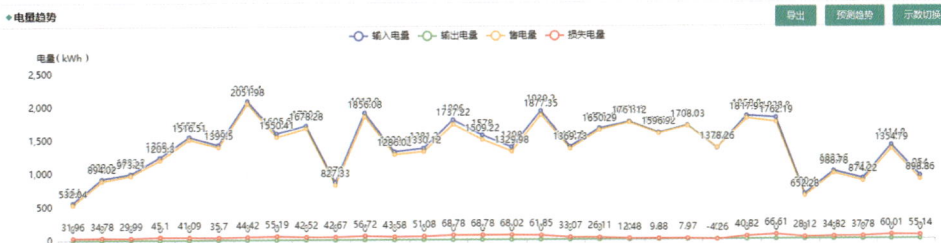

图22-29 A台区电量情况

【现场核查】

工作人员立刻带着钳形电流表等工具到现场对A台区的JP柜进行检查，发现该台区A、B、C三相功率因数仅有0.7，但该台区的所有的补偿器开关均处于投切状态且补偿电流经钳形电流表测量有39.1A，总补偿器处于正常工作状态，因确定该台区处于过补偿状态造成台区高损。

随后工作人员断开一组总补偿器开关后，补偿电流降至17.7A，此时该台区功率因数却提升至0.99，如图22-30所示。

图22-30　A台区无功装置电流测量情况

【整改及成效】

当工作人员断开一组总补偿器开关后，该台区功率因数明显提升，从0.73稳定提升至0.9左右，如图22-31所示。

1月22日A台区线损降至2.59%，损耗电量降至23.35kWh，恢复至经济运行台区，如图22-32所示。

【总结和建议】

（1）无功补偿应根据台区用电情况自动投切，避免产生过补或欠补造成的台区高损。

采样方式	时间	总功率因数(COS)	A相功率因数(COS)	B相功率因数(COS)	C相功率因数(COS)
表计采样	16:45	0.743	0.638	0.819	0.741
表计采样	17:00	0.73	0.621	0.763	0.78
表计采样	17:15	0.788	0.738	0.817	0.799
表计采样	17:30	0.993	0.984	0.996	0.995
表计采样	17:45	0.969	0.982	0.964	0.97
表计采样	18:00	0.851	0.814	0.873	0.866
表计采样	18:15	0.812	0.711	0.857	0.826
表计采样	18:30	0.977	0.985	0.981	0.971
表计采样	18:45	0.995	0.974	0.997	1.0
表计采样	19:00	0.975	0.965	0.976	0.982

共 2592 条　‹ 1 2 3 ›　1000条/页　跳至 2 页

图22-31　A台区功率因数情况

×

曲线　表格

序号	数据日期	供电量（kWh）	用电量（kWh）	损耗电量（kWh）	同期线损率	理论线损率
24	2024-01-15	1858.8	1817.98	40.82	2.2	1.4
25	2024-01-16	1828.8	1762.19	66.61	3.64	2.35
26	2024-01-17	680.4	652.28	28.12	4.13	2.41
27	2024-01-18	1023.6	988.78	34.82	3.4	2.06
28	2024-01-19	912	874.22	37.78	4.14	2.52
29	2024-01-20	1414.8	1359.46	55.34	3.91	2.26
30	2024-01-21	954	903.52	50.48	5.29	3.99
31	2024-01-22	901.2	877.85	23.35	2.59	1.5

×

曲线　表格

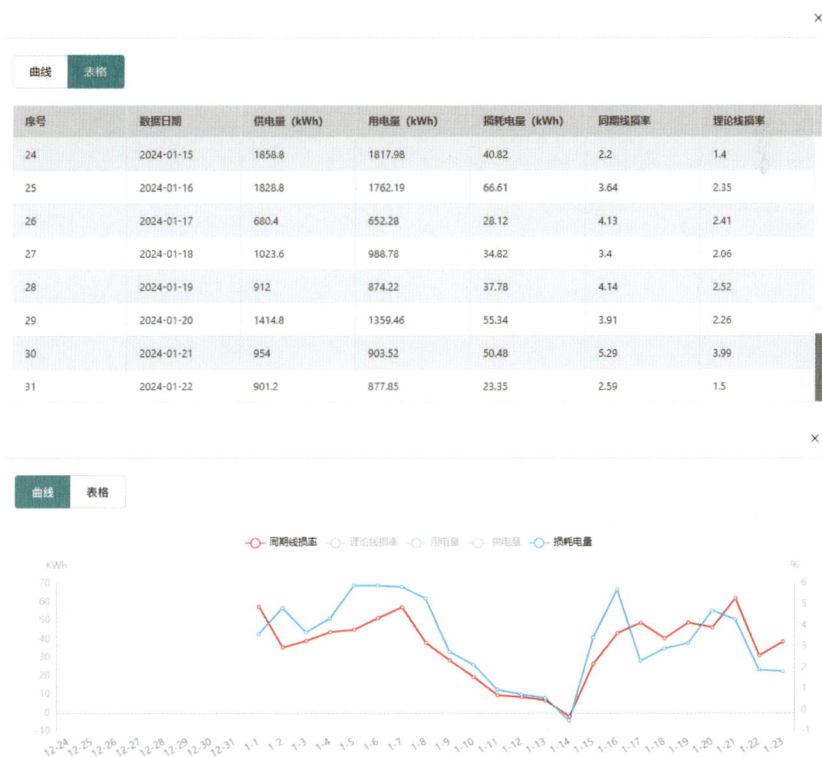

图22-32　A台区恢复后的线损情况

（2）无功补偿容量及安装投切方式应符合DL/T 5729—2023《配电网规划设计技术导则》，工作人员需加强对无功补偿装置的巡视，避免因无功装置损坏或配置不合理造成台区高损。